JN213352

実務直結シリーズ Vol.5

CERTIFIED ADMINISTRATIVE PROCEDURES LEGAL SPECIALIST

第2版

行政書士のための
産廃業
実務家養成講座

この本で産廃業に強い行政書士になる。

行政書士
北條　健 著

行政書士
竹内　豊

行政書士
菊池　浩一 監修

税務経理協会

第２版刊行にあたって

本書を手に取ってくださりありがとうございます。
おかげ様で、このたび第２版を発行することができました。

本書を含めた実務家養成講座シリーズは、「トラブルの回避」に重点を置いています。これから業務を開始する方や経験が浅い方は、具体的なトラブルを想像しにくいかもしれません。本書は筆者の失敗も踏まえて執筆していますので、その経験は読者の皆さんの役に立つのではないかと思います。

初版発行時から現在に至るまで、産業廃棄物収集運搬業許可申請に直接関わる大幅な法改正はありませんが、申請実務上の変更点はいくつかあります。例えば、車検証の変更、郵送申請の定着やウェブサイト上での申請予約、ペイジーによる手数料納付（証紙の廃止）等が挙げられます。一つ一つは些細なことのようですが、業務遂行への影響は少なくありません。

第２版では、初版の古い情報を更新するとともに、複数同時申請について新たな章を追加しました。
産業廃棄物収集運搬業は、産業廃棄物の「積込み場所」と「荷降し場所」のいずれの自治体でも許可が必要です。建設業許可のように、主たる営業所の知事許可があれば国内どこでも営業可能というわけではなく、営業エリアによって複数の自治体に申請するケースが少なくないのです。その点に着目して、いわゆる「ローカルルール」への対応やスケジュール管理等、複数同時申請に特有のポイントをまとめました。

第２版の主な変更点は次のとおりです。
・第７章「複数同時申請のスケジュールを管理する」を追加した

・グラフ等のデータを更新した
・申請実務上の変更点を反映した
・業務に役立つ「ここが実務のポイント」を追加した

いずれも、「トラブルを回避」し、「速やかな業務遂行」を行うためのポイントになります。

産廃業界も申請実務も日々変化します。業務遂行にあたっては常に変更点の確認が必要です。１件の業務を終えて、次に新たな件を受任した際、たとえわずかであっても何かしらの変更点があるものと考えているくらいがちょうどよいかもしれません。

とはいえ、本書でお伝えしている業務遂行のエッセンスは変わりません。実際、第８章の「骨法７か条」は初版と変わらず収録しています。骨法の理解をベースとして、実務上の変更点に対応していくことが「満足行く報酬の実現」に不可欠です。

本書が読者の皆さんの円滑な業務遂行に役立てば幸いです。

なお、本書は令和６年 12 月時点の法令や運用に基づいています。実際の業務遂行にあたっては必ず所管行政庁による情報をご確認ください。

令和７年２月

北條　健

はじめに

本書は実務家養成講座のシリーズ本である。このシリーズの目的は，「トラブルを回避」「速やかな業務遂行」「満足行く報酬の実現」の３つである。

そこには，「行政書士として継続的に事務所を経営する」という前提がある。産業廃棄物収集運搬業の許可基準を知ることは，行政書士の事務所経営を考える上でも有益である。廃棄物処理法および施行規則では，「申請者の能力に係る基準」として次のように定められている。

1　産業廃棄物の処理を「的確に行うに足りる知識及び技能を有する」こと。

2　産業廃棄物の処理を「的確に，かつ，継続して行うに足りる経理的基礎を有する」こと。

3　欠格要件に該当していないこと。

これらを行政書士業務に当てはめて考えてみてほしい。

・業務を「的確に行う」とはどういうことか

・「知識及び技能」とは何か

・「経理的基礎を有する」とは具体的にどの程度の状態なのか

産業廃棄物収集運搬業許可において，一定の許可基準は存在するものの，実際には，役所の判断は一律ではない。時代や地域等の諸条件によって考え方や法令運用は変わるのである。また，行政書士業務として考えた場合，一つとして同じ案件はなく，「業務遂行に必要な能力」を常に追求しなければならない。

安定的かつ継続的な事務所経営のためには，十分な「経理的基礎」が必要である。開業時の元手は言うまでもなく，継続的に売上を確保しなければ事務所は維持できない。「経理的基礎」がないために業務の質が下がれば，依頼者に迷惑をかけるどころか，損害を与える可能性がある。そうなれば，行政書士業界のみならず，社会にとってもマイナスである。

産業廃棄物収集運搬業の許可基準に関して興味深いのは，許可業者が的確に廃棄物処理（業務遂行）を行うため，「適正価格」の考え方が示されている点である。産業廃棄物の排出事業者に対して，処理の委託先である許可業者が「適正価格」を提示しているのかどうか，慎重に判断するよう注意喚起している。

このことは行政書士業界にも言える。

顧客の真の利益のためには，法令上の責任を全うするだけでなく，高品質なサービスを提供しなければならない。「適正価格」をどのように考えるかは切実な問題である。読者には，その点を意識しながら本書で業務のイメージを身に付け，業務遂行や事務所経営の糧としていただければ幸いである。

なお，本書は令和４年３月時点の法令や運用に基づいて執筆している。実際の業務遂行は所管行政庁に確認しつつ慎重に進めてほしい。

令和４年３月

行政書士　北條　健

監修の言葉

オンライン申請の普及により、申請窓口で直接、官公署の担当者と折衝する機会が激減しています。オンラインで申請すれば、わざわざ官公署に出向く必要もないし、事務所からワンクリックで申請できるので、申請窓口に出向くより効率的です。今後、オンラインによる“非接触型申請”は、「効率化」の錦の御旗の元で、加速していくに違いありません。

しかし、25年にわたる行政書士歴を振り返ってみてわかったことがあります。それは、官公署の窓口の雰囲気や担当者との折衝といった“現場で得られる経験知”（又は“現場でなければ得られない経験知”）が、相談者を魅了する面談の実施を可能にするということです。

その結果、相談者から仕事で最も重要な「信頼」を得ることができて、「高い受任率」「満足行く報酬」及び「速やかな業務遂行」の“3つの効果”が実現する、という成り行きです。

思うに、現場独特の雰囲気と担当者との間で繰り広げられる真剣勝負が、脳に強い刺激を与え、“3つの効果”をもたらしているのでしょう。“現場で得られる経験知”は、獲得するまでのプロセスは非効率ですが、もたらす効果は絶大なのです。

本書には、初版にも増して、現場で場数を踏まなければ得難い「経験知」が、実務の「流れ」に沿って「論理的」に、しかも、実務未経験者や実務経験が浅い方にとって、わかりやすく展開されています。読者は、本書で得た経験知と論理が両輪となって、業務を強力に推進することを“現場”で実感できるはずです。

本書は、「産廃業」に関する実務書ですが、筆者の業務に対する旺盛な探求心によって、全ての許認可業務に通底する「心得」「知識」及び「技」も得ることができる内容です。そのため、行政書士法が第１条に掲げる「行政に関する手続の円滑な実施に寄与するとともに国民の利便に資し、もつて国民の権利利益の実現に資する。」という目的を実現する推進力となり得る本でもあります。

最後になりましたが、業務多忙の中、現場で培った得難い経験知を、「実務直結」の形に結実させた本書を世に送り出してくれた北條健先生に、心より敬意を表し監修の言葉とさせていただきます。

令和７年２月

行政書士　竹内　豊
行政書士　菊池　浩一

CONTENTS

第1章 受任するための準備

第2章 トラブルを回避して円滑に業務を遂行する肝

第3章 産廃業務の実務脳をつくる

第6章 顧客とのコミュニケーション術

第7章 複数同時申請の円滑な進め方

◎対象者

① 開業前後で，これから行政書士で生計を立てようとしている方
② 行政書士業務を具体的にイメージできない方
③ 専門分野が未定で，許認可業務全般に興味がある方
④ 今まさに，産業廃棄物収集運搬業関連の手続について引き合いのある方

本書は開業前後の新人行政書士を想定し，読者が実際に業務を受任して満足行く報酬を得るための手引となることを目的としている。実務脳(※)を習得することや顧客とのコミュニケーションを具体的にイメージすることに主眼をおいているため，申請業者の属性や申請区分を限定している。実際の業務には個別の事情が含まれているが，本書で実務脳を習得することにより，トラブルを回避し，速やかな業務遂行ができるはずである。

(※) 実務脳とは「面談の場で顧客価値実現までの道筋を俯瞰できて，顧客価値を速やかに実現できる思考回路のこと」である。実務脳の習得は，高い受任率と満足行く報酬を実現する前提条件となる。

◎想定している顧客（申請者）

本書では主に解体工事を行う建設業者（従業員10名以下の法人）を顧客と想定している。

産業廃棄物収集運搬業の許可は建設業許可や解体業登録と関連が深く，両方の許可を持っている業者も多い。許認可業務という性質上，申請要領が似ており，どちらか一方の申請を経験すれば，他方も扱いやすい。また，どちらも一定のマーケットがあるため，受任の機会を得やすい。これらの申請実務を導入として，他の許認可業務も身に付けてほしい。

なお，顧客（許認可の申請者）が「法人」なのか「個人」なのかは許認可業務に取り組む上で重要である。法人と個人について，税や社会保険の観点でも違いを知っておく必要があるが，許認可の点では，許可が永続的なものか当該個人のみに属するものかという違いがある（具体的には許可番号が継続するか否か）。

◎想定している申請区分

本書は，最も基本的な申請である「(普通) 産業廃棄物収集運搬業 (積替え保管なし)」を想定している。新規許可申請を基本とするが，更新申請や変更届も念頭に置いている。実際には初めての引合いが新規申請とは限らず，むしろ更新申請や変更届であることが多いからである。

顧客 (申請者) の属性は主に解体業者 (建設業者) である。産業廃棄物収集運搬業は言わば副業である。例えば，一般廃棄物収集運搬業の許可業者や中間処理施設を保有しているような，環境分野専門の業者ではない。

なお，建設業許可申請の実務についてはシリーズ本『行政書士のための建設業実務家養成講座』で身に付けてほしい。

◎ 5 つの特徴

① 実務のフロー (早く正確に)

② 実務のイメージ (依頼者像・面談の現場・書類の確認事項)

③ 顧客とのコミュニケーション (面談・会話・電話・メール)

④ トラブル回避 (失敗例)

⑤ 報酬・見積 (算出根拠)

通常の許認可業務においては，許認可権を持つ自治体が申請のためのマニュアル (一般に「手引」という) を作成している。手引はウェブサイト上で見ることができ，説明は丁寧である。したがって，申請そのものは手引を読めばできる。しかし，行政書士として依頼者から報酬 (それも，満足行く報酬) を得て申請するとなると，手引を読んだだけでは不十分である。時間のロスや失敗が許されないからだ。実務では，顧客とのコミュニケーションと業務の段取りが最も大切だが，それは手引には書かれていない。本書では，言わば行間を解説している。手引と併せて本書を読むことで，未経験であっても失敗せずに業務を全うできるはずだ。

◎構成

本書では，「トラブル回避」，「速やかな業務遂行」及び「満足行く報酬」を実現するため，以下に示す７つのプロセスを念頭に構成した。本シリーズの『行政書士のための「高い受任率」と「満足行く報酬」を実現する心得と技』（竹内豊著）と対比させながら読めば，さらにイメージを具体化することがができるだろう。

【7 つのプロセス】

1　準備①（実務脳の習得）　第１章～第３章・第８章

2　アプローチ　第１章・第６章

3　引合い　第１章・第６章

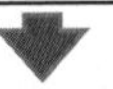

4　準備②（面談に臨む準備）　第４章～第６章

5　面談　第４章・第６章

6　業務遂行　第４章・第５章・第７章

7　アフターフォロー　第３章・第４章

◎用語解説

顧　客：見込客と依頼者を含むお客一般

見込客：顧客のうち，具体的に依頼される可能性が高いお客

依頼者：業務を正式に依頼した，委任契約成立後のお客

産廃業（者）：産業廃棄物収集運搬業（者）

役　所：申請先の自治体（主に都道府県）

(1)一般論（産廃業）

キーワード	説明
廃棄物処理法	廃棄物の処理及び清掃に関する法律（昭和45年12月25日法律第137号）。「廃掃法」と略されることもある。本書では「廃棄物処理法」と呼ぶ。
産業廃棄物	事業活動に伴って生じた20種類の廃棄物。事業活動には商業や公共事業も含まれる。廃棄物処理法に定められている。 処理責任は排出事業者が負う。
一般廃棄物	産業廃棄物以外は一般廃棄物となる。処理責任は自治体が負う。
産業廃棄物「処理」業	産業廃棄物「収集運搬」業及び「処分」業
排出事業者	産業廃棄物の排出事業者は，自らの責任において産廃を適正に処理する必要がある。処理業者に処理を委託することも認められている。
個別リサイクル法	本書で扱う建設リサイクル法の他，容器包装リサイクル法，家電リサイクル法，食品リサイクル法，自動車リサイクル法，小型家電リサイクル法の総称。循環型社会形成のための法体系に位置付けられている。
建設リサイクル法	建設工事に係る資材の再資源化等に関する法律（平成12年5月31日法律第104号）。個別リサイクル法の一つ。 対象建設工事の事前届出や分別解体等・リサイクル等の実施，建築物の解体時における残置物の取扱いについて定められている。

建設系産業廃棄物	「建廃」と省略されることもある。産業廃棄物20種類のうち，「廃プラスチック類」「紙くず」「木くず」「繊維くず」「ゴムくず」「金属くず」「ガラス及び陶磁器くず」「がれき類」の８品目。「混合廃棄物」と呼ばれる状態で工事現場から排出されることがあるのが特徴である。解体工事において，分別せずに解体することを「ミンチ解体」というが，現在は建設リサイクル法によって「分別解体」が義務付けられている。

⑵許可段階（産廃業を始めるとき・許可内容に変更が生じたとき）

キーワード	説明
産業廃棄物収集運搬業	産業廃棄物関係の手続で行政書士が一般的に扱うのは「産業廃棄物収集運搬業」の許可申請である。「収集運搬」や「収運許可」ということもある。これに対し，中間処理場の設置など処分業の許可は，扱う機会が少なく専門性も高い。
産業廃棄物収集運搬業（積替え保管を除く）（積替え保管を含む）	「産業廃棄物収集運搬業」の許可申請をする際，「積替え保管」の有無によって申請区分が異なる。積替え保管をする場合は，保管基準に従い許可を受けなければならない。申請では，現地の自治体の条例を確認したり周辺住民への説明や同意が必要になったりして業務の難易度が高くなる。積替え保管が必要ない申請の方が受任の機会が多い。
特別管理産業廃棄物と（普通）産業廃棄物	特に厳重な管理が必要な廃棄物を特別管理産業廃棄物（通常「特管」と略される）といい，一般の申請とは別の区分となる。実務上特別管理ではない一般の申請を，特管と対比させて「普通産廃」ということがある。
積替え保管	収集した廃棄物を他の車両に積み替えたり一時保管したりすることである。実務上，「積保あり」や「積保なし」といって区別することがある。収集運搬効率化のためにステーションを設けたいという産廃業者の要望がある一方で，近隣住民の生活環境に影響するため規制されている。 本書では，積替え保管をせずに排出場所から直接処分場(中間処理場）に運搬すること（「直行」ともいう）を想定している。

許可行政庁	産業廃棄物収集運搬業の許可権者は都道府県，政令市及び中核市である。一般には都道府県へ申請すると考えてよい。許可行政庁のことを「役所」や「自治体」ということもあるが，実務上厳密な使い分けはなく，日常的には「役所」や「県庁」ということが多い。
申請区分	申請の依頼や問い合わせがあった際は，申請区分として，「普通」「特管」，「積保あり」「積保なし」を特定する。顧客は申請区分まで意識していないこともあるが，許可の可否のみならず申請手数料や報酬にも関わるため，特定は重要である。
複数同時申請	本書においては、依頼者（申請者）が同時に複数の自治体に許可申請を行うことをいう。「積込み場所」と「荷降し場所」の自治体が異なる場合、それぞれの自治体に申請しなければならない。なお、同じ自治体に「(普通) 産業廃棄物」と「特別管理産業廃棄物」を同時に申請することもあり、役所の手引においても「同時申請」として書類の一部省略が案内されている。本書で取り扱う「複数同時申請」と区別してほしい。
ローカルルール	本書では、申請先の自治体ごとに異なる運用や独自に必要になる書類のことを指す。厳密な定義はないが、行政書士間の会話でもたびたび耳にする言葉である。一般に、許認可は法律に基づいているため自治体ごとに大きく異なることはないが、許認可権者は各都道府県市であり、考え方や運用が完全に統一されているわけではない。地域の特性が反映されている面もある。産廃業以外の許認可にも「ローカルルール」は存在する。
講習会	公益財団法人日本産業廃棄物処理振興センター（JW センター）が全国で実施している。産業廃棄物収集運搬業の許可取得のためには，原則，申請法人の取締役がこの講習会を受講しなくてはならない。最近では，オンライン受講が増えているが、修了試験は会場で行われるため、スケジュールに注意が必要である。
修了証	講習会受講終了を証する書面。原則として，申請の際に添付書類として写しを提出することになっている。受講後の終了試験をクリアすると修了証が発行される。修了証がないと許可を得ることはできない。更新申請の際には，希望地での講習会（終了試験）の予約がとれず遠方の会場になったり，講習が受けられず更新ができなかったりするこ

	とがある。更新申請を受任する際は最初に修了証（講習受講）の有無を確認するとよい。
車検証（自動車検査証記録事項）	自動車が保安基準に適合していることを証明する書面。本書では「車検証」とは「自動車検査証記録事項（以下、「記録事項」)」を指す。産業廃棄物収集運搬業では、運搬施設として主に車両を登録することになるが、許可申請の際に車検証の写しを提出することになっている。車検証には車両そのものの情報の他、所有者（使用者）の情報も登録されている。令和５年１月には、電子車検証が導入された。従来はＡ４サイズであったが、電子車検証はＡ６サイズでＩＣタグが貼付されている。 車検証の変更による申請実務の影響はさほど大きくないが、従来の車検証に記載されていた事項の一部が券面に記載されなくなったため、その情報を得るために「記録事項」が必要になった。これまでは依頼者から車検証写しの提供を受けていたところ、現在は「記録事項」を提出することになっている。実務上は、別の書面に入れ替わっただけの状況である。なお、「記録事項」の窓口発行は暫定措置であるが、券面に記載されていない情報は「車検証閲覧アプリ」で確認できる。
業法	「○○業」を定義付けたり規制したりする個別法を実務上「業法」という。許認可は業法により規定されており，業法は許可申請の根拠法となる。
手引	許可行政庁が作成している申請者向けのマニュアルである。建設業・宅建業・産廃業等の主要な許認可業務においては，この手引が非常にわかりやすく作成されている。手引を熟読すれば，初めての業務でもある程度までは問題なく遂行できる。また，手引は審査基準という側面を持つ。許可要件を審査する際の確認資料を具体的に指定しているためである。申請件数が多く，審査基準と運用が成熟している許認可分野においては，法令解釈問題が生じる余地は少ない。手引の記載内容を把握することにより大半の申請に対応できる（ただし，手引はあくまで行政内部の解釈により作成されており，疑義が生じるケースもあり得る。行政書士としては，実際の法令をよく理解し，手引が必ずしも万全ではないという意識を持つことも大切である）。

⑶契約段階（廃棄物管理）

キーワード	説明
品目	産業廃棄物の種類のことを「品目」という。 産業廃棄物収集運搬業においては，品目ごとに許可を受ける必要がある。許可を受けていない品目を収集運搬することはできない。
委託契約書	廃棄物処理法では，許可証の写しが添付された委託契約書の作成が義務付けられている。 委託契約を締結する際，排出事業者は，委託しようとする産業廃棄物の処理が受託者の事業の範囲に含まれることを確認しなければならない。また，「運搬については収集運搬業者」，「処分については処分業者」とそれぞれ直接契約（いわゆる二者間契約）を締結する必要がある。
許可証	産業廃棄物収集運搬業における許可証は，単に許可業者を証明する書面ではない。委託契約書に写しを添付するという実務的な意味を持つ。許可業者が排出事業者と契約する際，許可証記載の許可期限や許可自治体（積み降ろし可能なエリア），許可品目（運搬可能な産業廃棄物の種類）が契約内容と矛盾しないことが必要である。 許可証は，許可後に保管するだけでなく，常に使い続けるものである。
マニフェスト	産業廃棄物管理票のこと。直行用と積替用の２種類があり，産業廃棄物が適正に処理されているかを確認するために作成される伝票である。排出事業者が複写式のマニフェストを交付し，経由する収集運搬業者や中間処理業者ごとに送付（回付）や保存が行われ，産業廃棄物の流れが追跡できるようになっている。収集運搬業者の車両には携帯義務が課されている。
4点管理	産業廃棄物の適正処理のため，「産業廃棄物（品目）」「契約書」「許可証」「マニフェスト」の４点により管理する必要がある。それぞれがリンクしていなければならない。

⑷運搬段階（収集運搬・処理場への搬入）

キーワード	説明
運搬施設	一般には運搬車両のことである。船舶のこともある。収集運搬の際には，産業廃棄物が飛散・流出及び悪臭が発散することのないように飛散防止措置を講じなければならない。
飛散防止措置	産業廃棄物収集運搬業者は，排出事業者から委託された産業廃棄物を「性状を変えることなく，飛散，流失を伴わないよう留意して，処分業者まで迅速に運搬」しなければならない。運搬に適した車両や容器（オープンドラムやフレコンバッグ等）が必要である。
中間処理施設	廃棄物を加工・処理することにより，減量化・安定化・安全化・無害化する施設。具体的には，①物理的処理（破砕・圧縮・切断等）②化学的処理（熱分解・焼却・融解等）③生物学的処理（発酵等）のいずれかの技術を用いる。 設備としては，破砕機を中心として，投入ホッパー，運搬コンベア，選別機等がある。
最終処分場	廃棄物が中間処理施設で加工・処理された後，リサイクルもできない残渣は埋立処分か海洋投入処分となる。なお，海洋投入処分は条約により原則禁止とされている。

◎本書の位置付け

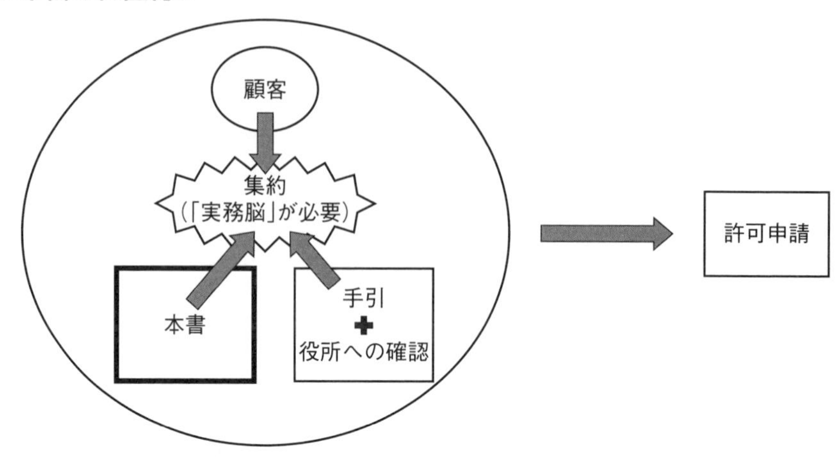
顧客
集約
（「実務脳」が必要）
本書
手引
役所への確認
許可申請

◎鳥瞰図

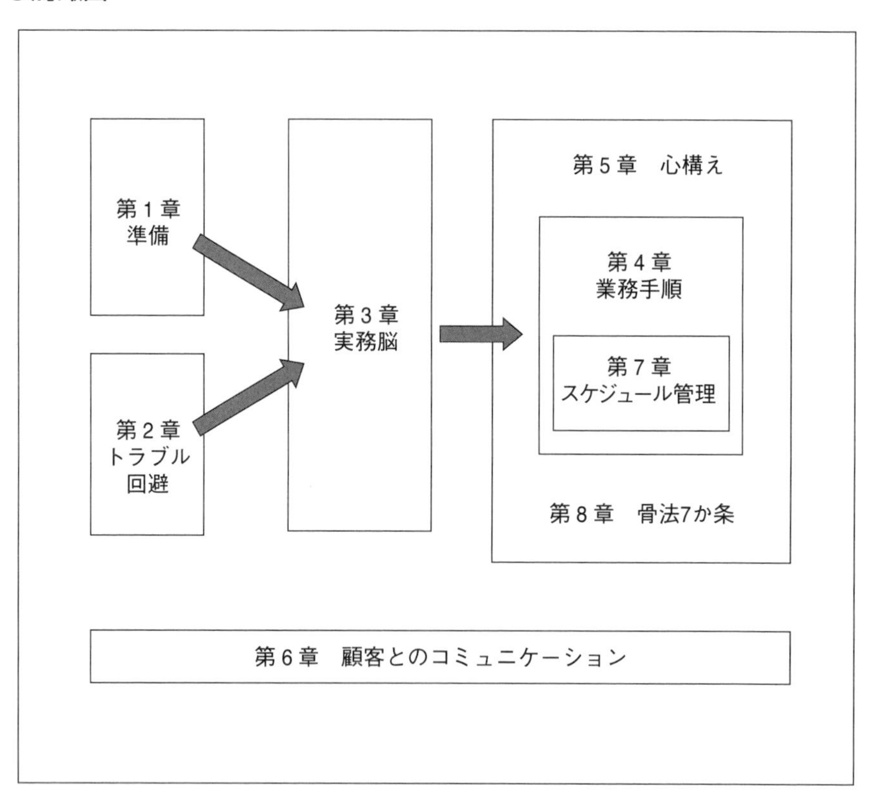
第１章
準備
第２章
トラブル
回避
第３章
実務脳
第５章　心構え
第４章
業務手順
第７章
スケジュール管理
第８章　骨法7か条
第６章　顧客とのコミュニケーション

序章　行政書士と産廃業

本章では，廃棄物処理法を中心に産業廃棄物をめぐる法体系を俯瞰する。あわせて，行政書士と産廃業界の接点にも触れている。実際にどのような行政書士業務（申請）が存在するのか，そこにはどんな特性があるのか，イメージしてほしい。

【本章のポイント】

- ▶　産業廃棄物処理を深く知るためには環境基本法をベースにした法体系の理解が必要である。
- ▶　解体工事業者は建設リサイクル法の対象となる。
- ▶　「廃棄物管理」という考え方があるくらい，廃棄物の管理は難しい。
- ▶　産廃業界に対する規制は厳しいため，行政処分についてよく知る必要がある。
- ▶　新人行政書士にとって，産業廃棄物収集運搬業の許可申請は取り組みやすい業務である。

1 産業廃棄物を取り巻く状況

産業廃棄物処理業をめぐる現状を次のグラフからイメージしてほしい。

図表１のとおり，一般廃棄物に比べ，産業廃棄物が圧倒的に多い。また，産業廃棄物処理業の中でも，収集運搬業者数が圧倒的に多いことがわかる。

図表２からは，ここ 15 年ほど産業廃棄物の排出量と割合が概ね安定していることがわかる。

【図表 1】日本の産業廃棄物の排出状況と処理業の許可件数

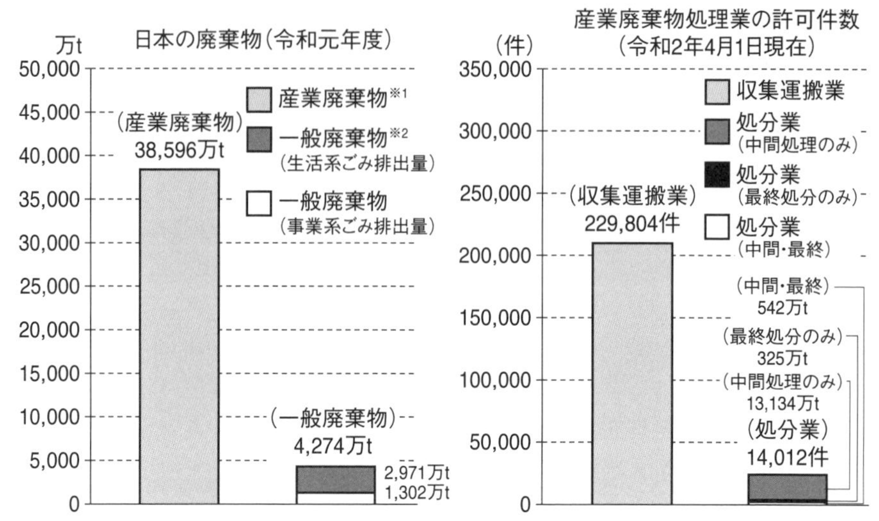

出典：『誰でもわかる !!　日本の産業廃棄物（改訂 9 版）』環境省（監）

【図表 2】産業廃棄物と一般廃棄物（ごみ）排出量の推移

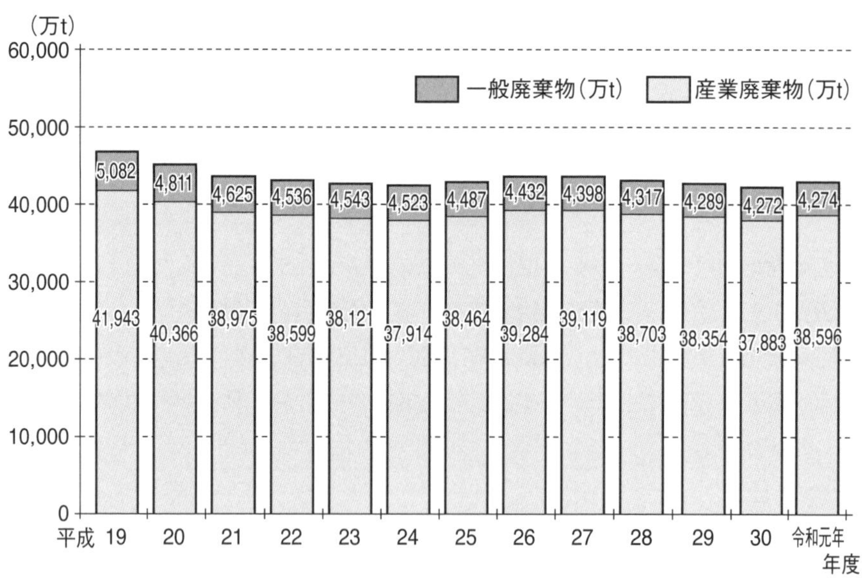

出典：『誰でもわかる !!　日本の産業廃棄物（改訂 9 版）』環境省（監）

【図表 3】全国産業廃棄物の処理のフロー（令和元年度）

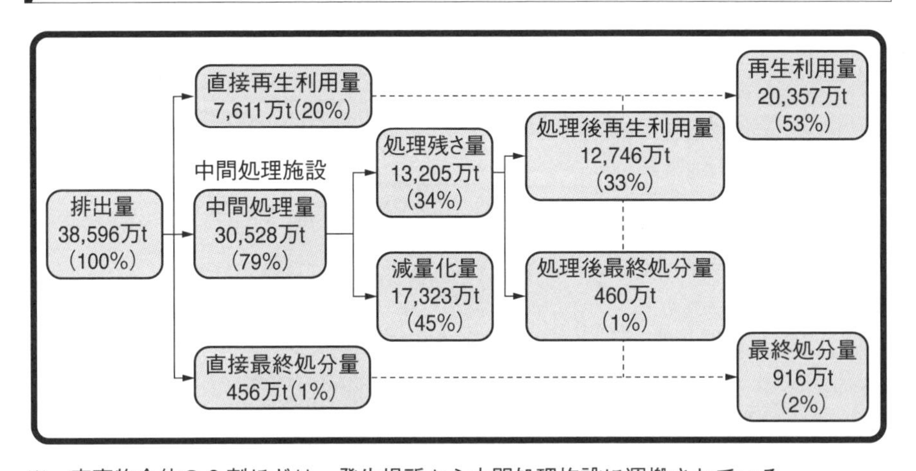

※　廃棄物全体の 8 割ほどは，発生場所から中間処理施設に運搬されている。

出典：『誰でもわかる !!　日本の産業廃棄物（改訂 9 版）』環境省（監）

【図表 4】産業廃棄物の業種別排出量（令和元年度）

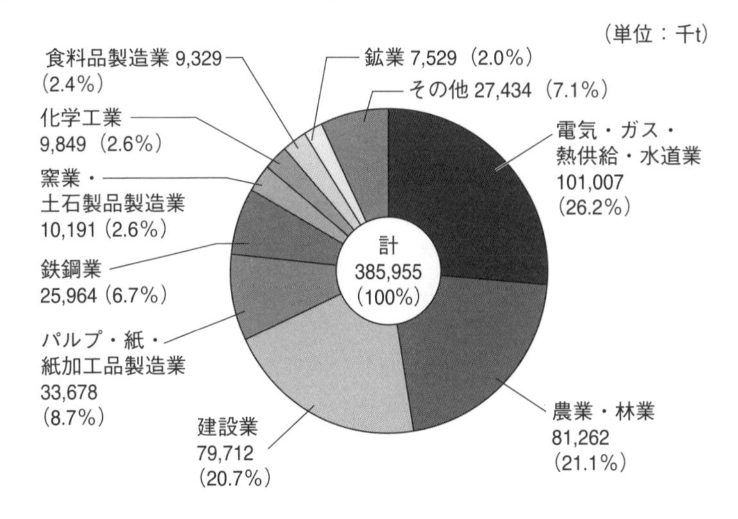

※　建設業が一定割合を占めている。

出典：『誰でもわかる !!　日本の産業廃棄物（改訂 9 版）』環境省（監）

【図表5】産業廃棄物の種類別排出量（令和元年度）

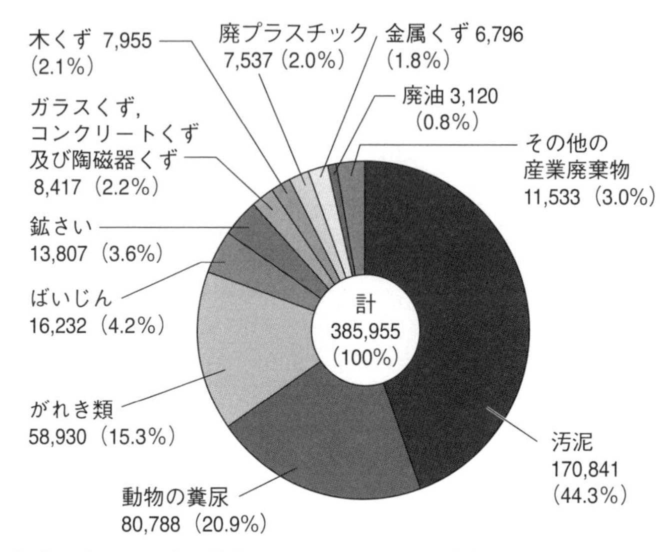

※　解体工事現場で多く排出されるがれき類が一定割合を占めている。

出典：環境省

2 産業廃棄物をめぐる法体系

①　環境基本法

本法は，環境政策の根幹となる法律である。

第4条では，「環境への負荷の少ない持続的発展が可能な社会の構築」が規定されているが，「環境への負荷」には廃棄物の問題が含まれている。

②　循環型社会形成推進基本法

本法は，「大量生産・大量消費・大量廃棄」型の経済社会から脱却して環境への負荷が少ない「循環型社会」を形成することを目指しているが，それには次のような背景がある。

①　廃棄物発生量の増加

②　リサイクル推進の必要性

③　廃棄物処理施設の立地の困難性

④　不法投棄の増大

これらを解決するため，生産・流通・消費・廃棄の過程において，物質の効率的な利用やリサイクルにより，資源の消費を抑制することが求められている。

③　個別リサイクル法

循環型社会形成推進基本法に関連して，現在６つの個別リサイクル法が施行されている。このうち，本書で想定する解体工事業者に深く関係するのは，分別解体や資源化を定めている建設リサイクル法である。

①　容器包装リサイクル法（分別回収や事業者のコスト負担）

②　家電リサイクル法（2001年４月施行，消費者がリサイクルのコストを負担）

③　食品リサイクル法（堆肥化，飼料化促進）

④　建設リサイクル法（分別解体と資源化）

⑤　自動車リサイクル法

⑥　小型家電リサイクル法

④　廃棄物処理法

本法は，産業廃棄物業務に取り組む上で最も重要な法律である。本法では廃棄物を一般廃棄物と産業廃棄物に区分し，産業廃棄物を次のように定義した。

事業活動に伴って生じた廃棄物のうち，燃えがら，汚でい，廃油，廃酸，廃アルカリ，廃プラスチック類その他政令で定める廃棄物

また，事業者の産業廃棄物処理責任を明確化したことも重要である。

2010年の改正は以下の５点である。

①　廃棄物を排出する事業者による適正な処理を確保するための対策の強化

②　廃棄物処理施設の維持管理対策の強化

③　廃棄物処理業の優良化の推進等

④　排出抑制の徹底

⑤　適正な循環的利用の確保

⑥　焼却時の熱利用の促進

以上の環境法令を体系化したのが次の図である。産廃業者に密接に関わる廃棄物処理法が，この体系の中に位置付けられることを認識してほしい。

【図表6】循環型社会を形成するための法体系

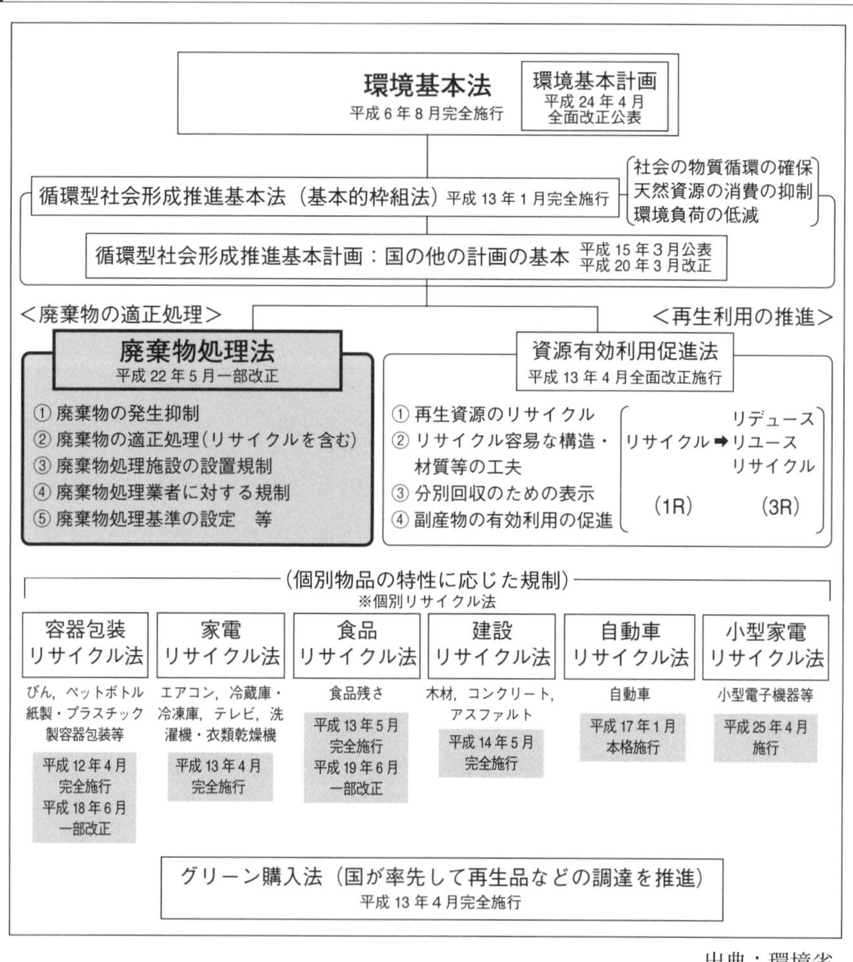

出典：環境省

3 産業廃棄物関連業者を取り巻く状況

① 廃棄物管理

「廃棄物管理」という考え方がある。産業廃棄物業に関連する業者や排出事業者は，法令で定められている基準に従い廃棄物を管理しなければならない。廃棄物管理のための手段として，「産業廃棄物（品目）」「契約書」「許可証」「マニフェスト」の４点管理が用いられている。

市販されている廃棄物管理の解説書では，「信頼できる廃棄物処理業者の見つけ方」という趣旨で適正な業者を見極めるポイントが解説されている。つまり，コンプライアンス意識の高い排出事業者は，廃棄物管理の観点から，委託先の処理業者を慎重に検討しているということだ。

収集運搬業者は，取引先である排出事業者から選ばれる存在でなければならない。それをサポートすることも，行政書士業務のうちである。

② 産廃業者に対する行政の考え方（通達を参考に）

産廃業者は複雑な法体系の中に位置付けられているが，実際に行政がどのような考え方を持って法令を執行しようとしているのか通達がある。環境省から各都道府県の主管あてに発せられた通達を抜粋して紹介する。「速やかに」や「躊躇することなく」といった表現からわかるように，行政の強い姿勢が感じられる。

【参考】環循規発第 18033028 号　平成 30 年 3 月 30 日行政処分の指針について（通知）

一部の自治体においては，自社処理と称する無許可業者や一部の悪質な許可業者による不適正処理に対し，行政指導をいたずらに繰り返すにとどまっている事案や，不適正処理を行った許可業者について原状回復措置を講じたことを理由に引き続き営業を行うことを許容するという運用が依然として見受けられる。

このように悪質な業者が営業を継続することを許し，断固たる姿勢により法的効果を伴う行政処分を講じなかったことが，一連の大規模不法投棄事案を発生させ，廃棄物処理及び廃棄物行政に対する国民の不信を招いた大きな原因ともなっている。

廃棄物の適正処理を確保するとともに，廃棄物処理に対する国民の不信感を払拭するため，以下の指針を踏まえ，積極的かつ厳正に行政処分を実施されたい。

1　行政処分の迅速化について

違反行為（法又は法に基づく処分に違反する行為をいう。以下同じ。）を把握した場合には，生活環境の保全上の支障の発生又はその拡大を防止するため速やかに行政処分を行うこと。特に，廃棄物が不法投棄された場合には，生活環境の保全上の支障が生ずるおそれが高いことから，速やかに処分者等を確知し，措置命令により原状回復措置を講ずるよう命ずること。この場合，不法投棄として告発を行うほか，処分者等が命令に従わない場合には命令違反として積極的に告発を行うこと。また，捜査機関と連携しつつ，産業廃棄物処理業等の許可を速やかに取り消すこと。

2　行政指導について

緊急の場合及び必要な場合には躊躇することなく行政処分を行う。

3　刑事処分との関係について

違反行為が客観的に明らかであるにもかかわらず，公訴が提起されていることを理由に行政処分を留保する事例が見受けられるが，行政処分は将来にわたる行政目的の確保を主な目的とするものであって，過去の行為を評価する刑事処分とはその目的が異なるものであるから，それを理由に行政処分を留保することは不適当であること。

むしろ，違反行為に対して公訴が提起されているにもかかわらず，廃棄物の適正処理について指導，監督を行うべき行政が何ら処分を行わないとすることは，法の趣旨に反し，廃棄物行政に対する国民の不信を招きかねないものであることから，行政庁として違反行為の事実を把握することに最大限努め，それを把握した場合には，いたずらに刑事処分を待つことなく，速やかに行政処分を行うこと。

第2　産業廃棄物処理業の事業の停止及び許可の取消し（法第14条の3及び第14条の3の2）

産業廃棄物処理業者が不法投棄等の重大かつ明白な違反行為を行っているにもかかわらず，原状回復責任を全うさせること等を理由に許可の取消処分を行わず，事業停止処分等にとどめる事例が見受けられるが，当該運用は，不法投棄等の違反行為を事実上追認するものであり，適正処理を確保するという許可制度の目的及び意義を損ない，産業廃棄物処理に対する国民の不信を増大させるものであるばかりか，違反行為による被害を拡大させかねないものであることから，著しく適正を欠き，かつ，公益を害するものである。したがって，こうした場合には，躊躇することなく取消処分を行った上で，原状回復については措置命令により対応すること。

（下線筆者）

4 行政書士にとっての産廃業

①　行政書士と産廃業務のかかわり

産廃業務は許認可業務である。許認可とは職業選択の自由に対する規制である。規制が多くなるほど行政書士業務も増えるといえる。廃棄物処理法は1970年の成立以来，幾度の改正を経て今日に至っている。「公害」が社会問題化した高度経済成長の時代に比べ，産業廃棄物に対する考え方や規制のあり方はかなり変化した。それに伴い行政書士の産業廃棄物業界に対するかかわりも深まっている。今や，産廃業の許可を得ようとする業者にとって，手続の依頼先が行政書士であることは定着しているといってよい。複雑な環境法令を，行政の代わりに事業者にアナウンスすることは，産廃業務を扱う行政書士の使命である。

②　行政書士と産業廃棄物収集運搬業許可

実際に行政書士が産廃業とかかわる場面は，多くは産業廃棄物収集運搬業の許可申請取得業務である。他にも処分場の設置許可等もあるが，全体からみれば数は少ない。産業廃棄物を排出する業者は，自社で収集運搬を行う以外は，許可業者に委託しなければならない。逆にいうと，他社が排出した産業廃棄物を収集運搬するには許可を得る必要があるということだ。産業廃棄物はリサイクルするために各方面の処理施設に流れていく。こうして産業廃棄物の移動が増えるほど収集運搬業者も多くなることになる。また，建設業には産業廃棄物がつきものであり，工事現場においては元請・下請など複数社が混在している。したがって，他社に産業廃棄物の収集運搬を委託する場面が多いのである。

一般廃棄物の収集運搬業許可については，自治体に処理責任がある関係で許可業者数が制限されており，新規参入することが困難なのが現状である。それに対し，産業廃棄物収集運搬業には許可業者数の制限がなく，許可条件さえ満たせば許可取得が可能であるため，需要に応じて業者は増えることになる。

③　産廃業務の心構え

行政書士が産廃業務に取り組む際，許可申請代行という意識では不十分である。建設業に関わる法令知識と併せて，環境法令全般に関するアドバイザーを目指したい。

本書が対象とする「(普通) 産業廃棄物収集運搬業（積替え保管なし)」の許可申請そのものは他の許認可申請と比べて難しいものではなく，建設業許可における専任技術者の実務経験証明のような困難な条件はない。しかし，産廃業務を扱う行政書士は，依頼者の許可取得のみならず，許可後のビジネスについても視野に入れて依頼者をリードしていくことが必要である。

④　関連業務との接点

産廃業者とかかわることで，関連する他の許認可業務の受任につながることがある。代表的なのは建設業許可や解体業登録である。他にも，古物商許可，道路使用許可や自動車登録関係の手続も依頼される可能性がある。

5 産廃業務の今後の展望

産廃業者をめぐる法規制は厳しさを増している。法違反により信用を失うことは企業にとって致命傷である。コンプライアンスの体制整備は今後益々重要になる。優良企業を目指すことはビジネスを拡大する上でメリットになる。違法行為や脱法行為によって目先の利益を追うのではなく，優良企業として積極的にブランディングする方がはるかにメリットがある。

そのサポート役として，行政書士が存分に活躍できる業界である。

6 産廃業務で新人行政書士を待ち受ける「3 つの壁」と本書の役割

①　経験値不足の壁

社会人経験が少ない読者は，相談者との面談から始まり，見積・業務・請求と一連のサイクルについて具体的なイメージがわかないかもしれない。ある程度のことは経験により身に付けるしかない。ただ，経験が少なくとも，一生懸命に業務に取り組む姿勢が顧客に伝われば，少々のミスを信頼へとつなげることができる。新人のうちは，誠意を持って丁寧に取り組むことで経験不足を補うことが可能である。

②　依頼者とのコミュニケーションの壁

依頼者は忙しい上に，自社の情報について熟知しているわけではない。したがって，行政書士は，わずかな会話や曖昧な情報から顧客の状況を推測し，ロードマップを示さなければならない。不確定要素が複数あれば，「場合分け」により複数のロードマップが必要になる。

できればじっくりとヒアリングして詳細な検討をしたいところだが，実際にはそんな余裕がないことが多い。したがって，要点を押さえつつスピーディーに処理するための経験値が必要である。

また，依頼者との連絡窓口は，事務担当者ではなく，社長本人であることも多い。ともするとラフな関係になりがちである。中には，細かい話や面倒な話をしたくないと考える顧客もいる。ある程度は顧客に調子を合わせる必要があるが，緊張感を忘れてはならず，バランスの取れた対応が求められる。

③　価格競争の壁

基本的な産業廃棄物収集運搬業（積替え保管なし）の許可申請は，他業務に比べ経験による価格競争の壁は低いといえる。

その理由は，許可要件にさほどハードルがなく，他業務に比べ産廃業関連業務を専門とする事務所が少ないからだ（建設業・入管業務・相続業務等を専門業務とする事務所は多くある）。

とはいえ，新人行政書士が効率的に業務をこなして利益を得ることは容易ではない。本書「**5-3　見積額の算出**」(p247) を参考にして事務所の報酬体系を作り上げてほしい。

第1章　受任するための準備

本章では，産廃業務を受任するために最低限身に付けなければならない要素を解説する。業務に直結する知識とは，法令そのものよりも業界の成り立ちや申請の要領であるといえる。また，顧客のみならず役所や行政書士，他士業とのコミュニケーションをいかに図るかも考えてほしい。

【本章のポイント】

- ▶ 「ゴミ」とは曖昧な概念である。
- ▶ 「産業廃棄物」は廃棄物処理法により定義される。「廃棄物該当性」は慎重に判断する。
- ▶ 有価物（売れるもの）は廃棄物に該当しない。
- ▶ 環境法の法体系は複雑である。業務上は廃棄物処理法に重点を置く。
- ▶ 産業廃棄物の処理を外部に委託したとしても，処理責任は排出事業者が負う。
- ▶ 廃棄物処理は「収集運搬」と「処分」に分けられる。
- ▶ 産業廃棄物収集運搬業の許可は，「積替え保管」の有無によって申請区分が異なる。
- ▶ 積替え保管を含む許可申請は，業務の難易度が高い。
- ▶ 「産業廃棄物収集運搬業者」の役割は，「産業廃棄物を，そのままの状態を維持しつつ指定場所まで運搬すること」である。
- ▶ 産業廃棄物収集運搬業の許可は，「積込み場所」と「荷降し場所」双方の都道府県で取得する必要がある。通過する都道府県の許可は不要である。
- ▶ 許可業者は５年ごとに更新申請をし，変更事項に応じて変更届を提出する必要がある。

▶　業務に取り組む際には手引（審査基準）をベースにして，本書や専門書で知識を補完する。先輩行政書士からのアドバイスも重要である。

1-1　産業廃棄物の世界を知る

1 産業廃棄物とは

廃棄物とはゴミである。しかし，実は「ゴミ」の判断は難しい。

例えば，鉄スクラップを買い取る業者がいるが，価値があるから買うのである。一方，趣味の収集品は，コレクターにとっては貴重品であるかもれないが，関心のない者にとってはゴミといえる。

廃棄物に該当すれば規制対象となる。その点で廃棄物の定義付け（＝廃棄物該当性の判断）は，産業廃棄物業の許可業務を扱う行政書士にとっては重要となる。

産業廃棄物業務を扱う際は，まずは「産業廃棄物とは何か」「顧客が運搬するのは産業廃棄物に該当するのか」ということを考えてほしい。産業廃棄物は，自治体が回収する一般廃棄物とは管理の主体や方法がまるで違っているのである。

廃棄物処理法において「産業廃棄物」とは，次に掲げる廃棄物をいう。

【廃棄物処理法】

第２条　（略）

４　この法律において「産業廃棄物」とは，次に掲げる廃棄物をいう。

一　事業活動に伴つて生じた廃棄物のうち，燃え殻，汚泥，廃油，廃酸，廃アルカリ，廃プラスチック類その他政令で定める廃棄物

法で規定しているのは７種類であり，それ以外の14種類は施行令で規定さ

れている。

具体的には図表 1-1 のとおりであるが，このうち「輸入された廃棄物」についてはすべてが産業廃棄物であり，それ以外の 20 種類は「事業活動に伴って生じた」場合に産業廃棄物と判断される。

【図表 1-1】産業廃棄物の種類

(1) あらゆる業種から排出される物

産業廃棄物の種類	内容	例
燃え殻	事業活動に伴い生ずる石炭がら，灰カス，焼却残灰，炉清掃掃出物等	石炭がら，灰かす，廃棄物焼却灰，炉清掃掃出物，コークス灰，重油燃焼灰，焼却灰，すす，廃カーボン類，廃活性炭等
汚泥	工場廃水等の処理後に残る泥状のもの及び各種製造業の製造工程において生ずる泥状のもので，有機性及び無機性のすべてのもの	①有機性汚泥 製紙スラッジ，下水汚泥，ビルピット汚泥（し尿の混入している物を除く），洗毛汚泥，消化汚泥（余剰汚泥），糊かす，うるしかす等 ②無機性汚泥 浄水場沈でん汚泥，中和沈でん汚泥，凝集沈でん汚泥，めっき汚泥，砕石スラッジ，ベントナイド泥，キラ，カーバイトかす，石炭かす，ソーダ灰かす，ボンデかす，塩水マッド，廃ソルト，不良セメント，不養生セメント，廃触媒，タルクかす，柚薬かす，けい藻土かす，活性炭かす，各種スカム（油性スカムを除く），廃脱硫剤，ニカワかす，脱硫いおう，ガラス・タイル研磨かす，バフくず，廃サンドブラスト（塗料かすを含む物に限る），スケール，スライム残さ，排煙脱硫石こう，赤泥，転写紙かす，建設汚泥等
廃油	鉱物性及び動植物性油脂にかかるすべての廃油	潤滑油系廃油（スピンドル油，冷凍機油，ダイナモ油，焼入油，タービン油，マシン油，エンジン油，グリース油），切削油系廃油（水溶性，不水溶性），洗浄油系廃油，絶縁油系廃油，圧延油系廃油，作動油系廃油，その他の鉱物油系廃油（灯油，軽油，

		重油等），動植物油系廃油（漁油，鯨油，なたね油，やし油，ひまし油，大豆油，豚脂，牛脂等），廃溶剤類（シンナー，ベンゼン，トルエン，トリクロロエチレン，テトラクロロエチレン，アルコール等），廃可塑剤類（脂肪酸エステル，リン酸エステル，フタル酸エステル等），消泡用油剤，ビルジ，タンカー洗浄廃水，タールピッチ類（タールピッチ，アスファルト，ワックス，ろう，パウフィン等），廃ワニス，クレオソート廃液，印刷インキかす，硫酸ピッチ（廃油と廃酸の混合物），廃 PCB，廃白土，タンクスラッジ，油性スカム・洗車スラッジ（廃油と汚泥の混合物）等
廃酸	廃硫酸，廃塩酸，有機廃酸類をはじめとするすべての酸性廃液。中和処理した場合に生ずる沈でん物は汚泥として取り扱う	無機廃酸（硫酸，塩酸，硝酸，フッ酸，スルファミン酸，ホウ酸等），有機廃酸（ギ酸，酢酸，シュウ酸，酒石酸，クエン酸等），アルコール発酵廃液，アミノ酸発酵廃液，エッチング廃液，染色廃液（漂白浸せき工程，染色工程），クロメート廃液，写真漂白廃液，炭酸飲料水，ビール等
廃アルカリ	廃ソーダ液をはじめとするすべてのアルカリ性廃液。中和処理をした場合に生ずる沈でん物は汚泥として取り扱う	洗びん用廃アルカリ，石炭廃液，廃灰汁，アルカリ性めっき廃液，金属せっけん廃液，廃ソーダ液，ドロマイト廃液，アンモニア廃液，染色廃液（製錬工程，シルケット加工），黒液（チップ蒸解廃液），脱脂廃液（金属表面処理），写真現像廃液，か性ソーダ廃液，硫化ソーダ廃液，けい酸ソーダ廃液，か性カリ廃液等
廃プラスチック類	合成高分子化合物に係る固形状及び液状のすべての廃プラステック類	廃ポリウレタン，廃スチロール（発泡スチロールを含む），廃ベークランド（プリント基盤等），廃農業用フィルム，各種合成樹脂系包装材料のくず，合成紙くず，廃写真フィルム，廃合成皮革，廃合成建材（タイル，断熱材，合成木材，防音材等），合成繊維くず（ナイロン，ポリエステル，アクリル等で混紡も含む），廃ポリ容器類，電線の被覆くず，廃タイヤ，ライニングくず，廃ポリマー，塗料かす，接着剤かす，合成ゴムくず等

ゴムくず	天然ゴムくず （合成ゴムは廃プラスチック類）	切断くず，裁断くず，ゴムくず，ゴム引布くず，エボナイトくず（廃タイヤは合成ゴムのため廃プラスチック類）等
金属くず		鉄くず，空かん，古鉄・スクラップ，ブリキ，とたんくず，箔くず，鉛管くず，銅線くず，鉄粉，バリ，切断くず，切削くず，非金属の研磨くず，ダライ粉，半田かす，溶接かす，鉄鋼等
ガラスくず，コンクリートくず及び陶磁器くず		①ガラスくず 廃空ビン類，板ガラスくず，アンプルロス，破損ガラス，ガラス繊維くず，カレットくず，ガラス粉等 ②コンクリートくず 製造工程等で生じるコンクリートブロックくず，インターロッキングくず，石膏ボードくず等 ③陶磁器くず 土器くず，陶器くず，せっ器くず，磁器くず，レンガくず，耐熱レンガくず，せっこう型，タイルくず等
鉱さい		高炉，平炉，転炉，電気炉からの残さい（スラグ），キューポラ溶鉱炉のノロ，ドロス・カラミ・スパイス，ボタ，不良鉱石，粉炭かす，鉱じん，鋳物廃砂，サンドブラスト廃砂（塗料かす等を含むものを除く）等
がれき類	工作物の新築，改築又は除去に伴って生じた各種廃材（専ら土地造成の目的となる土砂に準じたものを除く）	コンクリート破片，レンガ破片，ブロック破片，石類，瓦破片，その他これに類する各種廃材等
ばいじん	ばい煙発生施設・焼却施設の集じん施設で集められたものであって集じん施設で捕捉されたもの（ダスト類）	電気集じん機捕集ダスト，バグフィルター捕集ダスト，サイクロン捕集ダスト等

(2) 業種が限定される物

産業廃棄物の種類	内容	例
紙くず	①建設業に係るもの（工作物の新築，改築（増築を含む）又は除去に伴って生じたものに限る） ②パルプ，紙又は紙加工品製造業，新聞業（新聞巻取紙を使用して印刷発行）に係るもの ③出版業（印刷出版を行う者に限る）に係るもの ④製本業及び印刷物加工業に係るもの ⑤ PCB が塗布され，又は染みこんだもの	印刷くず，製本くず，裁断くず，旧ノーカーボン紙等，建材の包装紙，板紙，建設現場から排出される紙くず等
木くず	①建設業に係るもの（工作物の新築，改築（増築を含む）又は除去に伴って生じたものに限る） ②木材又は木製品製造業（家具の製造業を含む）に係るもの ③パルプ製造業 ④輸入木材の卸売業及び物品賃貸業に係るもの ⑤貨物の流通のために使用したパレット（パレットへの貨物の積付けのために使用したこん包用の木材を含む）に係るもの（注：木製パレットは，排出事業者の業種限定はありません） ⑥PCBが染み込んだもの	建設業関係の建物，橋，電柱，工事現場，飯場小屋の廃木材（工事箇所から発生する伐採材や伐根を含む），木材，木製品製造業等関係の廃木材，おがくず，パーク類，梱包材くず，板きれ，廃チップ等
繊維くず	①建設業に係るもの（工作物の新築，改築又（増築を含む）は除去に伴って生じたものに限る）	木綿くず，羊毛くず，麻くず，糸くず，布くず，綿くず，不良くず，落ち毛，みじん，くずまゆ，レーヨンくず等，建設現場から排出される繊維くず，ロープ等

	②繊維工業（衣服その他の繊維製品製造業を除く）に係る天然繊維くず（合成繊維は廃プラスチック類） ③PCBが染み込んだもの	
動植物性残さ	食料品製造業，医薬品製造業又は香料製造業において原料として使用した動物又は植物に係る固形状の不要物（魚市場，飲食店等から排出される動植物性残さ又は厨芥類は事業活動に伴って生じた一般廃棄物）	①動物性残さ 魚・獣の骨，皮，内臓等のあら，ボイルかす，うらごしかす，缶づめ，瓶づめ不良品，乳製品精製残さ，卵から，貝がら，羽毛等 ⑨植物性残さ ソースかす，しょうゆかす，こうじかす，酒かす，ビールかす，あめかす，海苔かす，醸造かす，発酵かす，でんぷんかす，豆腐かす，あんかす，茶かす，米・麦粉，大豆かす，果実の皮・種子，野菜くず，薬草かす，油かす等
動物系固形不要物	と畜場においてとさつし，又は解体した獣畜及び食鳥処理場において食鳥処理した食鳥に係る固形状の不要物	と畜場において処分した獣畜，食鳥処理場において処理した食鳥
動物のふん尿	畜産農業に該当する事業活動に伴って生ずる動物のふん尿	牛，馬，豚，めん羊，にわとり，あひる，がちょう，うずら，七面鳥，兎及び毛皮獣等のふん尿
動物の死体	畜産農業に該当する事業活動に伴って生ずる動物の死体	牛，馬，豚，めん羊，にわとり，あひる，がちょう，うずら，七面鳥，兎及び毛皮獣等の死体

(3)　その他

産業廃棄物の種類	内容	例
法施行令第2条第13号に規定する産業廃棄物	産業廃棄物を処理するこめに処理したものであって，以上の産業廃棄物に該当しないもの	有害汚泥のコンクリート固形物 焼却灰の溶融固形化物

出典：『産廃申請ハンドブック（改訂第４版）』東京都行政書士会（令和６年３月）

2 産業廃棄物と対比される概念

①　一般廃棄物

廃棄物処理法で定義された20種類の産業廃棄物以外は「一般廃棄物」とされる。一般廃棄物には，家庭ごみの他に事業活動によって生じる事業系一般廃棄物がある。飲食店が排出する残飯や，造園業者が排出する剪定枝は産業廃棄物として定義されておらず，事業系一般廃棄物となる。ただし，「事業活動に伴う」という点について，実際には判断が難しい場合もあり，自治体によっては考え方が異なることがあるので注意が必要である。例えば，就業中に弁当を食べたあと，その弁当がらが産業廃棄物に当たるかどうかは判断が分かれている。

【図表 1-2】　不要物の中身

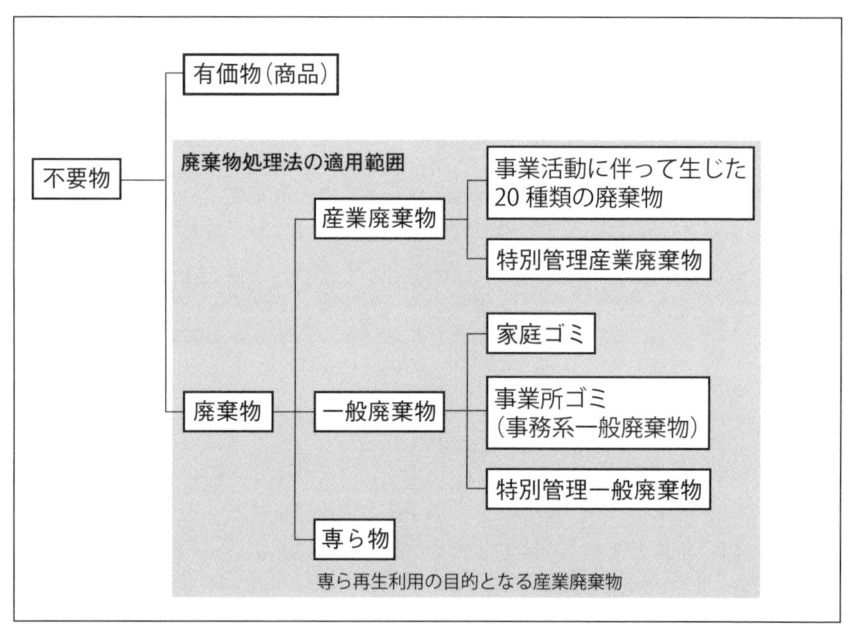

出典：坂本裕尚『はじめての廃棄物管理ガイド（改訂版）』一般社団法人産業環境管理協会（2018 年）を一部修正

【図表 1-3】産業廃棄物と一般廃棄物

	産業廃棄物	一般廃棄物
定義	事業活動に伴って生じた廃棄物のうち政令で定める20種類	産業廃棄物以外
処理責任	排出事業者	市町村 (事業系一般廃棄物は排出事業者)
処理区域	基本的には全国どこでも処理可	原則，市町村内処理
契約	収集運搬業者，処分業者との書面契約	契約不要 (ただし，自治体により必要な場合あり)
伝票管理	マニフェスト交付，照合，保管	マニフェスト不要
許可	産業廃棄物収集運搬業許可 産業廃棄物処分業許可 処理施設の設置許可	一般廃棄物収集運搬業許可 一般廃棄物処分業許可 処理施設の設置許可 (ただし，市町村の清掃センターなどは許可不要)

出典：坂本裕尚『はじめての廃棄物管理ガイド（改訂版）』一般社団法人産業環境管理協会（2018年）を一部修正

②　有価物（廃棄物該当性）

有価物とは一般廃棄物を含めた「廃棄物」全般への対概念である。経済的に価値のあるもの（売れるもの）は廃棄物ではない。とはいえ，モノの引渡しに対価が発生していれば廃棄物ではないのかといえばそうではない。外形上対価を支払うことで「これは有価物である」とし，廃棄物処理法の規制を免れようとする脱法行為を防ぐため，行政ではこの有価物について基準を設けている。次の通達には，廃棄物該当性を判断するために知っておくべき考え方が示されている。

【参考】環廃産発第2104141号　令和3年4月14日「行政処分の指針について（通知）」

⑵　廃棄物該当性の判断について

①　廃棄物とは，占有者が自ら利用し，又は他人に有償で譲渡することができないために不要となったものをいい，これらに該当するか否か

は，その物の性状，排出の状況，通常の取扱い形態，取引価値の有無及び占有者の意思等を総合的に勘案して判断すべきものであること。

廃棄物は，不要であるために占有者の自由な処理に任せるとぞんざいに扱われるおそれがあり，生活環境の保全上の支障を生じる可能性を常に有していることから，法による適切な管理下に置くことが必要であること。したがって，再生後に自ら利用又は有償譲渡が予定される物であっても，再生前においてそれ自体は自ら利用又は有償譲渡がされない物であることから，当該物の再生は廃棄物の処理であり，法の適用があること。

また，本来廃棄物たる物を有価物と称し，法の規制を免れようとする事案が後を絶たないが，このような事案に適切に対処するため，廃棄物の疑いのあるものについては以下のような各種判断要素の基準に基づいて慎重に検討し，それらを総合的に勘案してその物が有価物と認められるか否かを判断し，有価物と認められない限りは廃棄物として扱うこと。なお，以下は各種判断要素の一般的な基準を示したものであり，物の種類，事案の形態等によってこれらの基準が必ずしもそのまま適用できない場合は，適用可能な基準のみを抽出して用いたり，当該物の種類，事案の形態等に即した他の判断要素をも勘案するなどして，適切に判断されたいこと。その他，平成12年7月24日付け衛環第65号厚生省生活衛生局水道環境部環境整備課長通知「野積みされた使用済みタイヤの適正処理について」，平成17年7月25日付け環廃産発第050725002号環境省大臣官房廃棄物・リサイクル対策部産業廃棄物課長通知「建設汚泥処理物の廃棄物該当性の判断指針について」，令和2年7月20日付け環循規発第2007202号環境省環境再生・資源循環局廃棄物規制課長通知「建設汚泥処理物等の有価物該当性に関する取扱いについて」及び平成24年3月19日付け環廃企発第120319001号・環廃対発第120319001号・環廃産発第120319001号環境省大臣官房廃棄物・リサイクル対策部企画課長・廃棄物対策課長・産業廃棄物課長通知「使用済家電製品の廃棄物該当性の判断について」等、個別の品目や製品に係る通知がある場合にはそちらも併せて参考にされたいこと。

ア　物の性状

利用用途に要求される品質を満足し，かつ飛散，流出，悪臭の発生等の生活環境の保全上の支障が発生するおそれのないものであること。実際の判断に当たっては，生活環境の保全に係る関連基準（例えば土壌の汚染に係る環境基準等）を満足すること，その性状についてJIS規格等の一般に認められている客観的な基準が存在する場合はこれに適合していること，十分な品質管理がなされていること等の確認が必要であること。

イ　排出の状況

排出が需要に沿った計画的なものであり，排出前や排出時に適切な保管や品質管理がなされていること。

ウ　通常の取扱い形態

製品としての市場が形成されており，廃棄物として処理されている事例が通常は認められないこと。

エ　取引価値の有無

占有者と取引の相手方の間で有償譲渡がなされており，なおかつ客観的に見て当該取引に経済的合理性があること。実際の判断に当たっては，名目を問わず処理料金に相当する金品の受領がないこと，当該譲渡価格が競合する製品や運送費等の諸経費を勘案しても双方にとって営利活動として合理的な額であること，当該有償譲渡の相手方以外の者に対する有償譲渡の実績があること等の確認が必要であること。

オ　占有者の意思

客観的要素から社会通念上合理的に認定し得る占有者の意思として，適切に利用し若しくは他人に有償譲渡する意思が認められること，又は放置若しくは処分の意思が認められないこと。したがって，単に占有者において自ら利用し，又は他人に有償で譲渡することができるものであると認識しているか否かは廃棄物に該当するか否かを判断する際の決定的な要素となるものではなく，上記アからエまでの各種判断要素の基準に照らし，適切な利用を行おうとする意思があるとは判断されない場合，又は主として廃棄物の脱法的な処理を目的としたものと判断される場合には，占有者の主張する意思の内容によらず，廃棄物に該当するものと判断されること。

（下線・囲み筆者）

以上のように，廃棄物該当性については，複数の観点から総合的に判断することとされており，「総合判断説」といわれている。形式ではなく，実体で判断するということである。

例えば次の例では，形式的にはモノの買取りにも見えるが，実体は不要物の処理といえる。この場合，「廃棄物処理」と考えられ，廃棄物処理法に基づいた適正処理をしなければならない。

【参考】経済的合理性が認められない場合の例

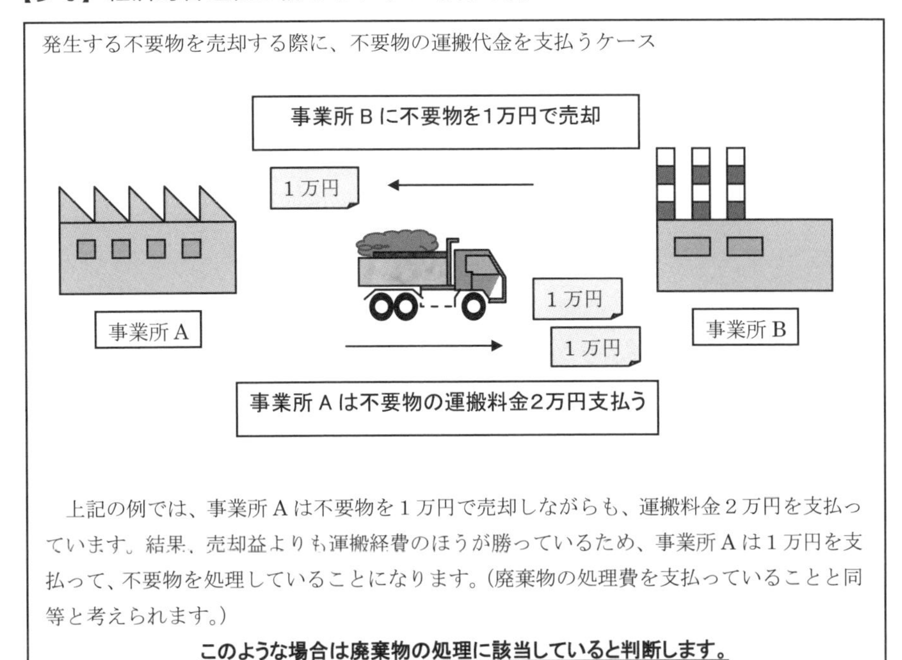
発生する不要物を売却する際に、不要物の運搬代金を支払うケース

上記の例では、事業所Ａは不要物を１万円で売却しながらも、運搬料金２万円を支払っています。結果、売却益よりも運搬経費のほうが勝っているため、事業所Ａは１万円を支払って、不要物を処理していることになります。（廃棄物の処理費を支払っていることと同等と考えられます。）

このような場合は廃棄物の処理に該当していると判断します。

出典：「産業廃棄物処理委託マニュアル」高崎市環境部産業廃棄物対策課

※　廃棄物処理法の施行以前から商慣習となっていた古紙，鉄くず等の売払い（古物商による古物回収行為）は規則が緩和されている。

Column 1

規制逃れのための都合のいい理屈

不要物に対してわずかな支払いをすることで有価物だと主張するケースがある。産業廃棄物の規制を逃れるためだ。このように都合のいい理屈を展開して開き直るケースは，例えば，税法や労働法についても見受けられる。

しかし，現実は（いいか悪いかは別として）所管当局がどう判断するかにかかっている。行政法令の解釈は行政の判断次第と考えた方が無難である。もっとも，行政書士としては，行政の言いなりではなく，厳格な法令解釈に基づいた主張を行うことも必要である。

3 産業廃棄物の種類

産業廃棄物の中には，「業種限定」といわれる７種類がある。「紙くず・木くず・繊維くず・動物性残さ・動物系固形不要物・動物のふん尿・動物の死体」である。

これらは特定の事業者から発生した場合のみ産業廃棄物と判断されることになるが，例えば，紙くずや木くずは建設工事等から発生した場合にのみ産業廃棄物となる。したがって，一般のオフィスから排出される紙くずは，事業活動に伴うことには変わりないが，指定された業種に該当しない場合は産業廃棄物ではなく，（事業系）一般廃棄物である。また，日曜大工により発生した木くずは，指定された業種ではないので一般廃棄物である。

実務上注意してほしいのは，業種限定における建設工事とは，建設業法で定義される工事ではない点である。ここでいう建設業とは「工作物の新築，改築又は除去に伴って生じたもの」（廃棄物処理法施行令第２条第２号）である。業務の中で実際にこの点が問題になる場面は少ないかもしれないが，行政書士である以上，法令による定義付けには注意すべきである。

産業廃棄物の種類は法令で定義付けられており，感覚的な分類ではない。また，同じ廃棄物（同じ物）でも，排出される条件により，あるいは自治体の判断により分類が異なるという点に注意が必要だ。分類の結論については，処理責任という観点で違いが生じるという視点が大切である。

Column 2

家庭ゴミ？　事業ゴミ？

行政書士事務所から出るゴミ（廃棄物）の種類は何であろうか。自宅開業であれば，実際は家庭系一般廃棄物（家庭ごみ）として処分しているかもしれない。しかし，事務所を借りている場合は，業務上のゴミは事業ゴミであり，「事業系一般廃棄物」と「産業廃棄物」が混ざることになるので注意が必要だ。回収方法も家庭ゴミとは異なる。例えば，紙くずは業種限定に係らないため一般廃棄物となる。一方，廃プラスチックは産業廃棄物である。

①　産業廃棄物の分類例

イ　建設系産業廃棄物（建廃）

産業廃棄物20種類のうち，「廃プラスチック類」「紙くず」「木くず」「繊維くず」「ゴムくず」「金属くず」「ガラス及び陶磁器くず」「がれき類」の8品目。

ロ　伐採材・根株

建設工事に伴い発生する抜根，伐採材は，建設業に係る木くずとして扱われる。したがって，現場から搬出する場合は委託処理する必要がある。ただし，発生した現場内で利用する場合については，森林保全のための自然還元，資材としての利用として認められる（平成11年 建設廃棄物処理指針）。

なお，4 m，2 mなどに切断（玉切り）した幹材等を製材所等に搬出する場合は，通常の材木の搬出とみなされる。

※　植樹や庭園の手入れなど，造園業や園芸サービス業により生じた木の剪定くずは事業系一般廃棄物となる。

ハ　木くず

「物品賃貸業に係る木くず」及び「貨物の流通のために使用したパレット」は産業廃棄物となる。業種限定はなく，事業活動に伴うものはすべて産業廃棄物となる。

ニ　タイヤ

合成ゴムのため廃プラスチック類となる。産業廃棄物のゴムくずとは天然ゴムである。

ホ　蛍光管

収集運搬にあたり，廃プラスチック類，金属くず，ガラスくず・コンクリートくず及び陶磁器くずの3種類の許可が必要。

へ　合わせ産廃

事業活動に伴って排出される文房具が廃プラスチック類に該当すれば，産業廃棄物となる。しかし，少量であれば，一般廃棄物として自治体で処理することが可能とされている（廃棄物処理法第１条第２項）。

本書では，解体工事現場から排出される廃棄物を想定しているため，図表1-4及び1-5でイメージを持ってほしい。

【図表 1-4】建設系産業廃棄物の処理の流れ

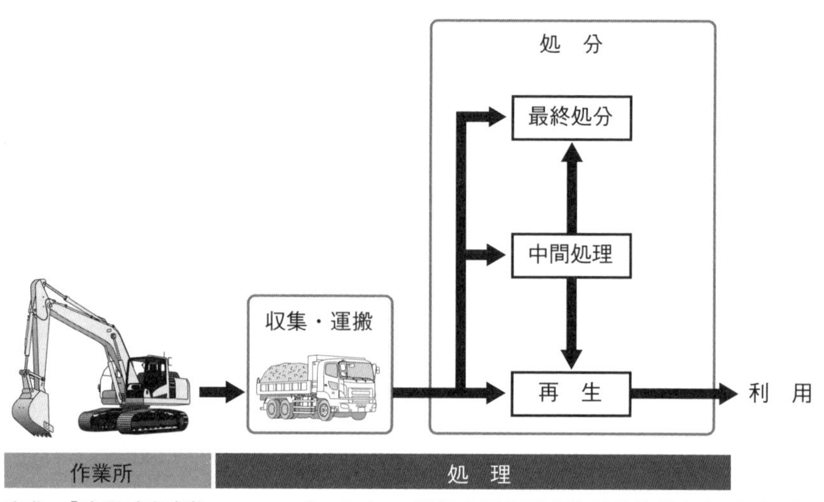

出典：「建設系廃棄物マニフェストのしくみ」建設六団体副産物対策協議会（一部変更）

【図表 1-5】建設系産業廃棄物

安定型産業廃棄物	がれき類	工作物の新築，改築，除去に伴って生じたコンクリートの破片，その他これに類する不要物 ①コンクリートがら ②アスファルト・コンクリートがら ③その他がれき類（レンガくず等） ④これらの石綿含有産業廃棄物
	ガラスくず，コンクリートくず及び陶磁器くず	ガラスくず，タイルくず，衛生陶器くず，陶磁器くず，耐火レンガくず，モルタル，瓦，これらの石綿含有産業廃棄物（廃石膏ボード，有機性のものが付着・混入した廃容器等を除く）
	廃プラスチック類	廃発泡スチロール，廃ビニール，合成ゴムくず，廃塩ビパイプ，廃シート類，これらの石綿含有産業廃棄物（有機性のものが付着・混入した廃容器等を除く）
	金属くず（鉛を含まないもの）	鉄骨鉄筋くず，金属加工くず，足場パイプや保安塀くず，廃缶類（鉛管等，有機性のものが付着・混入した廃容器等を除く）
	ゴムくず	天然ゴムくず
管理型産業廃棄物	汚泥	含水率が高く粒子の微細な泥状の掘削物 掘削物を標準仕様ダンプトラックに山積みができず，また，その上を人が歩けない状態（コーン指数がおおむね200kN／m2 以下又は一軸圧縮強さがおおむね 50kN／m2 以下） ※具体的には，場所打杭工法，泥水式シールド工法等で生ずる廃泥土・廃泥水
	ガラスくず，コンクリートくず及び陶磁器くず	有機性のものが付着・混入したガラスや陶磁器製の廃容器・包装，廃石膏ボード（紙と分離した石膏粉を含む）
	廃プラスチック類	有機性のものが付着・混入したプラスチック製の廃容器・包装
	金属くず	有機性のものが付着・混入した金属製の廃容器・包装，鉛管，その他鉛を含んだもの
	木くず	解体木くず（木造家屋解体材，内装徹去材），伐採材，抜根材，新築木くず（型枠，足場材等，内装・建具工事等の残材，梱包木くず），木製パレット

紙くず	包装紙くず，ダンボールくず，壁紙くず，障子紙くず
繊維くず	廃ウェス，縄くず，ロープ類のくず，廃畳，絨毯くず
廃油	アスファルト乳剤等の使用残渣（タールピッチ類），防水アスファルト，廃重油
燃え殻	焼却残渣物

出典：「建設系廃棄物マニフェストのしくみ」建設六団体副産物対策協議会

Column 3

ゴミとは

ゴミという言葉には曖昧さがあるが，リサイクルという言葉も同様である。リサイクルの考え方はよく知られているが，「どんな物質がどのようなプロセスを経て資源になるのか」という工程は意外と知られていない。私たちが「ゴミ」と考えて捨てている（排出している）ものの中には，実は資源であって，ゴミではないものもある。

また，有害性の認識によって，ゴミと資源の観念が異なる場合もある。例えば，最近はレジ袋の有料化や紙ストローの導入がはじまっている。プラスチックは従来有用な資源とされていた。しかし，耐久性という特質により，自然分解されないことが海洋汚染等の環境問題を引き起こした。他にも，かつて重宝された物質である石綿や水銀がいまや有害であるとされ，規制の対象になっている。

時代や条件によってゴミの考え方は変わっていくのである。

②　解体工事現場と産業廃棄物

イ　解体工事現場から排出される廃棄物

建設系廃棄物８種類が排出されるが，戸建ての解体では「木くず」「紙くず」「廃プラスチック類」「ガラス及び陶磁器くず」が多い。

個人住宅を解体する際は，住人が所有していた家財等の「残置物」に注意が必要である。これらは所有者に処理責任があるが，家電やパソコン等，種類によって処理方法が異なる。

【参考】建築物の解体時における残置物

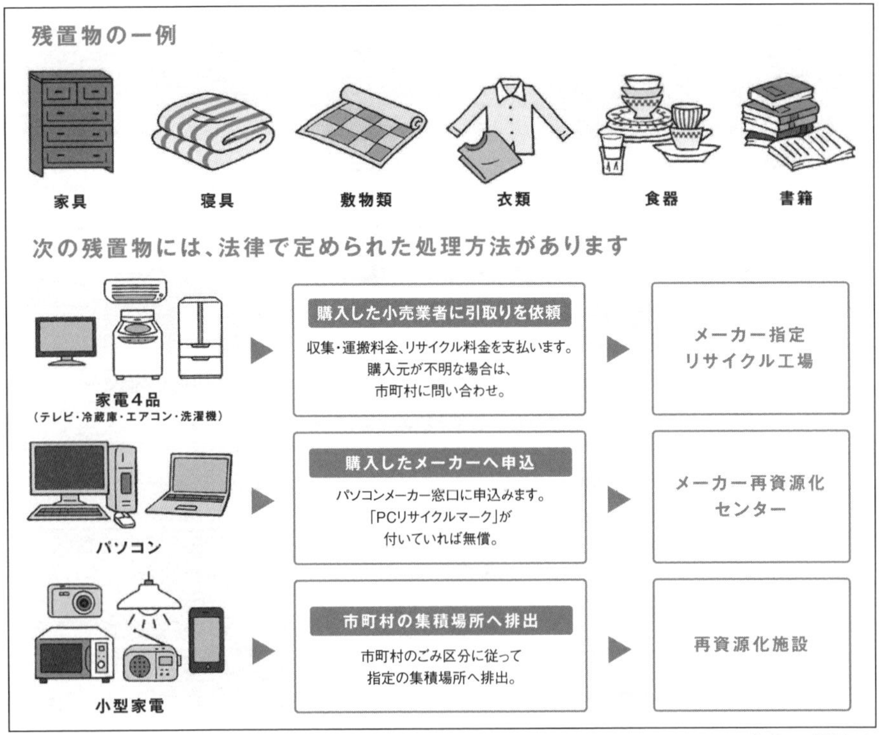

出典：環境省

ロ　アスベスト含有建材

アスベスト（石綿）は人体にとって有害なため，特に厳格な処理が求められている。ひところ，アスベストの有害性が認識されておらず，有益な材料として様々な場所に使用されてきた。住宅建材もその一つである。アスベストが含まれているものは「廃石綿等」と「石綿含有産業廃棄物」等に分類できるが，前者は特別管理産業廃棄物とされ，後者は普通産業廃棄物とされている。

【参考】アスベスト建材の解体・除去について

吹付けアスベスト以外の
アスベスト含有建材が使用されている解体工事

適切な除去　アスベスト含有建材の除去については、散水を行い、できるだけ建材を破損することなく除去します。

除去処分　飛散防止対策を施し、安定型処分場で処理します。

出典：「アスベスト建材の解体・除去手順」長野県

ハ　特徴

解体工事から発生する廃棄物が不法投棄される割合は大きい。昔は機械でいっぺんに解体してミンチ状にしていたことから「ミンチ解体」といわれていた。ミンチ解体により廃棄物になったものを「混合廃棄物」という。

建設工事は「元請・下請」の重層構造が多いが，現場から出る廃棄物の排出事業者は元請企業である。排出事業者責任の考え方により，平成23年度の法改正で元請企業の責任が明らかにされた。これにより，下請企業が現場から排出された産業廃棄物を収集運搬する際は，元請企業から許可業者である下請企業の「委託」となることも明確になった。行政書士としては，このあたりまで顧客のフォローが必要である。

【図表1–6】建設業における排出事業者の定義

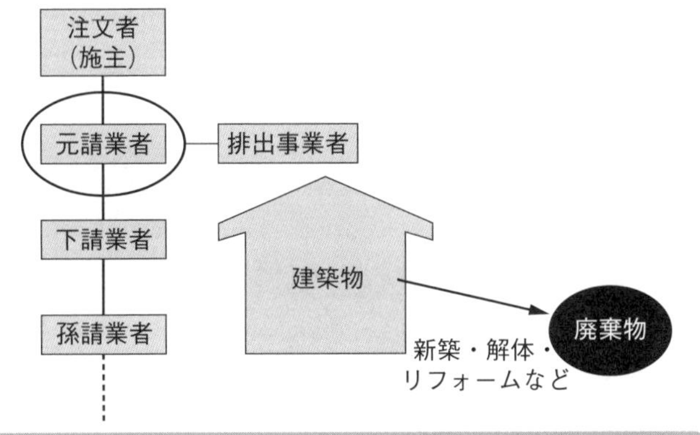

出典：（株）ジェネス著『最新版図解産業廃棄物処理がわかる本（第2版）』日本実業出版社（2011年）

ニ　建設リサイクル法（建設工事に係る資材の再資源化等に関する法律）

混合廃棄物は分別ができず，リサイクルができない。現在は建設リサイクル法によって対象となる建設工事について分別解体が義務付けられ，コンクリートや木材などの特定建設資材を再資源化することになった。これにより，現場では手作業が増えることになる。

解体工事の注文者にとって，廃棄物処理に関するコストはわかりにくい。工事は安いに越したことはないが，こうした必要経費をしっかり計上することで適正価格となる。

なお，この法令により，解体工事業者は都道府県に登録しなければならず，これも行政書士業務の一つである。建設業許可の業種「解体工事」を取得している場合は登録不要だが，許可を受けていない業者が500万円未満の対象工事を行う場合，登録をした上で，「事前届出」「標識掲示」「技術管理者の選任」等の手続が必要である。

【図表 1-7】建設リサイクル法による分別解体等と再資源化等の義務付け

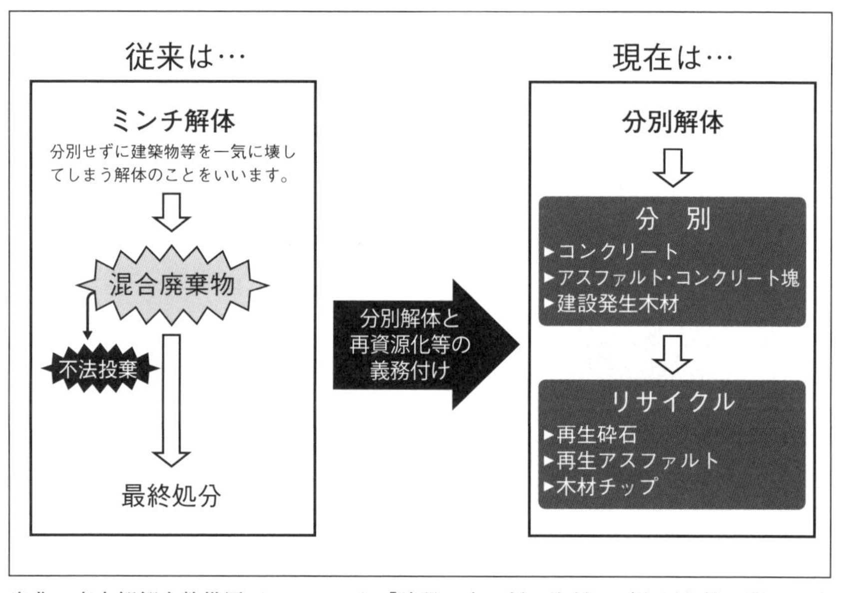

出典：東京都都市整備局パンフレット「建設工事に係る資材の再資源化等に関する法律のご案内」（一部改変）

【参考】建設リサイクル法の標準的な流れ

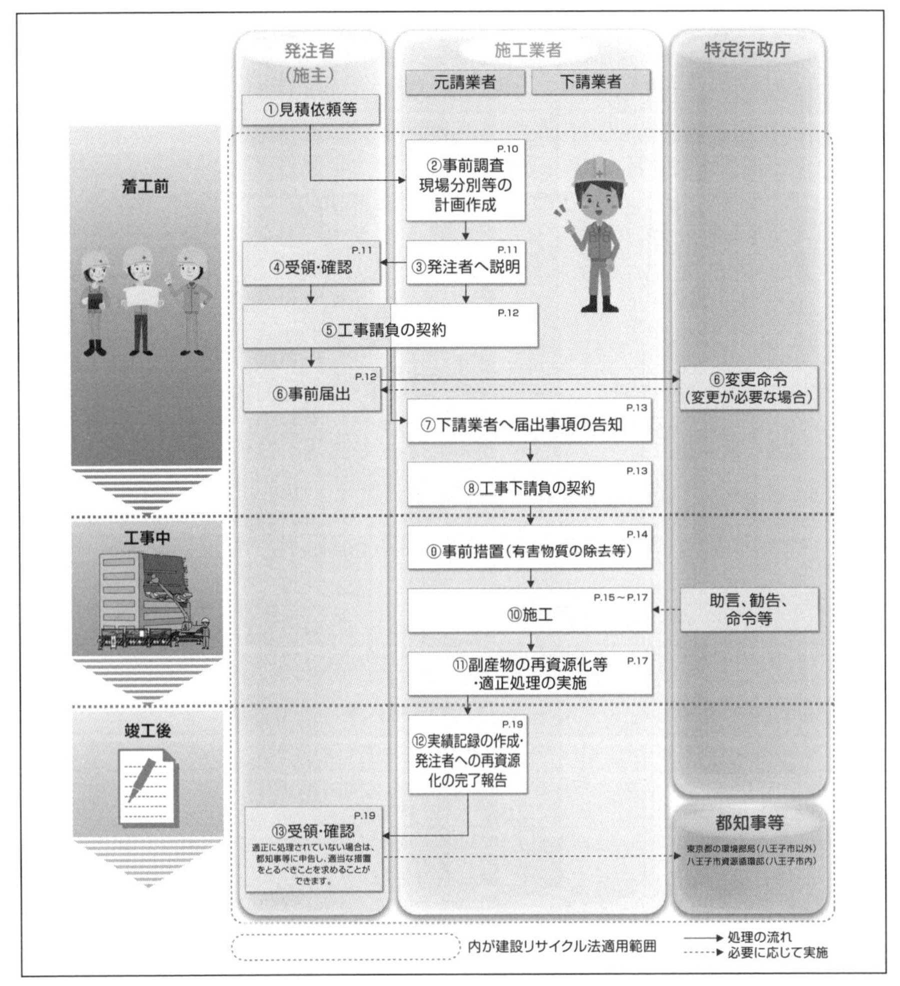

出典：「建設リサイクル」東京都都市整備局

以下のグラフから，建設業によって排出される産業廃棄物が全体の２割程度を占めており，建設廃棄物の種類は「アスファルト・コンクリート塊」や「コンクリート塊」，「建設汚泥」が多いということがわかる。

仕事で建設業に関わりがない者にとってはなじみがないことだが，建設廃棄物は意外とリサイクルされている。

【図表 1-8】産業廃棄物の業種別排出量（令和２年度）

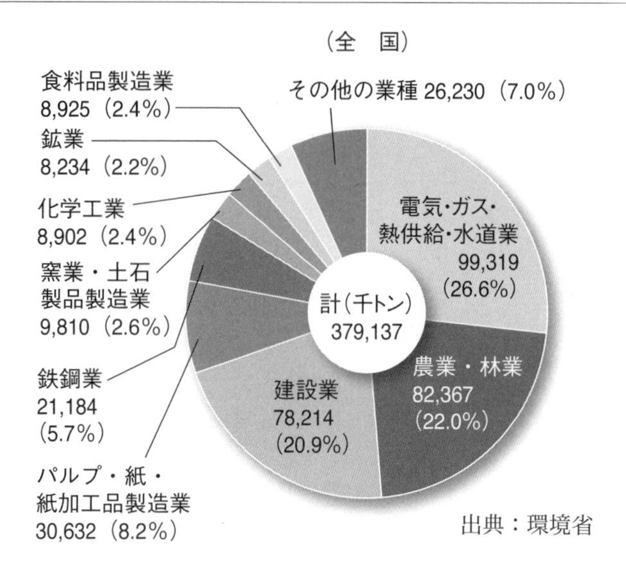

出典：環境省

【図表 1-9】建設廃棄物の品目別排出量（平成 30 年度）

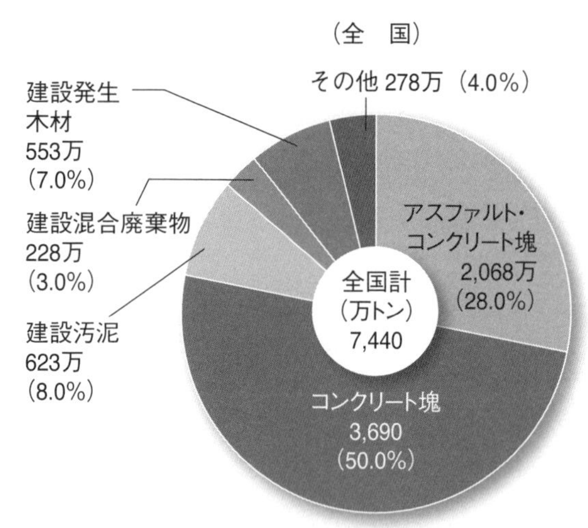

注）四捨五入の関係上，合計値と合わない場合がある。
出典：国土交通省調査

【図表 1-10】建設廃棄物の品目別排出量（平成 30 年度）

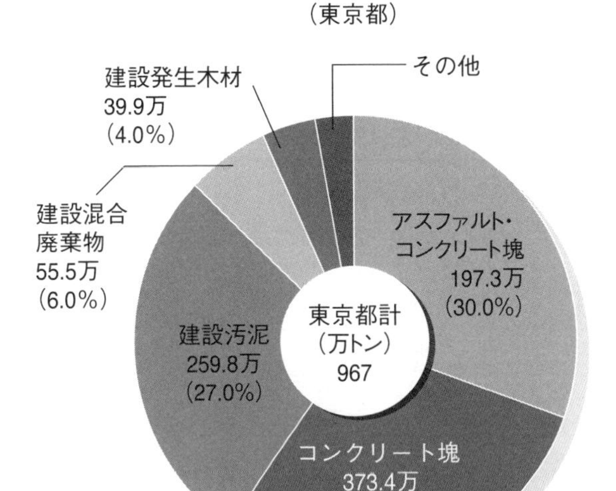

出典：国土交通省調査

【図表 1-11】建設廃棄物の品目別リサイクル率

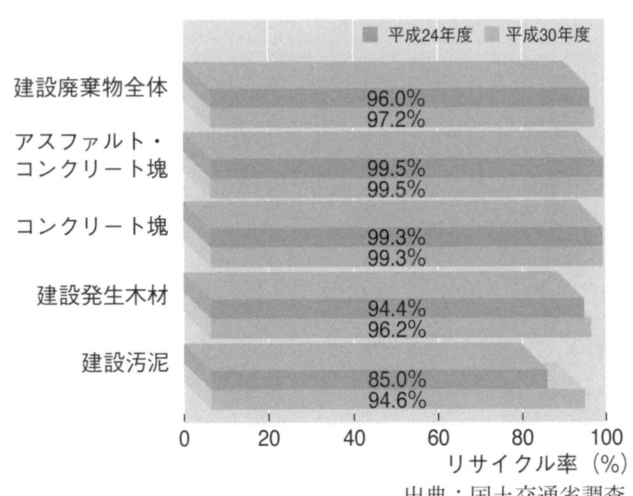

出典：国土交通省調査

【参考】建設リサイクルの概要

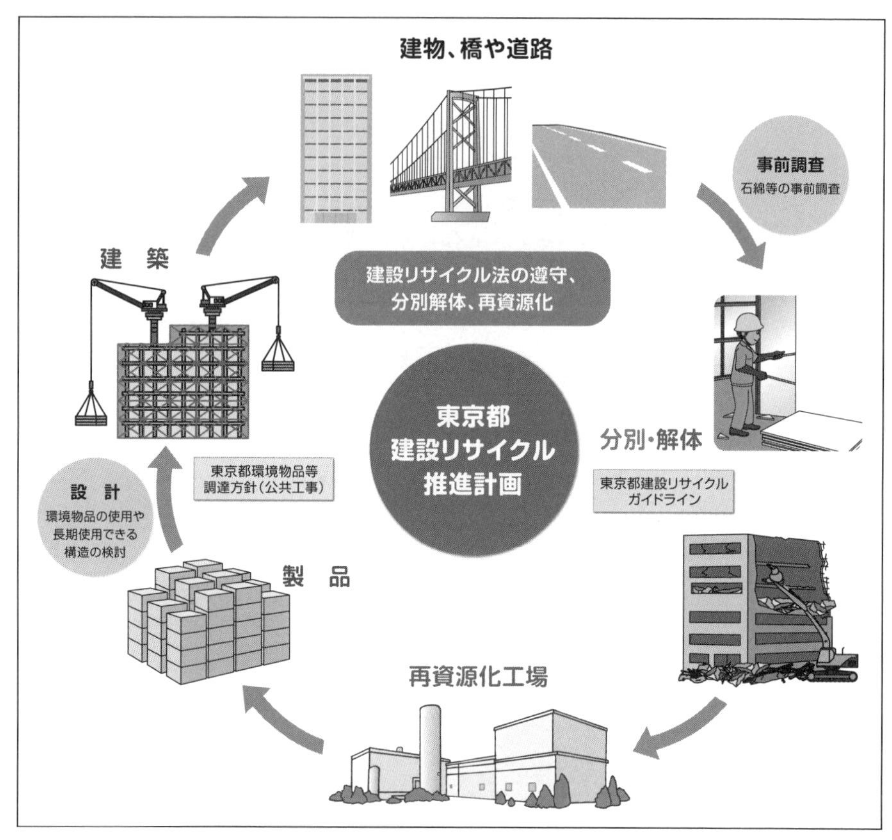

出典：「建設リサイクル」東京都都市整備局都市づくり政策部広域調整課建設副産物担当

4 廃棄物処理法の構造

廃棄物の適正処理を図るため，廃棄物処理法では一般廃棄物と産業廃棄物を定義した上で処理責任の所在を明確にしている。我々の生活に馴染みのある一般廃棄物の処理責任は自治体にある。本法には国民の責務も規定されており，ゴミの減量化や再資源化に努め，国や自治体の施策に協力することが求められている。

一方で，産業廃棄物の処理責任は排出事業者にあるとされる。このことは収集運搬業の許可制度とも密接に関連しており，重要な点である。排出事業者は，様々な基準に従って産業廃棄物を適正処理しなければならない。

【図表 1–12】廃棄物処理法の概要

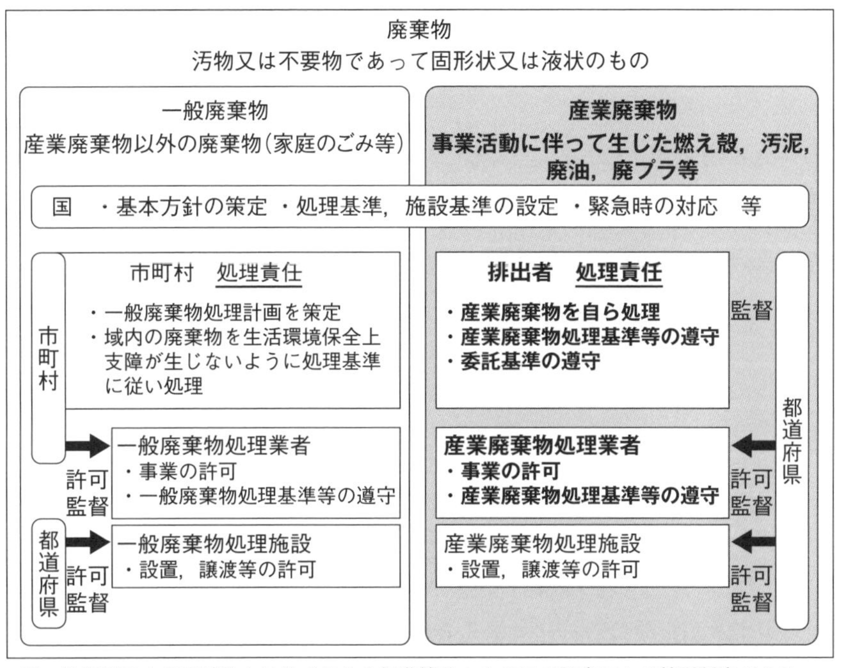

※　生産者による広域的なリサイクルの促進等のための国の認定による特別制度がある。

出典：環境省

①　廃棄物処理法の目的

【廃棄物処理法】

（目的）
第１条　この法律は，廃棄物の排出を抑制し，及び廃棄物の適正な分別，保管，収集，運搬，再生，処分等の処理をし，並びに生活環境を清潔にすることにより，生活環境の保全及び公衆衛生の向上を図ることを目的とする。

②　廃棄物処理法の目的達成のための手段

【廃棄物処理法】

（事業者及び地方公共団体の処理）
第11条　事業者は，その産業廃棄物を自ら処理しなければならない。

（事業者の処理）
第12条　（略）

5　事業者（略）は，その産業廃棄物（略）の運搬又は処分を他人に委託する場合には，その運搬については第14条第12項に規定する産業廃棄物収集運搬業者その他環境省令で定める者に，その処分については同項に規定する産業廃棄物処分業者その他環境省令で定める者にそれぞれ委託しなければならない。

6　事業者は，前項の規定によりその産業廃棄物の運搬又は処分を委託する場合には，政令で定める基準に従わなければならない。

7　事業者は，前２項の規定によりその産業廃棄物の運搬又は処分を委託する場合には，当該産業廃棄物の処理の状況に関する確認を行い，当該産業廃棄物について発生から最終処分が終了するまでの一連の処理の行程における処理が適正に行われるために必要な措置を講ずるように努めなければならない。

（産業廃棄物処理業）

第14条　産業廃棄物（略）の収集又は運搬を業として行おうとする者は，当該業を行おうとする区域（略）を管轄する都道府県知事の許可を受けなければならない。ただし，事業者（略），専ら再生利用の目的となる産業廃棄物のみの収集又は運搬を業として行う者その他環境省令で定める者については，この限りでない。

（略）

12　第1項の許可を受けた者（以下「産業廃棄物収集運搬業者」という。）又は第6項の許可を受けた者（以下「産業廃棄物処分業者」という。）は，産業廃棄物処理基準に従い，産業廃棄物の収集若しくは運搬又は処分を行わなければならない。

【図表1−13】許可の種類（産業廃棄物処理法）

業・施設の別	許可の種類	許可権者	法律の条文
営　業	一般廃棄物収集運搬業	市町村長	第7条第1項
	一般廃棄物処分業	市町村長	第7条第6項
	産業廃棄物収集運搬業	都道府県知事・政令市長	第14条第1項
	産業廃棄物処分業	都道府県知事・政令市長	第14条第6項
	特別管理産業廃棄物収集運搬業	都道府県知事・政令市長	第14条の4第1項
	特別管理産業廃棄物処分業	都道府県知事・政令市長	第14条の4第6項
施設設置	一般廃棄物処理施設	都道府県知事・政令市長	第8条第1項
	産業廃棄物処理施設	都道府県知事・政令市長	第15条第1項

出典：影山凡子「産業廃棄物の許可制度」『月刊日本行政（第572号）』日本行政書士連合会（令和2年6月）

5 排出事業者責任

建設の場合は,「建設工事から生ずる廃棄物の適正処理について（環廃産第110329004号　平成23年３月30日）を参照。

排出事業者責任については，次の条文で確認してほしい。

【廃棄物処理法】

（事業者の責務）

第３条　事業者は，その事業活動に伴つて生じた廃棄物を自らの責任において適正に処理しなければならない。

２　事業者は，その事業活動に伴つて生じた廃棄物の再生利用等を行うことによりその減量に努めるとともに，物の製造，加工，販売等に際して，その製品，容器等が廃棄物となつた場合における処理の困難性についてあらかじめ自ら評価し，適正な処理が困難にならないような製品，容器等の開発を行うこと，その製品，容器等に係る廃棄物の適正な処理の方法についての情報を提供すること等により，その製品，容器等が廃棄物となつた場合においてその適正な処理が困難になることのないようにしなければならない。

３　事業者は，前２項に定めるもののほか，廃棄物の減量その他その適正な処理の確保等に関し国及び地方公共団体の施策に協力しなければならない。

（下線筆者）

6 委託基準

排出事業者が適正な委託契約を結ぶためには，次のような委託基準に従わなければならない。

①　処理を委託する相手は処理業の許可を有する者であること。

②　委託する業者は，委託しようとする産業廃棄物の処理が事業の範囲に含

まれていること。

③　委託契約は書面で行うこと。

④　特別管理産業廃棄物の処理を委託する場合は，委託する者に対してあらかじめ特別管理産業廃棄物の種類，数量，性状，荷姿，取扱い上の注意事項を書面で通知すること。

⑤　契約書及び契約書に添付された書類を契約終了日から５年間保存すること。

⑥　収集運搬の委託は収集運搬業の許可を持つものと，中間処理（再生を含む）又は最終処分の委託は処分業の許可を持つものと，それぞれ２者間で契約すること。

行政は，排出事業者に対して次のような確認事項を示して注意喚起をしている。これらは，委託を受ける収集運搬業者も知っておくべき内容である。

【産業廃棄物処理委託時の点検ポイント】

1　契約時

①　処理委託するときに必ず書面で契約書を交わしたか？

②　「収集運搬」と「処分」とで別々の契約書を交わしたか？

③　相手方の許可証を確認し，「事業の範囲」に処理委託する廃棄物の種類が含まれているか？

2　廃棄物の引渡し時

①　マニフェストの記載内容に漏れはないか？

②　マニフェストを収集運搬業者に交付し忘れてないか？

3　廃棄物の引渡し後

①　マニフェストが決められた期間内に返送されたか？

（B2　D票は90日（特管産廃は60日），E票は180日）

②　マニフェストを交付日から５年間保管しているか？

（委託契約書も契約終了日から５年間保管）

③　廃棄物が適正に処理されたかを処理業者に確認しているか？

出典：「産業廃棄物処理委託マニュアル」高崎市環境部産業廃棄物対策課

7 委託契約

排出事業者が産業廃棄物を委託する際は，書面による契約が必要である。法定記載事項が欠如している場合や実際に委託された内容と異なる場合には，委託基準違反として罰則が適用される。

① 委託契約書

契約書の共通記載事項は以下のとおり。

① 委託する「(特別管理) 産業廃棄物」の種類及び数量
② 委託契約の有効期間
③ 委託者が受託者に支払う料金
④ 受託者の事業の範囲
⑤ 委託者の有する適正処理のために必要な事項に関する情報
⑥ 委託契約の有効期間中に前項の情報に変更があった場合の伝達方法に関する事項
⑦ 委託業務終了時の受託者の委託者への報告に関する事項
⑧ 契約解除時の処理されない「(特別管理) 産業廃棄物」の取扱いに関する事項

以下に，東京都環境局のウェブサイトで公開している委託契約書のモデルを示す。冒頭 (p45) に記載されている許可品目と別表1 (p48) 記載の「廃棄物の種類」との対応関係を確認してほしい。収集運搬業者の許可申請において，契約書は直接関係する書類ではないが，関連性を知っておくとよい。契約書の内容は，マニフェストや許可証と対応していなければならない。

なお，モデル委託契約書中のコメントは東京都記載のものである。

◆記載例　モデル委託契約書（収集運搬用）

（記入例）

収入印紙

［収集運搬用］
産業廃棄物処理委託契約書

令和○○年△△月××日

排出事業者（甲）

住　所　　東京都○○区○○町１－２－３

氏　名　　□　産業株式会社 代表取締役 ■■　　太郎　　印
（法人にあっては名称及び代表者の氏名）

収集運搬業者（乙）

住　所　　東京都××市××町９－８－７

氏　名　　××環境サービス株式会社 代表取締役　△△　次郎　印
（法人にあっては名称及び代表者の氏名）

積み込み場所、荷下ろし場所の自治体における、乙の許可について記載します。

乙の事業範囲

	（積込み場所）	（荷下ろし場所）
収集運搬業許可番号	１３－００－０００００００	１３－００－０００００００
（許可都道府県政令市名）	（　東京都　）	（　東京都　）

許可品目（積込み場所・荷下ろし場所に共通の許可品目のみチェックする）

□燃え殻	□汚　泥	□廃　油	□廃　酸	□廃アルカリ	☑廃プラスチック類	□ゴムくず
☑金属くず	☑ガラスくず、コンクリートくず及び陶磁器くず		□鉱さい	□がれき類	□ばいじん	
□紙くず	□木くず	□繊維くず	□動植物性残さ	□動物のふん尿	□動物の死体	
□その他（　　　）	□石綿含有産業廃棄物を含む　☑水銀使用製品産業廃棄物を含む □水銀含有ばいじん等を含む					
□特別管理産業廃棄物（　　　　　　　　　　）						

上記排出事業者甲（以下「甲」という。）と収集運搬業者乙（以下「乙」という。）は、甲の事業場から排出される産業廃棄物又は特別管理産業廃棄物（以下「廃棄物」という。）の収集運搬に関して、次のとおり契約を締結する。甲と乙とは、本書を２通作成し、それぞれ記名押印の上、その１通を保有する。

（法令の遵守）
第１条　甲及び乙は、廃棄物の収集運搬業務を遂行するに当たって、廃棄物の処理及び清掃に関する法律（昭和45年法律第137号。関連する政令及び省令を含む。以下「法令等」という。）及び関係法令を遵守しなければならない。

（乙の事業範囲及び許可証の添付）
第２条　乙の事業範囲は前記のとおりであり、乙の事業範囲を証するものとして、許可証の写しを添付する。なお、許可事項に変更があったときは、乙は、速やかにその旨を甲に通知するとともに、変更後の許可証の写しを本書に添付する。

（廃棄物の排出事業場、種類、数量、金額及びその他適正処理に必要な情報の提供）
第３条　甲が、乙に収集運搬を委託する廃棄物の排出事業場、種類、予定数量及び合計予定金額は、別表１のとおりとする。委託する廃棄物に石綿含有産業廃棄物、水銀使用製品産業廃棄物又は水銀含有ばいじん等が含まれる場合には、その旨を別表１の廃棄物の種類欄に併せて記入する。
２　甲の委託する廃棄物の荷姿、性状その他適正処理に必要な情報は、別添「廃棄物データシート」のとおりとする。ただし､両者協議の上で別途、「廃棄物データシート」以外の簡易な書式による情報提供を行う場合は、その書式に記載した内容のとおりとする。

（記入例）

また、甲の委託する廃棄物が日本産業規格（JIS C0950）に規定する含有マーク等が付されたものである場合には、甲はその表示に関する事項を記載し、乙に情報提供する。
３　甲は、本条第２項で提供した情報に変更が生じた場合は、当該廃棄物の引渡しの前に、別表２に記載の方法により乙に変更後の情報を提供しなければならない。なお、情報の提供を要する変更の範囲については、甲と乙とであらかじめ協議の上で定めることとする。

（収集運搬料金及び支払い）
第４条　甲の委託する廃棄物の収集運搬業務に関する契約金額（以下「契約単価」という。）は、別表１のとおりとする。ただし、これによりがたい場合は、甲乙合意の上で、１回あたりの契約単価にすることができる。
２　甲は、産業廃棄物管理票（以下「マニフェスト」という。）の写しの受領等により、乙が廃棄物を確実に運搬したことを確認したときに、乙に収集運搬料金を支払う。

（委託内容）
第５条　乙は、甲から委託された第３条の廃棄物を、甲の指定する別表１に記載する処分業者（以下「丙」という。）の事業場に搬入する。

（マニフェスト）
第６条　甲は、廃棄物の搬出の都度、マニフェストに必要事項を記載し、Ａ（排出事業者保管）票を除いて乙に交付する。
２　乙は、廃棄物の収集を行うときは、甲の交付担当者の立会いのもと廃棄物の種類及び数量の確認を行うとともにマニフェストと照合する。
３　乙は、廃棄物を丙の事業場に搬入する都度、マニフェストに必要事項を記載し、Ｂ１（収集運搬業者保管）票とＢ２（運搬終了）票を除いて、丙に回付する。
４　乙は、Ｂ２（運搬終了）票を運搬終了日から10日以内に甲に送付するとともにＢ１（収集運搬業者保管）票及び丙から送付されるＣ２（処分終了）票を５年間保存する。
５　甲は、乙から送付されたＢ２（運搬終了）票を、Ａ（排出事業者保管）票及び丙から送付されたＤ（処分終了）票及びＥ（最終処分終了）票とともに５年間保存する。

（契約期間及び保存）
第７条 この契約の有効期間は、令和○○年△△月××日から令和××年○○月△△日までとする。
２　甲及び乙は、契約書及び契約書に添付される書面を契約の終了後５年間保存する。

昨今のリチウムイオン電池による火災が急増していることを踏まえ追加しました。

（甲の義務と責任）
第８条　甲は、乙から要求があった場合は、第３条各項によるもののみならず、処分を委［託］種類、数量、性状（形状、成分、有害物質の有無及び臭気）、荷姿、取り扱う際に注意［］必要な情報を速やかに乙に通知しなければならない。
２　甲は、委託する廃棄物の処分に支障を生じさせるおそれのある物質が混入しないようにしなければならない。万一混入したことにより乙の業務に重大な支障を生じ、又は生ずるおそれのあるときは、乙は、委託物の引き取りを拒むことができる。乙の業務に支障を生じた場合、甲は、処分料金の支払い義務を免れず、他に損害が生じたときは、その賠償の責にも任ずるものとする。
３　甲は、リチウムイオン電池の処理を委託していない場合には、乙に引き渡す廃棄物の中にリチウムイオン電池が混入しないよう厳に注意しなければならず、リチウムイオン電池が引き渡された廃棄物の中から発見された場合には、甲が引き取り、その責任において適正に処理を行うものとする。

（乙の義務と責任）
第９条　乙は、甲から委託された廃棄物を、その積込み作業の開始から、丙の事業場における荷下ろし作業の完了まで、法令等に基づき適正に処理しなければならない。この間に発生した事故については、甲の責に帰すべき場合を除き、乙が責任を負う。
２　乙は甲から委託された業務が終了した後、直ちに業務終了報告書を作成し、甲に提出しなければならない。ただし、業務終了報告書は、マニフェストＢ２（運搬終了）票をもって代えることができる。
３　乙はやむを得ない事由があるときは、甲の了解を得て、一時業務を停止することができる。この場合、乙は甲にその事由を説明し、かつ甲における影響が最小限となるようにしなければならない。

（業務の調査等）
第10条　甲は、この契約に係る乙の廃棄物の運搬が法令等の定めに基づき、適正に行われているかを確認するため、乙に対して、当該運搬の状況に係る報告を求めることができる。

（再委託の禁止）
第11条　乙は、甲から委託された廃棄物の収集運搬業務を他人に委託してはならない。ただし、契約期間

（記入例）

中に、乙の車両が故障した場合等真にやむを得ない理由により、運搬業務を他人に委託せざるを得ない事由が生じた場合は、乙は、法令等で定める再委託基準に従い、あらかじめ甲からの書面による承諾を得て、収集運搬業務を再委託することができる。

（積替保管）
第12条　乙は、甲から委託された廃棄物の積替保管を行ってはならない。

（内容の変更）
第13条　甲及び乙は、契約期間及び予定数量の変更等がある場合は、甲乙協議の上で、変更内容を書面で定め、その書面を本書に添付する。

（機密保持）
第14条　甲及び乙は、この契約に関連して、業務上知り得た相手方に係る機密事項を第三者に漏らしてはならない。

（契約の解除）
第15条　甲又は乙は、この契約の条項のいずれか若しくは法令等の規定に違反するとき、又は甲乙の合意があったときは、この契約を解除することができる。
2　甲及び乙は、相手方が反社会的勢力（暴力団等）である場合又はそれと関係がある場合には、相互に催告することなく、この契約を解除することができる。
3　前2項の定めにより、本契約が解除される場合であって、本契約に基づいて引渡しを受けた廃棄物について、処理が未だに完了していないものがあるときは、甲及び乙は、次の措置を講じなければならない。
（1）乙の義務違反により甲が解除した場合
イ　乙は、本契約が解除された後も、未処理の産業廃棄物に対する処理責任を免れないことを認識し、当該廃棄物に対する処理業務を自ら実行するか、又は甲の承諾を得た上で、同一事業区分の許可を有する別の者に乙の費用負担をもって行わせなければならない。
ロ　乙が別の者に業務を委託する場合に、その業者に対する報酬を支払う資金が乙にないときは、乙はその旨をあらかじめ甲に通知し、資金がないことを明確にしなければならない。
ハ　ロによる通知を受けた場合、甲は、乙から業務を受託した者に対し、差し当たり甲の費用負担をもって、乙のもとにある未処理の廃棄物の処理を行わせるものとする。甲は、当該廃棄物の処理完了後、乙に対し、甲が負担した費用を請求し、又は本契約に基づく甲の債務の相当額との相殺を求めることができる。
（2）甲の義務違反により乙が契約を解除する場合
乙は、甲に対し、甲の義務違反に起因する損害の賠償を請求するとともに、乙のもとにある未処理の廃棄物を甲の費用負担をもって引き取ることを要求し、又は乙の費用負担により甲の事業場に運搬した上で、甲に対し、当該運搬に要した費用の支払を請求することができる。
4　乙は、甲が第3条及び第8条1項の規定により提供した情報により、廃棄物の処理を適正に行うことが出来ないと判断した場合は、甲に対し、契約の変更又は解除を申し出なければならない。この場合において、甲は乙に当該廃棄物を引き渡してはならない。

（協議）
第16条　甲及び乙は、この契約に定めのない事項又はこの契約の各条項に関する疑義が生じたときは、関係法令の定めに基づき、誠意をもって協議の上で、これを決定する。

（記入例）

別表１（第３条、第４条、第５条関係）

排出事業場番号	排出事業場名称	排出事業場所在地及び連絡先
1	□□産業株式会社本社	東京都○○区○○町１－２－３　電話０３－◇◇◇◇－◇◇◇◇
2	□□産業株式会社　△△工場	東京都○○区○○町１－１－１　電話０３－◇◇◇◇－○○○○
3		

排出事業場番号	廃棄物の種類（廃棄物データシート番号）	契約単価（円）	予定数量（日・週・月・年）	運搬先の事業場		
				氏名・名称及び許可番号	所在地	処分方法
1	廃プラスチック類（　　）	■■■円／(kg)・l・m³・t）	週　2,000 (kg)・l・m³・t）	●▲■株式会社 13-20-××××	東京都□□区▽▽町9-99-99	圧縮
2	廃プラスチック類（　　）	×××円／（kg・l・m³・(t)）	月　１０（kg・l・m³・(t)）			
2	ガラスくず、コンクリートくず及び陶磁器くず（　　）	×××円／（kg・l・m³・(t)）	月　１０（kg・l・m³・(t)）			
2	金属くず（　　）	×××円／（kg・l・m³・(t)）	月　１０（kg・l・m³・(t)）			
2	廃蛍光ランプ（廃プラ、金属・ガラス陶磁器くず）（水銀使用製品産業廃棄物）（　　）	△・・△円／（本）	月　５（本）			
	（　　）	／（kg・l・m³・t）	（kg・l・m³・t）			
契約期間中の合計予定金額		円	契約期間は第７条記載のとおり			

運搬先の事業場の処分方法として
・圧縮
・焼却
・破砕
等を記載します

備考
　委託する廃棄物が、石綿含有産業廃棄物、水銀使用製品産業廃棄物又は水銀含有ばいじん等である場合は、その旨を該当する廃棄物の種類欄に記入する。

（記入例）

別表２（第３条関係）

廃棄物情報に変更があった場合の情報文書〈廃棄物データシート〉の伝達方法	
甲の担当者所属氏名及び連絡先	別添〔廃棄物データシート〕のとおり
乙の担当者所属氏名	○○部 △ △　□□
文書の伝達方法及び伝達先（該当欄にチェック）	☑ＦＡＸ（　０４２－▽▽▽－○○○○　） ☑e-mail（　keiyaku@sangyohaikibutsu　） □郵送（〒　-　）
緊急時の連絡先	０４２－×××－□□□□　（代表・直通）（内線）
営業時間	８：３０　～　１８：００
休業日	毎週日曜、祝日、年末年始（１２月２９日から１月３日）

記入上の注意事項
1　乙の事業範囲
(1) 許可番号欄の（　）内には、当該許可を受けている都道府県政令市の名称を記入する。
(2) 積込み場所又は荷下ろし場所が複数の都道府県政令市にまたがる場合は、事業範囲の記入欄を必要数追加する。
(3) 許可品目のうち、特別管理産業廃棄物は、種類のみ記入する。
2　別表１
(1) 廃棄物の種類ごとに廃棄物データシートを作成し、該当するデータシート番号を別表１の廃棄物の種類欄の（　）内に記入する。
(2) 委託する廃棄物に石綿含有産業廃棄物、水銀使用製品産業廃棄物又は水銀含有ばいじん等が含まれる場合、該当する廃棄物の種類欄に、その旨を記入する。
(3) 廃棄物の種類ごとに契約単価が異ならない場合は、かっこ括りで記入してもよい。
(4) 契約単価欄は、該当する単位に○印を付ける。なお、１回あたりの契約単価の場合は、「××円／回（18リットルポリタンク）」のように記入してもよい。
(5) 予定数量欄は、該当する単位に○印を付ける。予定数量は「××～△△」のように記入してもよい。
(6) 処分業者が同一の場合は、かっこ括りで記入してもよい。
3　別表２
(1) 乙の担当者は、複数記入してもよい。
(2) 文書の伝達方法を複数選択する場合は、数字等により優先順位を示す。

出典：東京都環境局

②　三者間契約の原則禁止

排出事業者は，委託先の収集運搬業者と処分業者が別の場合は，それぞれ個別に契約を結ぶ必要がある。これを二者契約という。処分業者の処理能力を確認するなど廃棄物の処理を適正に行い，金銭の流れを透明にしてそれぞれの業者に適正な料金を支払うためである。

排出事業者が，収集運搬業者と処分業者を含めた三者間での契約を結ぶことはできないと考えられている。ただし，収集運搬業と処分業の両方の許可を持つ業者との契約の場合には，収集運搬と処分を同一の業者が受託するので，これを１つの契約書にまとめてもよい。

【参考】

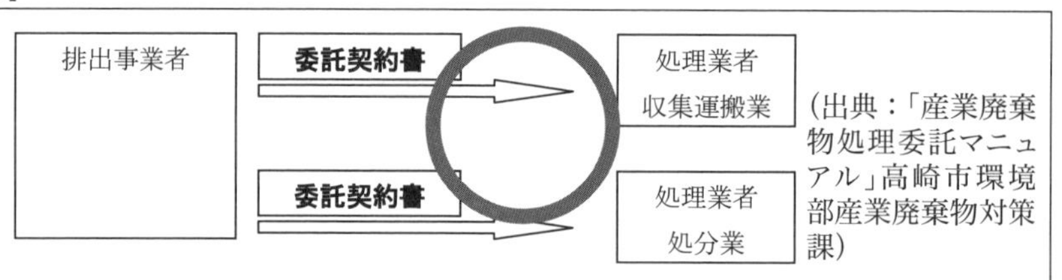

※　ただし、運搬と処分の両方を請け負うことのできる業者と契約することを決定した場合は、下記のように１つの契約にすることができます。

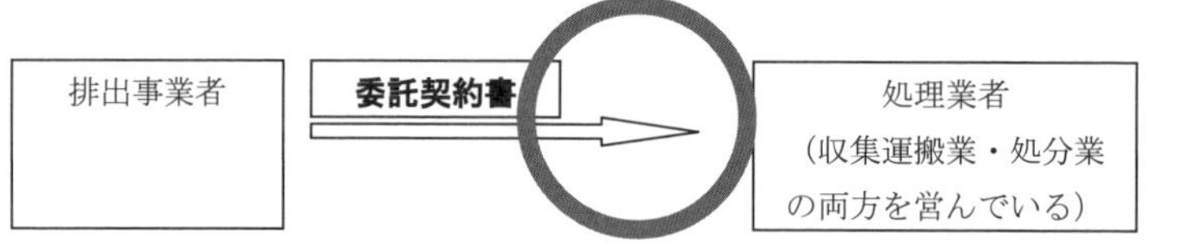

【注意！】 運搬と処分のそれぞれ異なる業者とをあわせて１つの契約とする、「三者契約」は、廃棄物処理法に抵触するため、絶対に行わないでください。

<例>

汚泥を処理する際に、汚泥の処分料金を含んだ収集運搬料金を支払う契約を収集運搬業者とだけ行った。⇒**このように処分に関する部分を一切任せてしまう契約は違反となります。**

出典：「廃棄物処理委託マニュアル」高崎市環境部産業廃棄物対策課

8 再委託の禁止

再委託とは，排出事業者と委託契約を結んだ処理業者（収集運搬業者・処分業者）が，受託した廃棄物の処理を，さらに他の者に委託することである。再委託は，不明確な責任や不適正処理につながるため禁止されている。

廃棄物処理の委託契約を締結するときは，処理業者としての能力（車両数，施設の能力，人員数）を考慮し，その能力に見合った品目・量の契約をしなければならず，再委託を前提とした契約を結ぶことはできない。

ただし，以下の場合には例外として再委託が認められている。

▶　再委託基準に適合した手続により実施する場合

▶　受託者が改善命令，措置命令を受けた場合

1-2　産廃業の許可を知る

1 産廃業許可の種類

廃棄物「処理」は「収集・運搬」と「処分」に分けられる。このうち，本書で扱うのは「収集・運搬」である。収集・運搬は「処理」の一過程であるという点に注意してほしい。

【図表 1-14】廃棄物処理法の許可

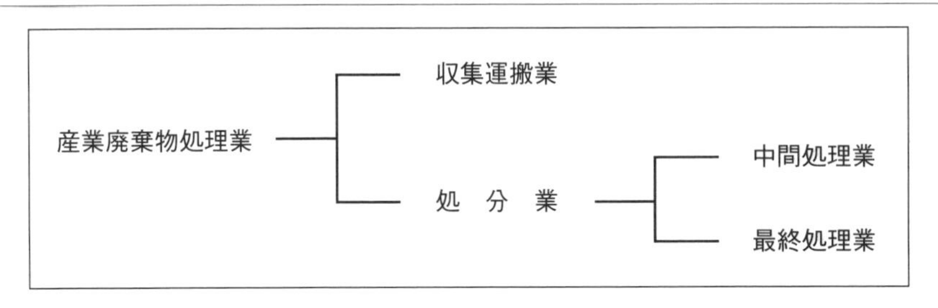

【図表 1-15】産業廃棄物の処理

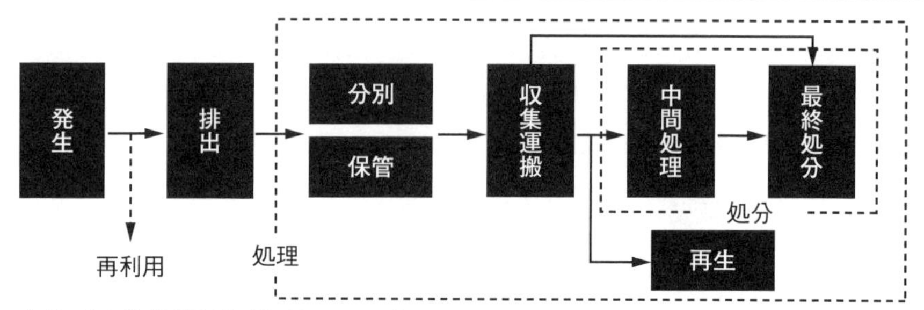

出典：「産業廃棄物適正処理ガイドブック」八王子市資源環境部廃棄物対策課（平成30年11月）

産業廃棄物の処理責任は排出事業者にあるが，許可業者に処理を委託することもできる。例えば解体工事現場において下請企業は，元請企業から産業廃棄物収集運搬業者として委託されることがある。収集運搬業者の役割は，次のとおりである。

> 排出事業者から委託された産業廃棄物を，法と委託契約に従い，性状を変えることなく，飛散，流失を伴わないよう留意して，処分業者まで迅速に運搬すること。

収集した産業廃棄物をそのままの状態を維持しながら運搬するために，運搬施設（車両や容器）が重要となる。また，この廃棄物の流通については「マニフェスト」と呼ばれる伝票により管理されており，収集運搬業者はマニフェストの管理も行うことになる。

次のフロー図は，図表 1-2 及び 1-3（p20～p21）と対比させると理解が深まる。フロー⑤の契約締結の段階で処理業者（収集運搬業者）が登場するが，実際の収集運搬業許可新規申請では，依頼者が，運搬予定の廃棄物の種類が特定できておらず，③や④の確認が必要になるケースも少なくない。

【図表 1-16】産業廃棄物の流れ【事業所で廃棄物が発生した場合】

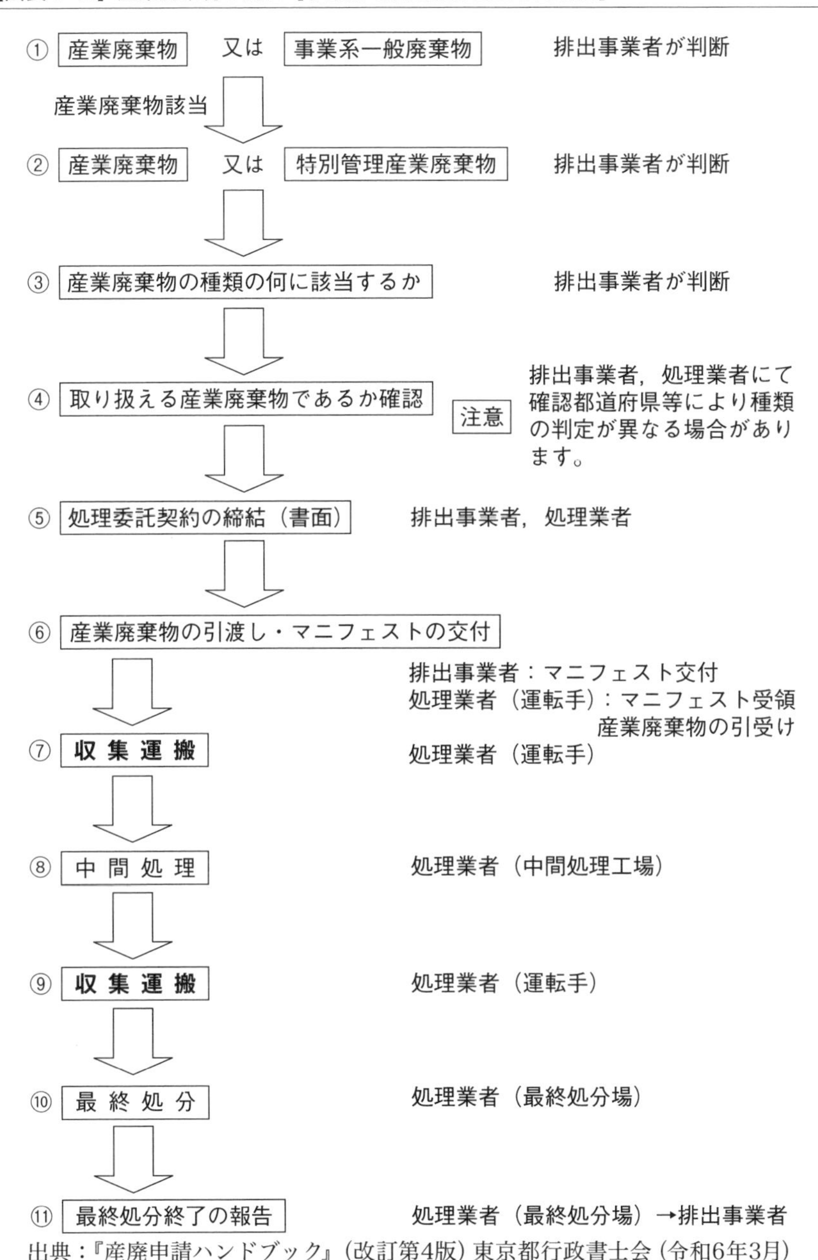

出典：『産廃申請ハンドブック』（改訂第4版）東京都行政書士会（令和6年3月）

紙マニフェストは複写式の伝票形式である。処理委託契約書や許可証と対応している。

【参考】

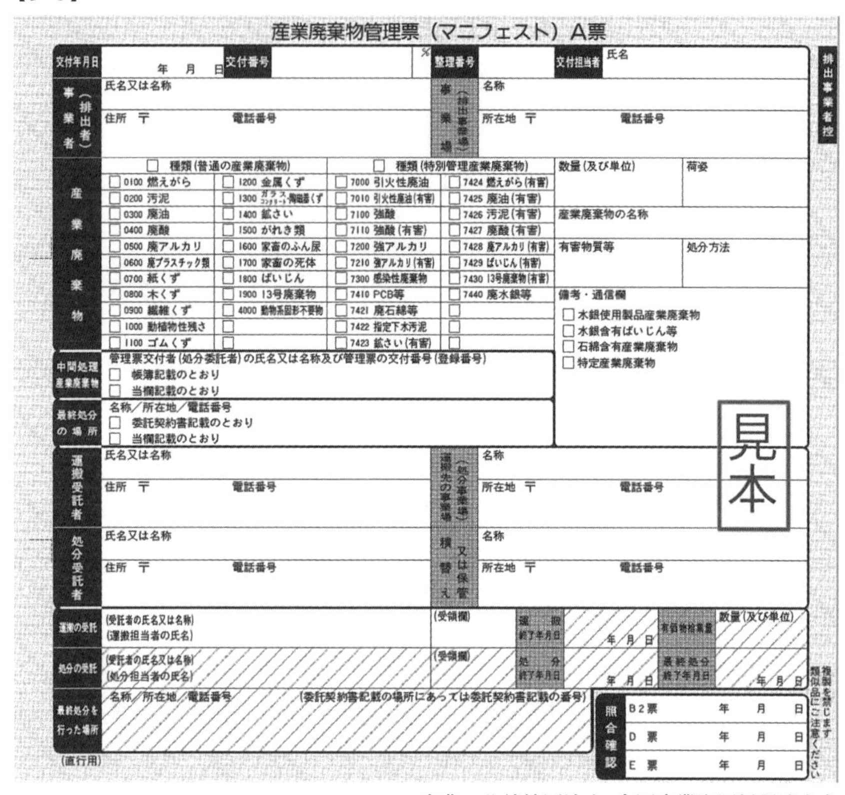

産業廃棄物管理票（マニフェスト）A票

排出事業者控

交付年月日　年　月　日　交付番号　整理番号　交付担当者　氏名

事業者（排出者）　氏名又は名称　住所 〒　電話番号

事業場（排出事業場）　名称　所在地 〒　電話番号

産業廃棄物

□ 種類(普通の産業廃棄物)		□ 種類(特別管理産業廃棄物)	
□ 0100 燃えがら	□ 1200 金属くず	□ 7000 引火性廃油	□ 7424 燃えがら(有害)
□ 0200 汚泥	□ 1300 ガラス コンクリート 陶磁器くず	□ 7010 引火性廃油(有害)	□ 7425 廃油(有害)
□ 0300 廃油	□ 1400 鉱さい	□ 7100 強酸	□ 7426 汚泥(有害)
□ 0400 廃酸	□ 1500 がれき類	□ 7110 強酸(有害)	□ 7427 廃酸(有害)
□ 0500 廃アルカリ	□ 1600 家畜のふん尿	□ 7200 強アルカリ	□ 7428 廃アルカリ(有害)
□ 0600 廃プラスチック類	□ 1700 家畜の死体	□ 7210 強アルカリ(有害)	□ 7429 ばいじん(有害)
□ 0700 紙くず	□ 1800 ばいじん	□ 7300 感染性廃棄物	□ 7430 13号廃棄物(有害)
□ 0800 木くず	□ 1900 13号廃棄物	□ 7410 PCB等	□ 7440 廃水銀等
□ 0900 繊維くず	□ 4000 動物系固形不要物	□ 7421 廃石綿等	□
□ 1000 動植物性残さ	□	□ 7422 指定下水汚泥	□
□ 1100 ゴムくず	□	□ 7423 鉱さい(有害)	□

数量(及び単位)　荷姿

産業廃棄物の名称

有害物質等　処分方法

備考・通信欄

□ 水銀使用製品産業廃棄物

□ 水銀含有ばいじん等

□ 石綿含有産業廃棄物

□ 特定産業廃棄物

中間処理産業廃棄物　管理票交付者(処分委託者)の氏名又は名称及び管理票の交付番号(登録番号)

□ 帳簿記載のとおり

□ 当欄記載のとおり

最終処分の場所　名称／所在地／電話番号

□ 委託契約書記載のとおり

□ 当欄記載のとおり

見本

運搬受託者　氏名又は名称　住所 〒　電話番号

運搬先の事業場（処分事業場）　名称　所在地 〒　電話番号

処分受託者　氏名又は名称　住所 〒　電話番号

積替え又は保管　名称　所在地 〒　電話番号

運搬の受託　(受託者の氏名又は名称)(運搬担当者の氏名)　(受領欄)　運搬終了年月日　年　月　日　有価物拾集量　数量(及び単位)

処分の受託　(受託者の氏名又は名称)(処分担当者の氏名)　(受領欄)　処分終了年月日　年　月　日　最終処分終了年月日　年　月　日

最終処分を行った場所　名称／所在地／電話番号　(委託契約書記載の場所にあっては委託契約書記載の番号)

照合確認　B2票　年　月　日　D票　年　月　日　E票　年　月　日

複製を禁じます類似品にご注意ください

(直行用)

出典：公益社団法人 全国産業資源循環連合会

【図表 1-17】紙マニフェストの流れ

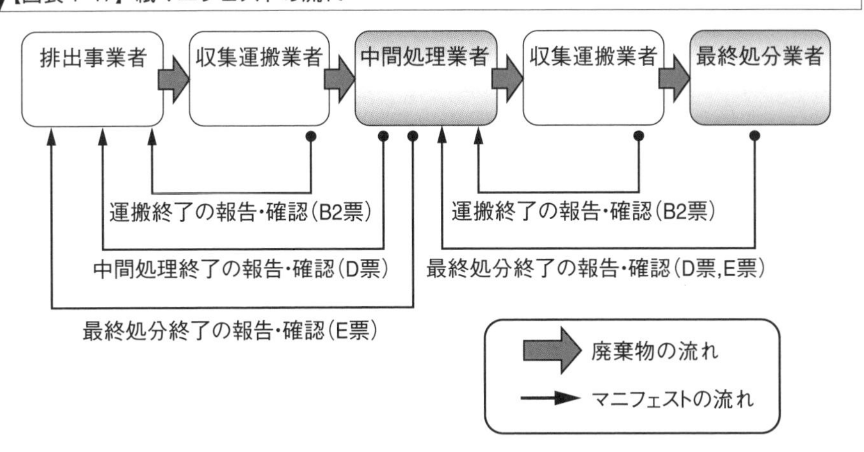

【図表 1-18】電子マニフェストの流れ

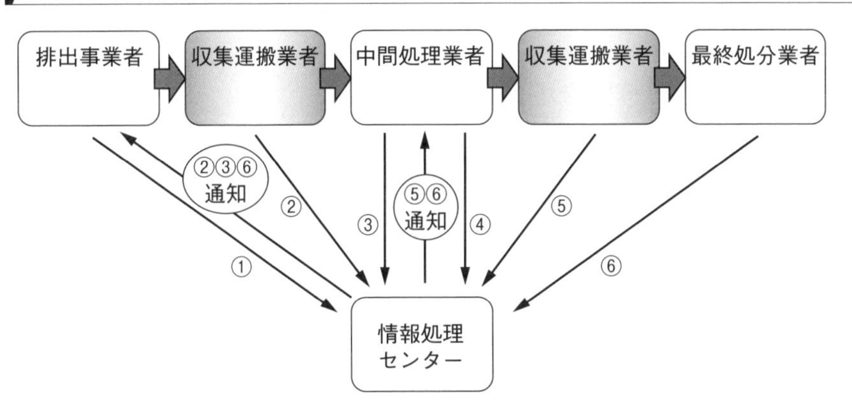

出典：「石綿含有廃棄物等処理マニュアル（第2版）」環境省大臣官房廃棄物・リサイクル対策部（平成23年3月）

2 収集運搬業の許可について

事業者が，排出事業者から産業廃棄物の収集運搬を受託するためには，「産業廃棄物収集運搬業の許可」を得ていなければならない。

産業廃棄物の定義については法令に明示されているが，許可権者によって個々の具体的判断が微妙に異なることがある。その場合，許可行政庁である都道府県に確認が必要である。

申請は大きく４つの区分に分かれる。

①　産業廃棄物の品目ごとに許可を受ける

運搬する品目ごとに許可が必要となる。

品目ごとに適切な運搬設備（容器）を準備する。依頼者がそれらを認識していない場合，ヒアリングにより確定させることが必要である。

②　特別管理産業廃棄物（「特管」）

各品目の中でも，特定の品目については種類が分かれていて，「特別管理産業廃棄物（「特管」と呼ばれる）」に分類されるものがある。特管は特に厳重な管理が求められており，許可の申請区分も別である。同じ品目でも特別管理産業廃棄物と普通の産業廃棄物に分かれることがあるので，依頼者のヒアリングが必要である。

なお，申請上の注意点は以下のとおりである。

- ▶　申請区分は「普通産廃」「特管」と区別される。
- ▶　申請手数料は別であり，同時申請でもそれぞれ必要である。
- ▶　同時申請する場合，重複する書類は省略できる。

③　産業廃棄物の「積込み場所」と「荷降し場所」の知事許可が必要

収集運搬業者の許可権者（許可申請先）は，都道府県と一部政令市や中核市であり，積込み場所と荷降し場所の許可が必要となる。なお，通過するだけの場合，都道府県等の許可は不要である。

④　積替え保管

積込み場所から荷降し場所までの間，運搬途中で廃棄物の「積替え」や「保管」（産業廃棄物を一旦車両から降ろすこと）があるかないかで許可の種類が変わる。

【産業廃棄物収集運搬業（積替え保管を除く）の許可（いわゆる「積保なし」）】

車両から廃棄物を降ろさずに，排出場所から処分地等に直送する場合。

【産業廃棄物収集運搬業（積替え保管を含む）の許可（いわゆる「積保あり」）】

車両から廃棄物を降ろし，積替えて運搬する場合。

産業廃棄物を排出する事業者（排出事業者）は，原則自ら産業廃棄物を処理しなければならないが，収集運搬を委託することができる。受託業者は産業廃棄物収集運搬業の許可が必要である。

排出場所から処分地等に，車両から廃棄物を降ろさずに直送する場合は，「積替え保管なし」の許可でよいが，車両から廃棄物を降ろし，積替えて運搬する場合は，「積替え保管あり」の許可が必要となる。

⑤　許可の有効期間

許可は5年間有効である。満了日を過ぎると失効してしまうので，期間の2～3か月前までに更新申請ができると安心だが，満了の直前に依頼されることもある。なお，失効直前の申請の場合，申請内容に不備が多くても実際は受け付けられることがあるようだ。しかし，満了日を過ぎてしまった場合は，いわゆる救済はなく，改めて新規申請をすることになる。

3 収集運搬基準

産業廃棄物を収集運搬する際は，「排出事業者から引き取った状態をそのまま維持」すると述べたが，政令では次の基準が定められている。

- ▶　産業廃棄物が飛散，流出しないようにすること
- ▶　収集運搬に伴う悪臭，騒音，振動によって生活環境の保全上支障が生

じないように必要な措置を講ずること
▶　運搬車両，運搬容器等は産業廃棄物が飛散，流出，悪臭が漏れるおそれのないものであること
▶　運搬車の車体の外側に，産業廃棄物の運搬車である旨等の表示をし，必要な書面を運搬車に備え付けること

①　飛散防止措置

イ　廃棄物の飛散や流失・悪臭を防ぐ

必要に応じ，シートをかけたり，液だれ防止のため密閉できる容器（クローズドドラム缶）に入れたりする。

ロ　石綿含有産業廃棄物が他の廃棄物と混ざるのを防ぐ

フレコンバッグに入れる。

②　書類の携行等（排出事業者自ら運搬する場合は不要）

収集運搬業者マニフェストや収集運搬業の許可証の写しを携行し，車両には「商号」・「許可番号」・「産業廃棄物収取運搬車」を表示する。

収集運搬に使用する車両は，扱う品目によっていくつかの種類があるが，依頼者が建設業者（解体業者）の場合，平ボディ車（キャブオーバー）を使用することが多い。また許可証は，処理委託契約書やマニフェストの内容と対応している必要がある。

以下に，車両例と許可証の見方を示す。車両は，産業廃棄物の品目と対応させてイメージを持ってほしい。許可証のモデルは千葉県が作成しているものである。委託契約書（p45）やマニフェスト（p54）の記載も参照するとよい。

【図表1-19】 収集運搬に使われる車両例

	**平ボディ車（キャブオーバー）** 建設業者によく使われているトラック。本書で扱う普通産業廃棄物の収集運搬では，定番の車両である。
	**脱着装置付コンテナ車** コンテナが脱着できるため，車両の回転率を高めることができる。
	**清掃ダンプ** 荷台容量が大きく，軽めの廃棄物でも飛散することなく運搬できる。
	**パッカー車** 廃棄物を押し込むための機械装置がついている。
	**タンクローリー** タンク内に仕切りがあり，数種類の廃棄物を運搬できる。
	**バキュームカー** 液状廃棄物の運搬に使われる。廃棄物を吸い込む装置が付いている。
	**汚泥吸排車** 汚泥を排出しやすいように，ダンプ構造になっているバキューム車。

出典：「産業廃棄物ガイドブック　産業廃棄物を理解するために」社団法人全国産業廃棄物連合会（平成21年3月）

【図表1-20】産業廃棄物処理業許可証の見方

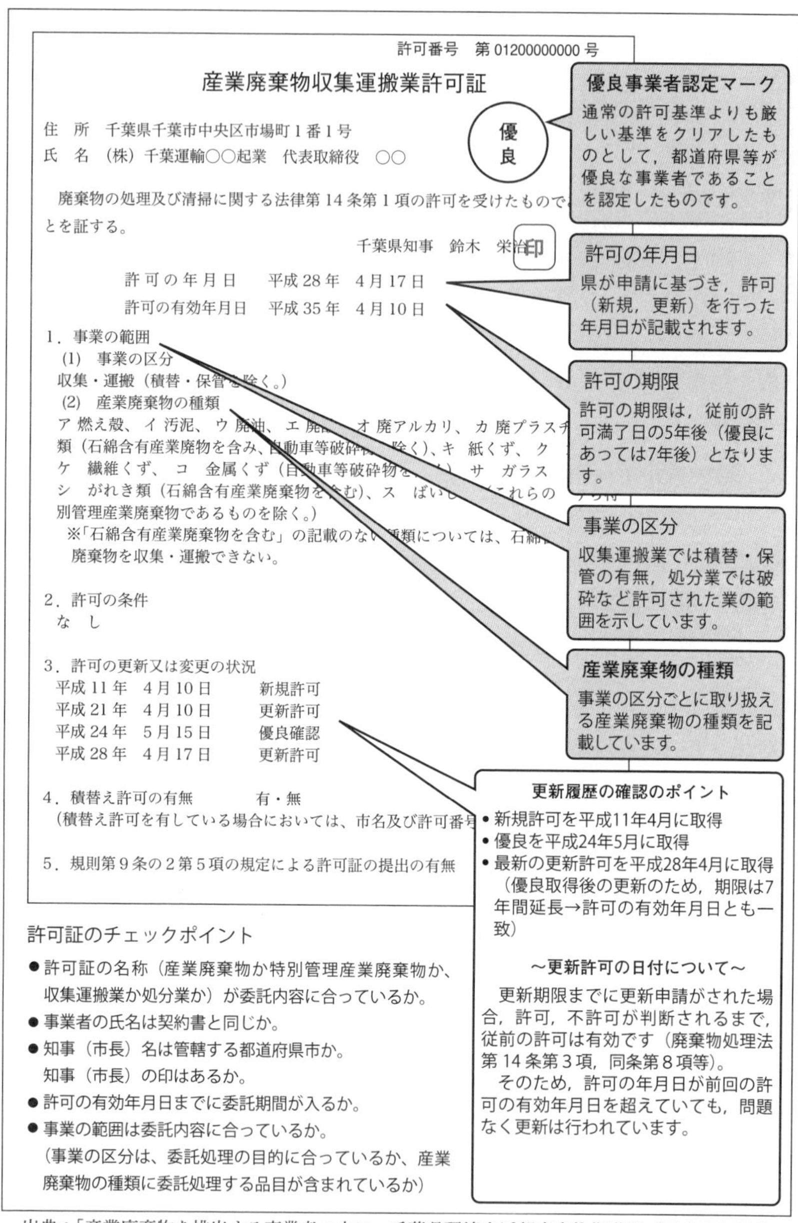

許可番号　第01200000000号

産業廃棄物収集運搬業許可証

住　所　千葉県千葉市中央区市場町1番1号
氏　名　（株）千葉運輸○○起業　代表取締役　○○

廃棄物の処理及び清掃に関する法律第14条第1項の許可を受けたもので
とを証する。

千葉県知事　鈴木　栄治　印

許可の年月日　　平成28年　4月17日
許可の有効年月日　平成35年　4月10日

1．事業の範囲
(1)　事業の区分
収集・運搬（積替・保管を除く。）
(2)　産業廃棄物の種類
ア 燃え殻、イ 汚泥、ウ 廃油、エ 廃酸、オ 廃アルカリ、カ 廃プラスチ
類（石綿含有産業廃棄物を含み、自動車等破砕物を除く）、キ　紙くず、ク
ケ　繊維くず、コ　金属くず（自動車等破砕物を　　）サ　ガラス
シ　がれき類（石綿含有産業廃棄物を含む）、ス　ばいじん（これらの
別管理産業廃棄物であるものを除く。）
※「石綿含有産業廃棄物を含む」の記載のない種類については、石綿
廃棄物を収集・運搬できない。

2．許可の条件
なし

3．許可の更新又は変更の状況
平成11年　4月10日　　新規許可
平成21年　4月10日　　更新許可
平成24年　5月15日　　優良確認
平成28年　4月17日　　更新許可

4．積替え許可の有無　　　有・無
（積替え許可を有している場合においては、市名及び許可番号

5．規則第9条の2第5項の規定による許可証の提出の有無

出典：「産業廃棄物を排出する事業者の方に」千葉県環境生活部廃棄物指導課（平成27年3月）

【参考】

様式第七号（第十条の二関係）　　令和　6年■■■　　5環資産新第■■■号

許可番号　第１３－００－■■■号

産業廃棄物収集運搬業許可証

住　所　　東京都■■■

氏　名　　■■■株式会社
代表取締役　■■■

廃棄物の処理及び清掃に関する法律　第１４条第１項　の許可を受けた者であることを証する。

東京都知事　小池百合子

許可の年月日　　令和　6年■■■

許可の有効年月日　令和１１年■■■

1　事業の範囲

（1）業の区分

収集・運搬（積替え保管を除く。）

（2）産業廃棄物の種類

燃え殻、汚泥、廃プラスチック類、紙くず、木くず、繊維くず、ゴムくず、金属くず、ガラスくず・コンクリートくず及び陶磁器くず、鉱さい、がれき類、ばいじん
（石綿含有産業廃棄物を含む。）（水銀使用製品産業廃棄物を含む。）

（以上１２種類）

2　積替え保管施設

＊＊＊＊＊＊＊＊＊＊＊＊＊＊＊＊＊＊＊＊＊＊＊＊＊＊＊＊＊＊＊＊＊＊

3　許可の条件

「廃棄物の処理及び清掃に関する法律」、「都民の健康と安全を確保する環境に関する条例」及びその他の関係法令を遵守すること。

4　許可の更新・変更の状況
令和　6年■■■　新規許可

5　積替え許可の有無　　無

6　規則第９条の２第８項の規定による許可証の提出の有無　無

（以下余白）

東京都

4 許可要件

許可の基準は，「①人材（ヒト）」，「②施設（モノ）」，「③財産（カネ）」のそれぞれを満たす必要がある。

①人材とは，収集運搬業の許可においては，申請者（法人の場合は原則役員）が講習会を修了していることが必要である。

②施設について，通常の許認可では，「モノ」に該当する「営業所」が条件となるが，収集運搬業では営業所ではなく，「運搬施設」である車両等が条件である。また，車両（船舶）に関連して，駐車（停泊）場所も申請する必要がある。

③財産については，直近決算が債務超過でないか，利益が計上されているかが審査される。

【参考】（特別管理）産業廃棄物収集運搬業（積替え又は保管を含まない）の許可申請について（手引）（令和６年１月改定　京都府総合政策環境部循環型社会推進課）

許可を受けるための要件は次の（１）～（４）のとおりです。許可申請に際しては、これらの要件をあらかじめ満足しておくことが必要です。

（１）　知識及び技能【(産廃)法第14条第5項、省令第10条第2号　(特管) 法第14条の4第5項、省令第10条の13第2号】

申請者は、産業廃棄物収集運搬業又は特別管理産業廃棄物収集運搬業を的確に行うに足りる知識及び技能を有していなければなりません。

そのため、次に掲げる者[注３]が(公財)日本産業廃棄物処理振興センターが実施している「(特別管理)産業廃棄物処理業の許可申請に関する講習会の収集運搬課程」を修了[注４]していることが必要です。

なお、（特別管理）産業廃棄物収集運搬業の許可を新規に申請される場合には、原則として新規許可講習会の受講が必要ですが、他の自治体で（特別管理）産業廃棄物収集運搬業許可を受けている場合は、更新許可講習会の修了証（本府への申請日から２年以内のもの）でも新規許可申請が可能です。

［注３］　**講習会の修了者**

【法人の場合】

「その代表者」、「その業務を行う役員（監査役を除く。）」、「政令で定める使用人[注８]」のいずれか

【個人の場合】

「申請者本人」、「政令で定める使用人[注８]」のいずれか

［注４］　**講習会修了証の有効期間**

【新規許可講習会】　５年　※ 講習会修了日から起算して５年以内

【更新許可講習会】　２年　※ 講習会修了日から起算して２年以内

※ 新規許可申請は「許可申請日」が有効期間内であることが必要です。

※ 更新許可申請は現行の「許可期限日」が有効期間内であることが必要です。

（２）　経理的基礎【(産廃)法第14条第5項、省令第10条第2号　(特管)法第14条の4第5項、省令第10条の13第2号】

業務を的確に、かつ、継続して行うことができる経理的基礎[注５]を有することが必要です。

審査に当たっては、経理的基礎を有するか否かを判断するために、申請添付書類以外に経営状況に関する書類等の提出を別途求めることがあります。

［注５］　**経理的基礎**

- 事業計画が、法の諸規定により処理業を行う上で適切なものであり、また、当該計画により行われる事業に必要な設備、機材等の整備に要する資金額が、類似の他事業と比較して妥当である。
- 事業の開始に要する資金の調達に確実性がある。
- 資金の借入を行う場合には、事業収支計画が実行可能な借入金の返済を見込んだものである。
- 決算状況、資産状況及び法人税又は所得税の申告納付状況(利益計上・債務超過でない)により、法人又は個人として事業の継続性や借入資金の返済の可能性がある。

（３）　欠格要件【(産廃) 法第14条第5項第2号　(特管)第14条の4第5項第2号】

申請者が次のいずれにも該当しないことが必要です。許可後であっても、欠格要件に該当した場合、許可が取り消されることとなります。

１　廃棄物の処理及び清掃に関する法律第７条第５項第４号イからチまでのいずれかに該当する者

イ　心身の故障によりその業務を適切に行うことができない者として環境省令で定めるもの[注６]

ロ　破産手続開始の決定を受けて復権を得ない者

ハ　禁錮以上の刑に処せられ、その執行を終わり、又は執行を受けることがなくなった日から５年を経過しない者

ニ　この法律、浄化槽法その他生活環境の保全を目的とする法令で政令で定めるもの[注７]若しくはこれらの法令に基づく処分若しくは暴力団員による不当な行為の防止等に関する法律（第32条の３第７項及び第32条の11第１項を除く。）の規定に違反し、又は刑法第204条、第206条、第208条、第208条の２、第222条若しくは第247条の罪若しくは暴力行為等処罰ニ関スル法律の罪を犯し、罰金の刑に処せられ、その執行を終わり、又は執行を受けることがなくなった日から５年を経過しな

2

い者

ホ　第７条の４第１項（第４号に係る部分を除く。）若しくは第２項若しくは第 14 条の３の２第１項（第４号に係る部分を除く。）若しくは第２項（これらの規定を第 14 条の６において読み替えて準用する場合を含む。）又は浄化槽法第 41 条第２項の規定により許可を取り消され、その取消しの日から５年を経過しない者（当該許可を取り消された者が法人である場合（第７条の４第１項第３号又は第 14 条の３の２第１項第３号（第 14 条の６において準用する場合を含む。）に該当することにより許可が取り消された場合を除く。）においては、当該取消しの処分に係る行政手続法第 15 条の規定による通知があった日前 60 日以内に当該法人の役員（業務を執行する社員、取締役、執行役又はこれらに準ずる者をいい、相談役、顧問その他いかなる名称を有する者であるかを問わず、法人に対し業務を執行する社員、取締役、執行役又はこれらに準ずる者と同等以上の支配力を有するものと認められる者を含む。以下この号、第８条の５第６項及び第 14 条第５項第２号ニにおいて同じ。）であった者で当該取消しの日から５年を経過しないものを含む。）

ヘ　第７条の４若しくは第 14 条の３の２（第 14 条の６において読み替えて準用する場合を含む。）又は浄化槽法第 41 条第２項の規定による許可の取消しの処分に係る行政手続法第 15 条の規定による通知があった日から当該処分をする日又は処分をしないことを決定する日までの間に次条第３項（第 14 条の２第３項及び第 14 条の５第３項において読み替えて準用する場合を含む。以下この号において同じ。）の規定による一般廃棄物若しくは産業廃棄物の収集若しくは運搬若しくは処分（再生することを含む。）の事業のいずれかの事業の全部の廃止の届出又は浄化槽法第 38 条第５号に該当する旨の同条の規定による届出をした者（当該事業の廃止について相当の理由がある者を除く。）で、当該届出の日から５年を経過しないもの

ト　へに規定する期間内に次条第３項の規定による一般廃棄物若しくは産業廃棄物の収集若しくは運搬若しくは処分の事業のいずれかの事業の全部の廃止の届出又は浄化槽法第 38 条第５号に該当する旨の同条の規定による届出があった場合において、への通知の日前 60 日以内に当該届出に係る法人（当該事業の廃止について相当の理由がある法人を除く。）の役員若しくは政令で定める使用人であった者又は当該届出に係る個人（当該事業の廃止について相当の理由がある者を除く。）の政令で定める使用人であった者で、当該届出の日から５年を経過しないもの

チ　その業務に関し不正又は不誠実な行為をするおそれがあると認めるに足りる相当の理由がある者

２　暴力団員による不当な行為の防止等に関する法律第２条第６号に規定する暴力団員（以下この号において「暴力団員」という。）又は暴力団員でなくなった日から５年を経過しない者（以下この号において「暴力団員等」という。）
３　営業に関し成年者と同一の行為能力を有しない未成年者でその法定代理人が１又は２のいずれかに該当するもの
４　法人でその役員又は政令で定める使用人[注８]のうちに１又は２のいずれかに該当するもの
５　個人で政令で定める使用人[注８]のうちに１又は２のいずれかに該当する者のあるもの
６　暴力団員等がその事業活動を支配する者

[注６]　心身の故障によりその業務を適切に行うことができない者として環境省令で定めるもの

精神の機能の障害により、廃棄物の処理の業務を適切に行うに当たって必要な認知、判断及び意思疎通を適切に行うことができない者

[注７]　その他生活環境の保全を目的とする法令で政令で定めるもの

①大気汚染防止法、②騒音規制法、③海洋汚染等及び海上災害の防止に関する法律、④水質汚濁防止法、⑤悪臭防止法、⑥振動規制法、⑦特定有害廃棄物等の輸出入等の規制に関する法律、
⑧ダイオキシン類対策特別措置法、⑨ﾎﾟﾘ塩化ﾋﾞﾌｪﾆﾙ廃棄物の適正な処理の推進に関する特別措置法

[注８]　政令で定める使用人とは、申請者の使用人で次に掲げるものの代表者であるもの

① 本店又は支店（商人以外の者にあっては、主たる事務所又は従たる事務所）
② 継続的に業務を行うことができる施設を有する場所で、廃棄物の収集若しくは運搬又は処分若しくは再生の業に係る契約を締結する権限を有する者を置くもの

（4）　施設に係る基準【(産廃)法第14条第5項、省令第10条第1号　(特管)法第14条の4第5項、省令第10条の13第1号】

次の基準に従って、必要な施設等を整備する必要があります。

○　産業廃棄物収集運搬業の場合

① 産業廃棄物が飛散し、及び流出し、並びに悪臭が漏れるおそれのない運搬車、運搬船、運搬容器その他の運搬施設を有すること。

○　特別管理産業廃棄物収集運搬業の場合

① 特別管理産業廃棄物が飛散し、及び流出し、並びに悪臭が漏れるおそれのない運搬車、運搬船、運搬容器その他の運搬施設を有すること。

② 廃油、廃酸又は廃アルカリの収集又は運搬を業として行う場合には、当該廃油、廃酸又は廃アルカリの性状に応じ、腐食を防止するための措置を講じる等当該廃油、廃酸又は廃アルカリの運搬に適する運搬施設を有すること。

③ 感染性産業廃棄物の収集又は運搬を業として行う場合には、当該感染性廃棄物の運搬に適する保冷車その他の運搬施設を有すること。

④ 廃ＰＣＢ等、ＰＣＢ汚染物又はＰＣＢ処理物の収集又は運搬を業として行う場合には、応急措置設備等及び連絡設備等が備え付けられた運搬施設を有すること。

⑤ その他の特別管理産業廃棄物の収集又は運搬を業として行う場合には、その収集又は運搬を行おうとする特別管理産業廃棄物の種類に応じ、当該特別管理産業廃棄物の収集又は運搬に適する運搬施設を有すること。

○　収集運搬施設について

（1）運搬施設を有することについて

自己の事業に供されるものであることから、使用権がある運搬車両を有すること。

※ 他者から運搬車両を貸借する場合にあって、申請者の従業員でない者に運搬車両を運転させるなど、(特別管理) 産業廃棄物の収集運搬を行わせる行為は、名義貸し又は再委託に該当する可能性があるため、原則として認められません（再委託基準はP. 9を参照)。

（2）(特別管理)産業廃棄物が飛散し、及び流出し、並びに悪臭が漏れるおそれのない運搬施設について

①　運搬車両について

感染性産業廃棄物を運搬する車両は、原則として保冷車であること。

②　その他の運搬施設について

・ 保冷車以外の運搬車両を用いて、感染性産業廃棄物を運搬する場合は、保冷構造を有する容器等（クーラーボックス等）を使用し、他のものと混合するおそれのないこと。

・ 燃え殻、汚泥、ばいじん、鉱さい等粉末又は泥状の産業廃棄物を直接積載することが不適当な運搬車両で運搬する場合は、オープンドラム、フレコン袋等の収納容器に収容し積載すること。（運搬車両は収納容器が積載可能なものに限る。）

・ 廃油、廃酸又は廃アルカリ等液状の産業廃棄物を直接積載することが不適当な運搬車両で運搬する場合は、ポリタンク等の収納容器に収容し積載すること。（運搬車両は収納容器が積載可能なものに限る。）

③　不適格な運搬施設について

荷台に側板等を設置し積載能力以上の積載が行われる恐れのある運搬車両、違法な改造がされた運搬車両等は、(特別管理)産業廃棄物が飛散し、及び流出し、並びに悪臭が漏れるおそれのない運搬施設と解しない。

(公財)日本産業廃棄物処理振興センター（JW センター）が開催している講習会のカリキュラムは下図のとおりである。現在の講習形式は、対面でもオンラインでも行われているが、終了試験は会場で受ける必要がある。

【図表 1-21】処理業（新規）講習会のプログラム

ア. 産業廃棄物の収集・運搬課程

8:30 9:00 10:00 11:00 12:00 13:00 14:00 15:00 16:00 17:00

1日目	/	受付	開講式	10	廃棄物処理法概論（4.5H）	昼休み	廃棄物処理法概論（4.5H）	休憩	11	安全衛生管理（2H）		
2日目	受付	環境・循環型社会概論（1.5H）	休憩	11	業務管理（2H）	昼休み	業務管理（2H）	休憩	10	収集・運搬（2H）	休憩	修了試験 16:40

イ. 産業廃棄物の処理課程　ウ. 産業廃棄物の処分・収集運搬課程

8:30 9:00 10:00 11:00 12:00 13:00 14:00 15:00 16:00 17:00

1日目	/	受付	開講式	10	廃棄物処理法概論（5H）	昼休み	廃棄物処理法概論（5H）	休憩	環境・循環型社会概論（1.5H）		
2日目	受付	9	中間処理・再利用（4H）	昼休み	中間処理・再利用（4H）	休憩	12	最終処分（3H）			
3日目	受付	11	安全衛生管理（2H）	休憩	11	業務管理（2H）	昼休み	業務管理（2H）	休憩	計測管理（1.5H）	休憩	修了試験（処分） 16:50
4日目	受付	10	収集・運搬（2H）	休憩	11	修了試験（収集） 11:30					

エ. 特別産業廃棄物の収集・運搬課程

8:30 9:00 10:00 11:00 12:00 13:00 14:00 15:00 16:00 17:00

1日目	/	受付	開講式	10	廃棄物処理法概論（4.5H）	昼休み	廃棄物処理法概論（4.5H）	休憩	11	業務管理（2H）
2日目	受付	環境・循環型社会概論（2H）	休憩	特別管理産業廃棄物概論（2H）	昼休み	特別管理産業廃棄物概論（2H）	休憩	11	安全衛生管理（3H）	
3日目	受付	10	収集・運搬（3H）	休憩	終了試験 13:20					

オ．特別産業廃棄物の処理課程　カ．特別管理産業廃棄物の処分・収集運搬課程

8:30 9:00 10:00 11:00 12:00 13:00 14:00 15:00 16:00 17:00

1日目	受付	開講式	10	廃棄物処理法概論（5H）	昼休み	廃棄物処理法概論（5H）			
2日目	受付	環境・循環型社会概論（2H）	休憩	特別管理産業廃棄物概論（2H）	昼休み	特別管理産業廃棄物概論（2H）	休憩	11	安全衛生管理（3H）
3日目	受付	計測管理（2H）	休憩	9	中間処理・再生利用（5H）	昼休み	中間処理・再生利用（5H）		
4日目	受付	12	最終処分（3H）	昼休み	11	業務管理（2H）	休憩	修了試験（処分）	16:30
5日目	受付	10	収集・運搬（3H）	休憩	修了試験（収集）	12:30			

キ．産業廃棄物又は特別管理産業廃棄物の収集・運搬課程

8:30 9:00 10:00 11:00 12:00 13:00 14:00 15:00 16:00 17:00

1日目	受付	開講式	廃棄物処理法概論（3H）	昼休み	11	安全衛生管理（1.5H）	休憩	収集・運搬（1.5H）	休憩	終了試験

ク．産業廃棄物又は特別管理産業廃棄物の処理課程　ケ．産業廃棄物又は特別管理産業廃棄物の収集・運搬課程

8:30 9:00 10:00 11:00 12:00 13:00 14:00 15:00 16:00 17:00

1日目	受付	開講式	廃棄物処理法概論（3.5H）	昼休み	廃棄物処理法概論（3.5H）	休憩	中間処理・再生利用（2.5H）				
2日目	受付	最終処分（1.5H）	休憩	11	安全衛生管理（1.5H）	休憩	修了試験（処分）	昼休み	収集・運搬（1.5H）	休憩	修了試験（収集） 15:50

コ．特別管理産業廃棄物管理責任者講習会

8:30 9:00 10:00 11:00 12:00 13:00 14:00 15:00 16:00 17:00

1日目	受付	開講式	12	廃棄物処理法概論（2.5H）	昼休み	廃棄物の処理と管理（3H）	休憩	終了試験

サ．医療関係機関等を対象にした特別管理産業廃棄物管理責任講習会

8:30 9:00 10:00 11:00 12:00 13:00 14:00 15:00 16:00 17:00

1日目	受付	開講式	12	廃棄物の関係法規（2.5H）	昼休み（50分）	11	感染に関する基礎知識（1H）	休憩	廃棄物の処理と管理（2H）	休憩	終了試験

出典：（公財）日本産業廃棄物処理振興センター ホームページ

【図表 1-22】オンライン形式の講義視聴時間

過程名		科目数	時間数 (時)	受講科目 「1」から順番に視聴してください。
ア	産収	5	12	1　廃棄物処理法概論（約 4.5 時間） 2　環境・循環型社会概論（約 1.5 時間） 3　業務管理（約 2 時間） 4　安全衛生管理（約 2 時間） 5　収集・運搬（約 2 時間）

出典：(公財)日本産業廃棄物処理振興センターホームページ

5 収集運搬業の手続の概要

①　一般的なフロー

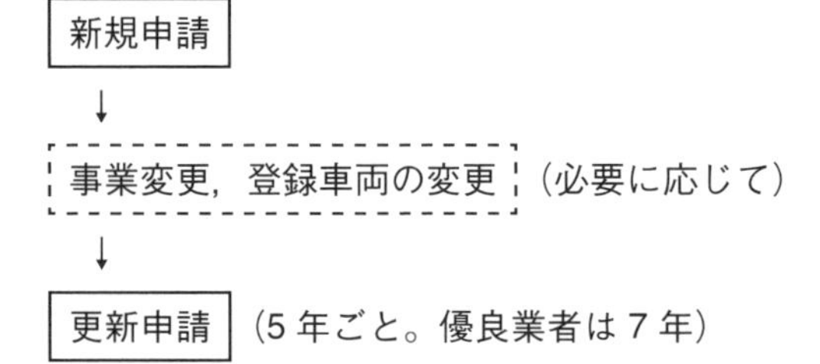

②　更新申請・変更申請・変更届

３つの手続を混同しないよう注意する。

変更申請は許可品目を追加するとき等の手続である。申請手数料が必要となる。

変更届は登録車両の増減等の場合で，手数料はかからない。

③　「積替え保管」の追加

「積替え保管なし」の収集運搬業許可業者が，新たに積替え保管場所を設置するときの手続である。

次の図は，収集運搬業許可申請の一般的な難易度を表にしたものである。

本書では，最も基本的な申請である「(普通) 産廃」「積替え保管なし」を想定している。

【図表 1-23】産廃業申請（基本・応用）イメージ

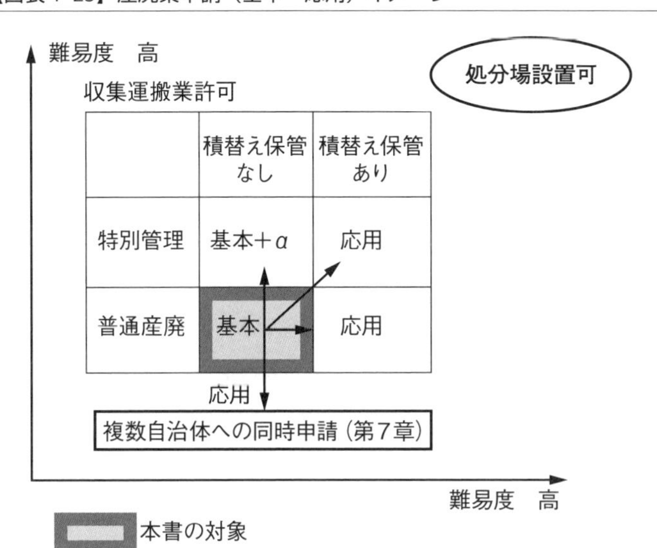

【図表 1-24】産業廃棄物処理業の許可の流れ

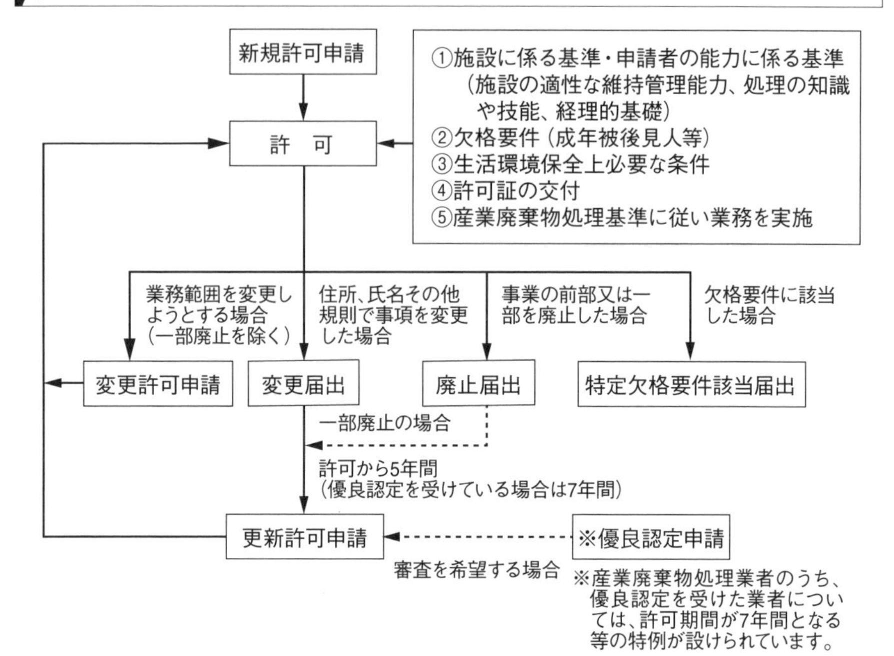

出典：『産廃申請ハンドブック（改訂第4版）』東京都行政書士会（令和6年3月）

1-3　相談者の「型」を知る

1 事業の「規模」と「領域」による区分

「従業員 10 名以下」「車両 5 台以下」「営業所 1～2 か所」程度が依頼者となることが多いのではないか。これ以上の規模になってくると対応や業務の進め方も変わってくる。業務量が増えれば報酬額にも影響する。

①　従業員数（行政書士対応担当職員の有無）

②　車両の数

③　営業所の数

④　事業範囲（産業廃棄物処理専門か否か）

収集運搬業や処分業等，主に産業廃棄物処理業のみを営むのか，又は収集運搬業以外に主要事業があるのかどうか。多くの場合，主要事業としては建設業が想定される。

⑤　他の許認可取得状況（一般廃棄物許可や建設業許可を持っているか）

事業範囲とも関係するが，他の許認可を取得しているのであれば，その事業も一定の規模で行っていることになる。

⑥　その他

中間処理施設や最終処理施設も所有している会社や，一般廃棄物許可を所持している会社等。登録車両台数が多い。

2 依頼手続による区分

①　新規

顧客が許可業者の概要についてあまり把握していない可能性がある。

②　更新

許可業者として最短でも５年の経験があるため，産廃業界のことや収集運搬業のことは顧客がある程度把握している。更新の前に，変更届は不要かどうかを確実に確認する必要がある。

③　変更

許可品目を追加したいという要望が多いと思われるが，変更申請と変更届は異なるので，「何がどのように変更するのか（したのか）」をしっかり確認する必要がある。

3 許可の必要性・緊急性による区分

①　設備の準備が整っていない

車両や駐車場の準備ができていなかったり，使用権原がなかったりすることがある。使用権原については顧客が認識していないことも少なくない。

②　事業計画や契約見込みに具体性がない

しっかりとした事業計画がない顧客の中には，「とりあえず（なんでもいいから）許可とってください」といった丸投げの姿勢の場合がある。そうなると品目について綿密な確認もできないし，運搬容器の準備が消極的である場合もある。許可には責任が伴い，事業にはリスクがつきものであることを丁寧に説明する必要がある。

4 会社の経営方針や成長戦略による区分

①　中長期の成長戦略を持っている顧客

真に成長を考えている企業であれば，目先の利益だけにとらわれず，コンプライアンスの重要性を認識しているはずである。このような顧客は，法違反によるダメージの大きさを知っているため，行政書士に依頼する際のコストについて理解を得やすい。

②　コンプライアンス意識に乏しい顧客

コンプライアンス意識が乏しい顧客は，概してコストや投資に対する意識も低い。また，事業計画も曖昧なことが多く，行政書士の受任にあたり「丸投げ」「値切り」を求められる可能性が高い。丸投げはトラブルのもととなるため，そのような顧客から引き合いがあっても受任は避けた方がよい。

厳格な規制の中でビジネスを行う産廃業者にとって，「許可さえとれればいい」という考え方は危険である。

1-4　「知識」「情報」を収集する

1 申請業務の具体的な「イメージ」をつくる

①　自治体の手引，パンフレット

実際の申請業務で最も基本になるのは自治体の手引である。申請そのものは手引さえあれば可能である。ただ，手引は「申請のための事務要領」がマ

ニュアル化されているだけである。本書のように，申請するための「段取り」や申請者（顧客）の個別事情への当てはめは考慮されていない。手引は，審査する役所の立場で記載されているといっても過言ではない。行政書士の立場での申請実務をイメージするするためには，本書を活用してほしい。

② インターネット

今やネットによる情報収集は欠かせない。とはいえ，情報の信ぴょう性が定かでないという点や，本当に知りたい情報が見つからないという点には注意が必要だ。要は使い分けの問題である。ネットで調べられることも多いので，その程度の手間を惜しんではならない。ネットを見れば簡単にわかる内容を行政書士が知らなければ信用も得られない。

③ 業界

行政書士として開業する者にとっては，産廃業を行政書士業務の一つとしてとらえてしまいがちである。しかし，顧客にとっての業界はもっと広く，許可申請（行政書士に依頼する業務）にかかわることはごく一部である。

行政書士業務の延長で実務を学ぶのとは別に，顧客の業界情報に接して勘所を得ることも大切な準備である。ちょっとした業界ネタを知ることで顧客とのコミュニケーションが深められる。

④ 産廃関連や解体工事現場の動画を見る

まずは本書と許可行政庁の手引をざっと確認する。引き合いがあったら，ホームページ等で会社概要をよく調査して許可上関係ありそうな事柄を想定しておく。慣れないうちは特に登記情報を先に取得することをお勧めする。

2「アドバイザー」を確保する

① 支部研修の参加

産業廃棄物関係を扱う研修会だけでなく，建設業許可のように関連業務の研修会にも参加するとよい。懇親会で知り合った者が産廃業を扱っているかもしれないからだ。

なお，東京会では会員用ページで研修が受講できる。レジュメもダウンロードできるので，問い合わせがあったらすぐに確認することをお勧めする。

②　各種交流会への参加

産業廃棄物業界の動向を知ることが許可申請実務へのアプローチに有用である。したがって，依頼者との出会いを期待するのではなく，情報収集という意味で広く業界の方々と接点を持つとよい。現場の様子などは当然詳しくないので，話を聞くことで逆に教わることが多い。

交流会ですぐに受任につなげたいと考えがちだが，そう簡単ではなく，「仕事がほしい」という印象を相手に与えるのは逆効果である。

③　許可行政庁の担当者

手引の記載だけではわからないことが必ずある。気になった点は認識違いがないか電話で確認することも大切である。電話での会話により，ちょっとしたフォローをもらえることがある。例えば「この書類に記入もれが多い」というような些細なコメントをもらえることがあり，初めての申請や役所では少し気持ちが楽になる。

3「パートナー」を確保する

他士業の先生と良好な関係をつくるのは一朝一夕にはいかない。昨今は，交流会で士業と知り合うことは容易である。しかし，知り合うこととパートナーになることは全く別の話である。自分から先に他士業に顧客を紹介するのがパートナーになる一番の近道である。

行政書士は業務範囲が広いため競合関係になりにくく，同業者同士でもパートナーになれるという利点がある。

1-5　集客（情報が自分に集まるように意識する）

周囲に常に得意分野・主要業務をアピールしておくと，自然とその種の質問や情報は集まってくる。経験が浅くても，興味がある業務を「専門分野」と宣言してしまうとよい。

自身に寄せられた質問を宿題とし，相談者が次のアクションを起こせるように情報提供するのである。単に法令や制度を解説するのではない。相談者は「自分（自社）にとってどうなのか」「何をすればよいのか」という点に関心がある。その点を意識しながら情報を発信することが大切である。

第2章 トラブルを回避して円滑に業務を遂行する肝

行政書士業務にはリスクがつきものである。法令知識の習得がトラブル回避に直結するとは限らない。実際のトラブルは，コミュニケーションが不足しているために発生することが多い。トラブル事例を知り，「実務脳」を身に付けることが大切である。

【本章のポイント】

- ▶ トラブルには，行政書士起因と依頼者起因がある。
- ▶ 廃棄物処理法は，罰則が厳しい。
- ▶ 排出事業者は，廃棄物処理の過程で他社が起こした違反の責任を負う可能性がある。
- ▶ 行政書士は，依頼者が行政処分や刑事罰を受けることがないようナビゲートすべきである。
- ▶ 行政書士が引き起こすトラブルは，コミュニケーション不足が原因であることが多い。
- ▶ トラブルの大半は，「報・連・相」により予防又はリカバリーできる。
- ▶ 業務に慣れることが，逆に懲戒事案を招くこともある。

2-1 依頼者とのトラブル事例を知る（行政書士処分事例）

1 依頼者への対応

① 依頼者に経済的な損失を与える

行政書士の過失により許可が取得できない場合，依頼者が見込んでいた取引が実現できず，利益を得られないどころか損失を発生させることもあり得る。特に事業に投資をしている場合の損失は大きい。事業への投資に無駄が生じることになる。

②　依頼者の期待を裏切る

・安易に業務に着手し，結果的に許可を取得できなかった。
・事前に加算の可能性を説明をせず，後から追加請求することになった。

③　依頼者に迷惑をかける

・業務の段取りが悪く，依頼者に無駄な打ち合わせ時間を使わせる。
・不正確な案内により，依頼者にとって二度手間になる。
・預かっている書類を紛失する。
・対応が遅く，全般に雑である。

④　依頼者に不安や不信感を与える

・電話やメールでの連絡が遅く，依頼者にとってスムーズではない。
・依頼者の疑問に対して納得のいく回答をしない。
・論点がずれている。

2 許可行政庁（都道府県）への対応

・申請予約をするのが遅れる。許可取得が先延ばしになる。
・申請に必要な公的書類の取得もれや，書類不備があり，申請日当日に申請が受理されない。
・手引の記載事項を見落として，補正対応のため依頼者に追加資料の準備を頼むことになる。

3 トラブルの原因

トラブルの原因は，業務そのものよりは，依頼者とのコミュニケーション不足であることが多い。「報告・連絡・相談」の不足である。

公表されている行政書士処分事例を見ると，業務の遅滞や放置が多いことがわかる。依頼者とこまめに連絡を取り，いかなる局面でも速やかに対応していれば，トラブルを未然に防ぐことができるはずだ。

依頼者は，業務の進捗が見えないと不安になる。不安が発展して，報酬額に対する不満や事務所に対する不信につながるのである。

また，本書で述べるような「見積書」や「契約書」，「ロードマップ」の提示がなされていないのもトラブルの一因である。行政書士のトラブル事例は，新人行政書士ばかりではなく，ベテランにも多いので油断は禁物である。

4 キャリアが引き起こすトラブル

①　業務がとん挫して違反行為に及んだ事例

都道府県知事には行政書士に対する処分権限がある。処分を受けた行政書士は，自治体のウェブサイトで公表されることがある。次の事案は，業務の途中でとん挫し，それを依頼者に隠蔽する意図で違反行為に及んだものである。キャリアのある行政書士だからこそ引き起こした事案といえる。

〇〇知事は，行政書士法（昭和26年法律第4号。以下「法」という。）に基づき，下記のとおり行政書士に対する懲戒処分を行いました。

記

1　処分を受けた行政書士

(1)　氏　　　名：　〇〇　××　(〇　×)

(2)　事務所の名称：　行政書士〇〇事務所

(3)　事務所の所在地：　〇〇

(4)　行政書士の登録番号：第〇〇〇〇〇〇〇〇号

2　処分の内容

(1)　処分をした年月日：平成〇年〇月〇日

(2)　処分の内容：業務の禁止

(3)　処分の根拠：法第14条第3号

(4)　処分の原因となった事実

当該行政書士は，平成〇年〇月〇日に，依頼者と産業廃棄物処理業許可

代理申請に係る契約を締結し，依頼者の産業廃棄物処分業の変更許可（品目追加）手続きを行うこととなった。これ以降，当該行政書士は依頼者と追加品目の決定に向けた協議を重ね，依頼者が事業場周辺の住民の同意を取得するに当たって同行し，○県環境部産業廃棄物指導課（以下「産業廃棄物指導課」という。）に事前相談を行うなど，申請に向けた作業を進めていた。

しかし，調査の結果，本件処分の原因となる次の事実が認められた。

ア　当該行政書士は，産業廃棄物指導課に上記変更許可に係る申請をしていないにもかかわらず，平成○年○月頃に，依頼者の社長に対して，同年○月には許可が出る見込みであると偽って伝えた。

イ　その後も当該行政書士は申請手続きを進めることなく，平成○年○月上旬に，依頼者の社長に対して○県の許可が出たと伝え，同月○日に，依頼者の産業廃棄物処分業許可証の写しを偽造し，依頼者へ手交した。

これらは，他人の依頼を受け報酬を得て，官公署に提出する書類を作成することを業とする行政書士としてあるまじき行為であり，法第10条に規定する誠実履行義務及び信用・品位確保義務に違反し，また，法第14条に規定する重大な非行に該当する。

よって，法第14条に規定する行政書士に対する懲戒処分を行うものである。

出典：埼玉県ウェブサイト　県政ニュース　報道発表資料

②　未知の情報や運用変更に対応できない事例

経験を積むと固定観念が生まれる。一方で，行政運用は少しずつ変化している。「以前までは運用が違った」「他県では違う対応をしている」と感じることは日常茶飯事である。また，多様な業務を扱うことで，知識や情報が他の業務と混同することもある。

以下２件の通知は東京都行政書士会（単位会）が会員向けに周知を図った内容である。情けない話ではあるが，このような注意喚起をせざるを得ない状況が一部にあるということだ。

【参考】定時メール：東京都行政書士会よりお知らせ（令和2年2月19日配信）

> 産業廃棄物対策課での証票提示及び職印の押印の徹底について
>
> 令和元年6月に東京行政書士政治連盟の要望によって都庁産業廃棄物対策課に非行政書士廃除のプレートが置かれるようになりました。それに伴い，窓口において身分確認が求められることがありますので，これを機会に申請時において自ら会員証（証票，補助者証）の提示をしていただきたく，ご協力よろしくお願いいたします。
>
> また，申請書に職印が押されていないケースや予約（新規，更新等）を取らないで来庁するケースが散見されています。さらには一部窓口において大声を出し威圧的な態度で審査に臨むケースが報告されています。
>
> 産業廃棄物対策課には多くの行政書士が申請し，同課からも行政事務の円滑化に寄与していると評価していただいておりますので，職印の徹底はもちろん，予約確認の徹底（キャンセル，変更する場合は出来るだけ早く連絡）をしていただき，行政書士の信用又は品位を害するような行為をなさらぬようお願い申し上げます。
>
> [行政書士法]
> 第10条　行政書士は，誠実にその業務を行なうとともに，行政書士の信用又は品位を害するような行為をしてはならない。
> [行政書士法施行規則]
> 第9条第2項　行政書士は，作成した書類に記名して職印を押さなければならない。
> [東京都行政書士会会則施行規則]
> 第5条第2項　会員は,業務を行うときは会員証を携行しなければならない。

（下線筆者）

【参考】「会員証等の提示のお願い」（東京都行政書士会）

「行政書士会員証等の提示」
についてのお願い（再告知）

東京都行政書士会
会長　○○　○

表題の件について，再度，会員の皆様にご連絡いたします。

東京都行政書士会（以下，「本会」と称す。）では，東京行政書士政治連盟・建設宅建環境部を中心に，東京都庁に対して，他の士業者・団体職員・無資格者等の非行政書士が行政書士業務を行う事が無いよう，申し入れを続けております。

会員の皆様にも，「行政書士証票」「会員証」または「補助者証」（以下，「会員証等」と称す。）の積極的な提示をお願いしております。

規則上，本会会則施行規則第５条第２項には「会員は業務を行うときは会員証を携行しなければならない。」と明記されており，本取り組みの結果，都庁の担当課の中でも会員証等の提示を申請者に求めて頂ける例が増えてきております。

しかしながら，先般，“会員証等の提示を求めた都庁の職員”に対して，会員証を提示することなく，大声で「俺を知らないのか」と暴言を吐き，都庁職員が困惑したという事例が報告されております。

非行政書士を排除していこうとする都庁と本会の取り組みに対して，逆行する会員がいるというのは大変残念な事ではありますが，今後，このような事が起きないように，再度会員の皆様に会員証等の提示を強くお願いいたします。

今回の会員証等の携行と併せて，行政書士の「徽章」の着用も会員の皆様にお願いいたします。（日本行政書士連合会行政書士徽章等規則第３条第１項）

会員の皆様とともに，非行政書士による悪質な申請を防止する為，今後も都庁等の行政庁へ身分確認の徹底を申し入れて参ります。
ご理解とご協力のほど，よろしくお願いいたします。

(参考)
東京都行政書士会会則施行規則第５条第２項
「会員は，業務を行うときは会員証を携行しなければならない。」
日本行政書士連合会行政書士徽章等規則第３条第１項
「会員は，徽章を会員の身分を象徴するものとして認識し，行政書士業務を行うときは，常にこれを着用しなければならない。」

（下線筆者）

2-2　収集運搬業者のトラブルを知る（法違反事例）

顧客をフォローするため，面談時に違反事例を話題にして注意を促すとよい。

1 処理に関する「品目別」のトラブル事例

①　アスベスト（石綿）

コンクリートの再生砕石に石綿含有建材（石綿含有産業廃棄物）の破片が混入していた事例や，近隣に小学校などがあるにもかかわらず，建設リサイクル法による届出がなされずアスベストが使用された倉庫が解体された事例などがある。

※　建設リサイクル法の対象建設工事である場合は，届出書別紙（分別解体の計画等）に付着物としてアスベストのあることと措置内容を記載し，発注者に事前説明する必要がある。

②　伐採材

伐採材，枝葉などを，安易に現場内に埋めることを容認した発注担当者が逮捕されている。

③　建設汚泥

既製杭設置工法で生じた掘削物を残土として処分したところ，この工法が建設廃棄物処理指針に例示するSMW工法に類すると見なされたため，工事担当者が市の指導を受けている。

※　判断が微妙な場合は，許可行政庁に指導内容を確認する必要がある。

④　廃棄物混じり土

トンネル工事で掘削箇所（切羽）の吹付モルタルが，掘削土砂（ずり）に混じったまま残土処分場に搬入されていると通報があった問題で，県より工事担当者が指導を受けている。

⑤　コンクリートがら

解体工事から生じたコンクリートがらを埋めたため不法投棄と見なされ，工事担当者が逮捕された事例や，造成現場内にコンクリート片を投棄した建設業者が送検された事例，工事現場内にコンクリート製側溝を砕いて埋めたとして工事担当者が逮捕された事例がある。

※　コンクリートがらをそのまま地中に埋めた場合，不法投棄となる可能性がある。

⑥　PCB 廃棄物

解体工事で生じた PCB を含む変圧器などを無許可業者に委託したとして，建設業者が逮捕された事例がある。

⑦　石膏ボード

内装材（石膏ボードを含む）の残材をビルの地下に隠したところ，雨水に漬かって分解され硫化水素が発生したため，関係者が逮捕された事例がある。

ここが実務のポイント①　｜　**産業廃棄物の適正処理**

「産業廃棄物＝不法投棄」というくらい，ネガティブなイメージが定着している。しかし，行政書士はそのような曖昧なイメージを持ってはいけない。産業廃棄物をめぐる法令は改正を重ね，現在では網をかぶせるように規制が張りめぐらされている。不法投棄をするような事業者は論外だが，「適正処理」の考え方を身に付け，依頼者をナビゲートしなければならない。「適正処理」の主なポイントは次のとおりである。

▶ 排出事業者責任

▶ 契約書による委託（委託基準）

▶ 適正な費用による委託

▶ マニフェストによる廃棄物の管理

▶ 許可証の確認

依頼者が，意図せず不適正処理をすることのないよう，行政書士がフォローすべきである。

Column 4

「適正化」とは

行政書士業務に取り組んでいると，「適正化」という言葉を耳にすることがある。適正化とは，「グレーな状態をホワイトにする」ということである。許認可業務とは適正化への取組みという側面がある。

許認可申請では，許可要件の充足のみならず，許可申請の前提として申請者が他法令においても適正であることが求められる。登記の状態や社会保険の加入等，許認可取得をきっかけにして適性化が進むのである。

2 廃棄物特有の事情による組織的違反行為

2016年に起きた「廃棄カツ横流し事件」（食品と偽り販売：詐取容疑など）が，取締強化のきっかけとなった事件である。産業廃棄物処理業界では，お金と物の流れが通常の商品販売とは異なる。物を廃棄（提供）する側がお金を支払うという構図になっている。この構造の中で儲かる横流しを実行したのが本件である。

なお，廃棄カツは食品という点で産業廃棄物ではなく一般廃棄物であるが，これが産業廃棄物であった場合には，排出事業者責任の問題となる。つまり，この事件の構図を考えると，横流しした業者（受託者）だけでなく，委託した側（排出者）も責任が問われるという性質がある。

【参考】産経 WEST　WEB 記事（平成 28 年 7 月 12 日）

> 大手カレーチェーン店（以下，カレー店）の冷凍カツが横流しされた事件で，県警は廃棄カツを食品と偽って販売し，代金をだまし取ったとして，詐欺や食品衛生法違反の疑いで産業廃棄物処理業者（以下，A 社）会長ら 3 人を逮捕した。他にも，流通大手や食品会社が廃棄処分を決めた商品を市場に流したとみられ，両県警は捜査を本格化させ，不正流通の全容解明を目指す。捜査関係者によると，3 人の逮捕容疑は，カレー店から廃棄を依頼されたビーフカツを処分せず，食品と偽って販売し代金をだまし取ったとしている。
>
> カレー店は，製造中に合成樹脂製の部品が入った恐れがあるとして，ビーフカツ約 4 万枚を廃棄するよう A 社に委託した。A 社は「全て堆肥化した」と報告したが，実際には大半を B 社に売却。C 社の元幹部が買い取り，スーパーなどを経て消費者が一部を購入したとみられる。健康被害は確認されていないという。県などが A 社や B 社に立ち入り，B 社の倉庫からカレー店以外にも，廃棄対象の X の豚肉かば焼きや Y のソーセージなど 100 品目以上が見つかった。

3　欠格要件の概要

許可業者が欠格要件に該当すると，許可は取消しとなる。

欠格要件の対象は許可業者たる法人だけでなく，「役員」「5 %以上の株を保有する株主」「使用人（支店長，営業所長等）」も含まれる。

主な取消処分理由は次のとおり。

- ▶　法人が破産手続開始
- ▶　法人が環境法令違反で罰金刑
- ▶　法人が一般廃棄物収集運搬業許可の取消処分
- ▶　法人による不法投棄及び不法 焼却（悪質性が重大）
- ▶　暴行で罰金刑に処せられた者が役員就任
- ▶　禁錮以上の刑に処せられた者が役員就任

▶　役員が虚偽有印公文書行使等により懲役刑

▶　役員が不法焼却により罰金刑

▶　役員が傷害により罰金刑

▶　株主が不法焼却により 罰金刑

▶　従業者の不法焼却により法人が 罰金刑

身近な例として，役員が道交法違反（スピード違反・飲酒運転等）をした場合がある。

以下，ある県のウェブサイトに公開された処分事例である。

【参考】役員が欠格要件に該当したことによる許可取消し事例

産業廃棄物処理業者の許可の取消しについて（○○株式会社）

廃棄物の処理及び清掃に関する法律（昭和45年法律第137号。以下「法」という。）第14条の3の2第1項第4号の規定に基づき，産業廃棄物処理業の許可を取り消しました。

1　取り消した許可

事業者

名称：○○株式会社

代表取締役：○○

所在地：○○県

許可の内容

産業廃棄物収集運搬業（積替え保管を除く。）

許可番号：○○

2　処分年月日

令和　　年　　月　　日

3　許可を取り消した理由

○○株式会社の役員は，平成　　年　　月　　日に禁錮以上の刑（懲役1年6月，執行猶予3年）が確定した。

このことは，法第14条の3の2第1項第4号に該当する。

役員が欠格要件に該当してしまう事例は思いのほか存在する。それにより許可取消処分を受ける場合，次のような連鎖取消という制度があることも知っておくべきである。

【図表2-1】連鎖取消

Q7　産廃処分業者A社の役員甲が欠格要件に該当しA社は許可取消処分を受けた
・A社の役員乙は産廃処分業者B社の役員を兼任
・B社の役員丙は産廃処分業者C社の役員を兼任
この場合，B社とC社は許可取消になるか？

A7　連鎖取消
◆産廃処分業者Aの許可取消原因が……
①　廃棄物処理法上の悪質性が重大なものである場合
・産廃処分業者B→欠格要件に該当する（一次連鎖法人）
・産廃処分業者C→欠格要件に該当しない（二次連鎖法人）
②　廃棄物処理法上の悪質性が重大なものでない場合
・産廃処分業者B→欠格要件に該当しない（一次連鎖法人）
・産廃処分業者C→欠格要件に該当しない（二次連鎖法人）

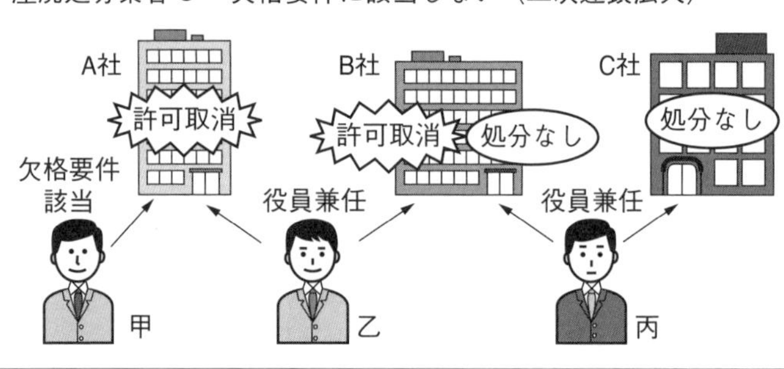

出典：「産業廃棄物処理業の許可に係る欠格要件について」青森県環境生活部環境保全課（令和2年1月23日）

次の行政処分等の件数を見ると，立入検査が相当数あることがわかる。

【図表 2-2】行政処分等の件数（令和 2 年度）

処分等の内容				件数	
立入検査等		法第 18 条の報告徴収		5,543	(5,342)
		法第 19 条の立入検査		190,703	(206,890)
管理票に関する行政指導		法第 12 条の 6 の勧告		22	(15)
		法第 12 条の 6 に係る指導		158	(396)
行政処分	処理業	(産業廃棄物処理業)		287	(363)
		法第 14 条の 3 の 2 の処分	許可の取消し	244	(327)
		法第 14 条の 3 の処分	全部停止	43	(34)
			一部停止	0	(2)
		(特別管理産業廃棄物処理業)		10	(18)
		法第 14 条の 6 の処分	許可の取消し	4	(13)
			全部停止	6	(5)
			一部停止	0	(0)
	処理施設	(産業廃棄物処理施設)		26	(43)
		法第 15 条の 3 の処分	許可の取消し	8	(12)
		法第 15 条の 2 の 7 の処分	改善命令	6	(11)
			停止命令	12	(20)
	事業者等	法第 19 条の 3 による処分	改善命令	11	(21)
		法第 19 条の 5 による処分	措置命令	5	(20)
		法第 19 条の 6 による処分	措置命令	0	(0)

注　（　）内は，前年度の調査結果である。

なお，10 年ほど前に比べると，取消処分件数はだいぶ減っている。行政の取組みによる効果もありそうだ。

【図表 2-3】取消処分件数の経年変化

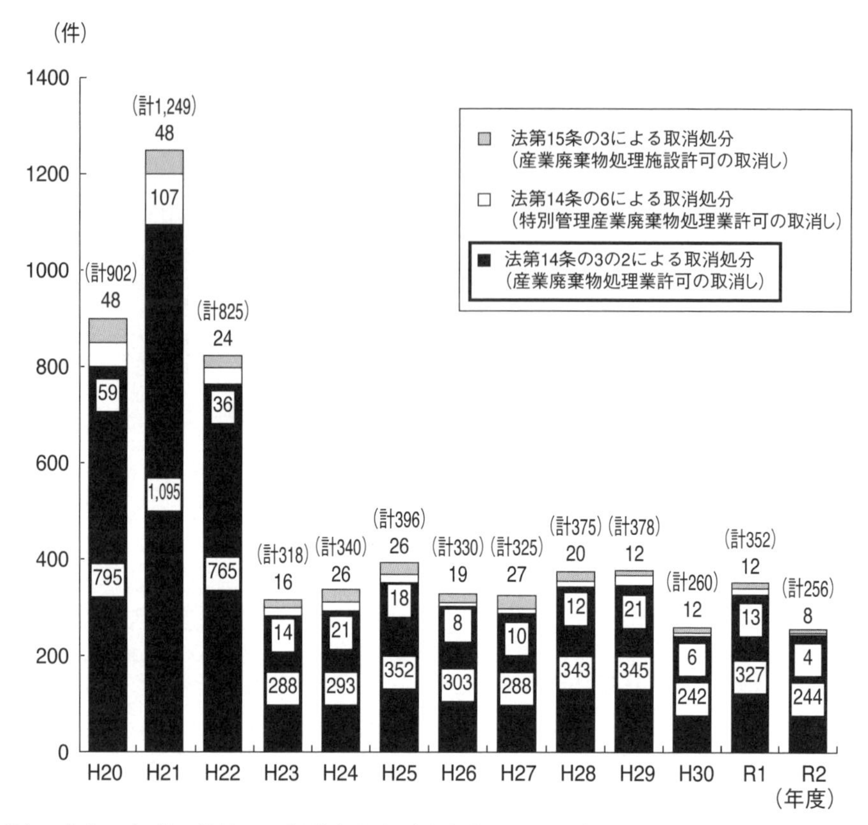

注）　令和２年度の数値は，都道府県及び政令市に対し，令和２年４月から令和３年３月末までの実績を調査した結果である。

Column 5

遺品整理（不用品回収）

昨今，相続業務の一環として遺品整理という言葉をよく聞くようになった。買取りや不用品回収等，様々な業者が入り混じっているようだが，果たして「適正な許可」を得ているのだろうか，という疑問もあるかもしれない。

それらの規制については，行政が厳格な運用をしているわけではない。それがグレーゾーンを助長している側面がある。遺品整理（不用品処分）をする業者については，次の 3 つの許可が関係する。

- ▶　一般廃棄物収集運搬業許可
- ▶　産業廃棄物収集運搬業許可（遺品の中に事業活動によって排出された廃棄物がある場合）
- ▶　古物商許可（引き取った遺品を他に売却する場合）

買い取り目的ではなく，処分目的で引き取る場合は一般廃棄物収集運搬業の許可が必要である。現在，一般廃棄物収集運搬業許可は新規の許可取得が困難である。既に許可を取得している業者は，通常の家庭ゴミの収集や事業系一般廃棄物の定期収集を受託していることが多く，個人宅の遺品整理に参入する業者はまだ少ないようだ。

この分野の規制のあり方については，今は過渡期であり，これからが注目される。

※　「遺品整理」は相続の観点で使われ，相続財産（遺産）を整理することも意味している。一方で，資産価値のない動産の場合，それは一般的にはゴミである。つまり，「残置物の処分」にあたる。「不要物」を説明した図表 1–2（p20）も参照しながら理解を深めてほしい。

東京都世田谷区では，住民向けに次のような注意喚起をしている。

他の自治体でも同様の呼びかけは行われているようだ。

【参考】粗大ごみなどの処分に無許可の回収業者を利用しないでください（最終更新日令和 6 年 3 月 29 日　ページ番号 5049）

「粗大ごみを無料で回収いたします」「壊れた家電製品など，なんでも回収いたします」などと宣伝し，トラックで不用品を回収している業者を見たことや，同様の内容のチラシがポストに入っていたことはありませんか。

このように案内している不用品回収業者は，リユース・リサイクルを目的としている事業者もあり，また，無許可で廃棄物を回収する事業者もあります。廃棄物に関する法律では，ご家庭から出る廃棄物を回収する場合，区の一般廃棄物処理業の許可が必要です。産業廃棄物処理業の許可，古物営業の許可，貨物運送事業の許可では廃棄物の回収はできません。区の許可がない業者による廃棄物の回収は違法となります。

こうした無許可の回収業者を利用した方の中には，「無料とうたっていたのに，不用品をトラックに積んだ後に料金を請求された」といったトラブルも発生しています。また，悪質な業者は，回収したものを適正に処理せず不法投棄したり，フロンガスや鉛等の有害物質を除去せず海外に売却しており，輸出先の国において環境汚染や健康被害の事例が報告されています。

このため，ご家庭からでる不用品は，区のルールに従い，適正に処理するようお願いいたします。なお，有価物をリース（再利用）目的で譲渡する場合には，処理業の許可は必要ありませんので，再利用可能なものは，お近くのリユースショップをご活用ください。

出典：世田谷区ホームページ（下線筆者）

国（環境省）でも次ページのとおり無許可業者を求めるべく周知を図っている。

家庭ゴミは一般廃棄物であり，処分責任は市町村にある。図表1-2（p20）や図表1-3（p21）を参照するとよい。

【参考】

廃家電や粗大ごみなど、廃棄物の処分に
「無許可」の回収業者を
利用しないでください！
適正な処理が確認できません。
ご家庭のごみは、市区町村の責任の下で適正に処理する必要があります。
市区町村の許可や委託を受けずにご家庭のごみを回収業者が収集することは認められていません。
この壊れたソファと古いテレビ、捨てたいわ。
重くて運ぶのも大変だなぁ。
そういえば、空き地で“何でも回収する”と言っていたなぁ。
ポストに粗大ごみ回収のチラシも、入ってましたよ。・・・でも、ここに頼んでいいのかしら？
ちょっと待って！
無許可業者による不法投棄や不適正処理が問題になっているんだよ。
そうだな、正しい処分方法を市役所に聞いてみるか。
ごみの適正な処分方法をご案内しますね。
もしもし…
フムフム
正しいルールを確認するのが大事だな。
そうだね！
廃棄物の処分に「無許可」の回収業者を利用しないでください！
街中を大音量で巡回
ご家庭のごみなんでも回収します～
空き地で回収
チラシを配布
ご家庭の粗大ごみ
インターネットで広告
無許可の回収業者にはこのような例があります。
ご家庭の廃棄物は、お住まいの市区町村が案内するルールで処分してください。

環境省
Ministry of the Environment

2-3　トラブル回避の心得

1「情報」の管理

郵送物に追跡番号があるものは記録を残し，重要事項についてはメールでも記録を残しておく。また，メールだけでなく電話でもコミュニケーションをとり，こまめに報告することが大切である。

2「物」の管理

預り証を発行するなど，預かった書類・物品の管理について事務所として仕組みをつくる。

3 顧客対応

顧客の要望に対しては，「できる・できない」を明確に回答することを心掛ける。また，許可申請に関することだけでなく，許可業者として顧客が知るべき関連法令知識について，メール等記録に残る方法で伝える。

ここが実務のポイント②｜法違反の認識

法違反行為には，意図的な場合と認識不足の場合がある。

前者は悪質であり，このような事業者とは関わらない方がよい。事務所の利益にならないばかりか，責任を押し付けられて損害を被る可能性がある。一方後者は，行政書士が関与してフォローすべき事業者である。

第3章　産廃業務の実務脳をつくる

実務脳とは，「面談の場で顧客価値実現までの道筋を俯瞰できて，顧客価値を速やかに実現できる思考回路のこと」である。顧客価値実現のためには，顧客の現状分析を的確に行い，ポイントを的確に伝える力が求められる。顧客にとっての関心事は，「許可がとれるのかどうか」「許可を得るためにはどうすればよいのか（何が必要なのか）」という点であり，細かい話には関心が薄いことが多い。顧客にポイントを的確に伝えることができれば受任可能性は高まる。

【本章のポイント】

- ▶ 収集運搬する産業廃棄物の種類（品目）を特定する。
- ▶ 水銀・アスベスト・PCB の取扱いには注意が必要である。
- ▶ 事業計画のポイントは「何を」「どこから」「どこまで」「どのように」の４点である。
- ▶ 申請区分と申請先の自治体を確定する。
- ▶ 直近の決算が債務超過になっていないか確認する。
- ▶ 申請後の審査で欠格要件への該当が判明すると不許可になる。
- ▶ 排出事業者は優良な収集運搬業者を求めている。

3-1　業務の失敗例を知る

1 準備段階

許認可条件や顧客情報について，不備に気付くのが遅れると二次トラブルに発展する可能性がある。よくあるミスに以下のようなものがある。

①　申請日の予約をとらずに業務を進めてしまい，いざ予約しようとしたら

申請日がだいぶ先になってしまった。

② 修了証の有効期限が切れていた。又は受講区分が違っていた。

③ 車検証（記録事項）の所有者欄や使用者欄の確認不足により，名義変更の対応が遅れた。

④ 申請法人の事業目的に「産業廃棄物収集運搬業」が入っていなかった。

⑤ 更新申請をしようとしたところ，必要な変更届が提出されていないことが役所窓口で判明し，更新申請ができなかった（依頼者が変更届の必要性について認識しておらず，そのことに行政書士が気付けなかった）。

⑥ 定款の記載と登記されている内容に不一致があった。

⑦ 本店移転や役員重任等の必要な登記がされていなかった。

⑧「登記されていないことの証明書」を取得したが，住所の記載が住民票と違っていた。

2 失敗を避けるために注意すべき細かな点

住民票には本籍地の記載が必要だが，依頼者に取得を任せると，記載が省略されたものを用意することがある。また，申請者個人や法人役員のみが記載される「抄本」を取得する（家族がいる場合は「世帯の一部」）。

納税証明書は「直近３期分」が必要となり，法人税（国税）なので税務署（依頼者の管轄地）で取得することになる。一方，建設業許可で提出する納税証明書は法人事業税（地方税）であり，都道府県税事務所で取得する（都税事務所の場合，23区は管轄外でも取得可）。

なお，業務上の注意点として，車両や容器の写真はなるべく行政書士が訪問して撮影するのがよい。撮影の角度等の要領があるため，依頼者に任せると，撮り直しになる可能性もある。多めに撮影しておくとよい。

3 申請段階

依頼者が許可を受けるべき品目について申請をもらすと，あとから「変更申請」によって品目を追加しなければならない。変更申請には申請手数料が発生する。申請する品目については，水銀製品と石綿含有産業廃棄物の取扱いにも注意する。

申請準備に予想を超えて時間がかかることや申請予約日が先になることにより，公的書類の期限が切れてしまうこともある。依頼者が取得したものを預かる場合は特に確認もれが起きやすい。準備段階と申請段階の間に決算期を経過する場合，「直近３期分」の対象が変わることがある。その場合は資産要件について再度の確認が生じ，納税証明書にも影響する。

なお，申請を受け付けたものの，審査中に申請者が欠格要件に該当することが判明し，申請が不許可になると申請手数料は返還されないので，事前に依頼者によく説明すべきである。

4 申請以外の失敗

依頼者によっては，申請手数料（法定費用）や実費と報酬を混同していることがある。申請手数料は役所に納付するものであって事務所報酬とは別である。公的書類実費や郵送費等の経費も報酬とは別に請求すべきである。法定費用は額が大きいので事前に確実な案内が必要である。その他にも，申請日と許可日についても依頼者との間で認識違いがないよう気を付けたい。行政書士としては申請することに気をとられがちだが，依頼者は許可日（許可番号の交付）に関心がある。

ほかにも「言った・言わない」「渡した・受け取ってない」といったトラブルは起きやすいので，常に記録を残すよう心がける。

ここが実務のポイント③　公的書類の手配

公的書類の取得を事務所で代行するか，依頼者に任せるかはケースバイケースである。筆者は原則代行取得している。依頼者に手間をかけさせないためでもあるが，実はそれよりも重要な理由がある。依頼者に書類の手配を頼むと，手違いや時間的なロスが生じやすい。それを回避するのが真の目的である。

書類の準備に手間取ると，思わぬ二次トラブルを引き起こすことがある。例えば，依頼者が自身で書類を手配することになっていた場合，次の面談で訪問すると，「実はまだ請求中なので，取得し次第後日郵送します」ということがある。その後，取得した書類に不備があるということも十分あり得る。また，書類準備が遅れると行政書士側でも事前確認の余裕がなく，申請直前になって「え!?　まさか……」ということが起こりやすい。書類の確認不足により予約日に申請できなかったということになれば，元のミスがどちらであれ事務所の責任を問われても仕方ない。

依頼者は事務所に書類を提出した時点で完了した気になっている。依頼者から書類を預かったときは，間違いがないか速やかに確認すべきである。受領時点か，少なくとも受領後間もないタイミングであれば，「せっかく手配して頂いた書類ですが……」と不備を指摘することも容易である。■

3-2　最も重要な「事業計画」

1 運搬する産業廃棄物の種類（品目）

依頼者に何を運ぶのか品目を尋ねても明確な回答がない場合がある。そのようなときは，排出場所（作業現場）をヒアリングしながら，依頼者とともに品目を確認していく。より具体的な計画になるように努力をする。この過程は，許可取得のためのみを目的としているのではなく，許可後に依頼者が「適正な業者」として発展していくためのものである。

2 水銀・アスベスト（石綿）・PCB（ポリ塩化ビフェニル）を取り扱う場合

それぞれ扱い方に注意が必要だ。解体工事現場からは蛍光管が排出されることがあるが，蛍光管には水銀が含まれていれば，「水銀使用製品産業廃棄物」を扱う旨の申請が必要である。

石綿含有産業廃棄物はフレコンバッグ等の容器を使って他の品目と混ざらないように運搬しなければならない（第１章参照）。

蛍光管を収集運搬する際は「水銀使用製品産業廃棄物」に該当することを

知っておく必要がある。また，排出事業者が水銀を排出する際に注意すべき点も整理しておくとよい。

昭和30～40年代に製造された古い照明器具にはPCB使用安定器が使用されていることがある。解体工事では排出される可能性があるので注意が必要だ。PCB廃棄物は「特別管理産業廃棄物」に該当するため，本書では詳述していないが，環境省から収集運搬にあたってのガイドラインも出されている。

【参考】水銀廃棄物（産業廃棄物）の分類について

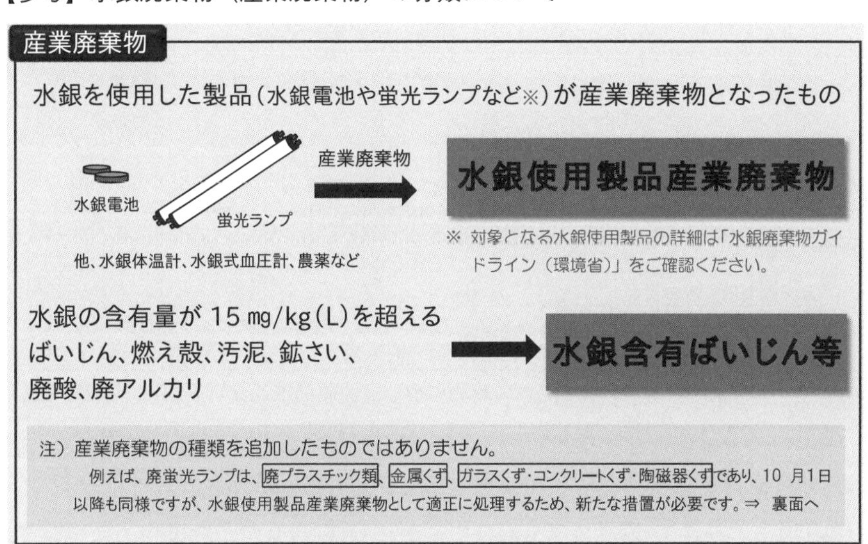

出典：神奈川県環境農政局環境部資源循環推進課（平成29年10月作成）

【参考】水銀廃棄物の処理について排出事業者が注意すべきこと

保　管

産業廃棄物保管場所	
廃棄物の種類	■■■■■■■■■■■■■■■■
管理者の氏名又は名称及び連絡先	
最大保管…	
最大保管…	

例：廃プラスチック類（水銀使用製品産業廃棄物を含む。）、金属くず（水銀使用製品産業廃棄物を含む。）、・・・・

□ 水銀使用製品産業廃棄物又は水銀含有ばいじん等
　保管施設にそれらが含まれることを掲示しているか（例：右図）

□ 水銀使用製品産業廃棄物
　他の廃棄物と混合するおそれがないよう仕切りを設ける、専用の容器に入れるなどの措置を講じているか

□ 廃水銀等
　飛散・流出・揮発防止、高温にさらされないための措置及び腐食防止措置を講じているか

処理の委託　※ 委託の具体的な手順はパンフレット「産業廃棄物の適正処理のために」を参照してください。

処理業者の選定

□ 委託する水銀廃棄物の収集運搬又は処分の許可を受けた事業者であるか
　※ 処理業者の事業内容は、許可証の内容の他、直接処理業者に問い合わせるなどにより確認してください。

□ 水銀の回収義務がある水銀廃棄物の中間処理を委託する場合、水銀を適切に回収できる業者か

水銀体温計など一部の水銀使用製品が産業廃棄物になった物や、水銀を 1,000 mg/kg(L) 以上含有するばいじん等について、中間処理業者に水銀回収義務が追加されました（平成 29 年 10 月 1 日から）。

委託契約の締結

□ 水銀使用製品産業廃棄物又は水銀含有ばいじん等が含まれることについて契約書に明記し、廃棄物データシート（WDS）の添付などにより性状等を明らかにしているか
　※ 平成 29 年 10 月 1 日時点で現に締結している契約書は更新時に（自動更新の場合は覚書等により）対応

産業廃棄物管理票（マニフェスト）の交付

□ 水銀使用製品産業廃棄物又は水銀含有ばいじん等は、産業廃棄物の種類の欄にそれらが含まれる旨と数量を記載しているか　（例）水銀使用製品産業廃棄物（蛍光ランプ）　数量：20 本

出典：神奈川県環境農政局環境部資源循環推進課（平成29年10月作成）

アスベストは重大な健康被害をもたらすことが知られている。そのため，扱いは特に慎重を要し，環境省の処理マニュアルも緻密に作成されている。

以下にフローと定義の図表を掲載するが，「石綿含有産業廃棄物」について，「飛散防止措置」をとることと「他の廃棄物と区別すること」を覚えておく。

【図表 3-1】廃石綿等又は石綿含有廃棄物の処理フロー

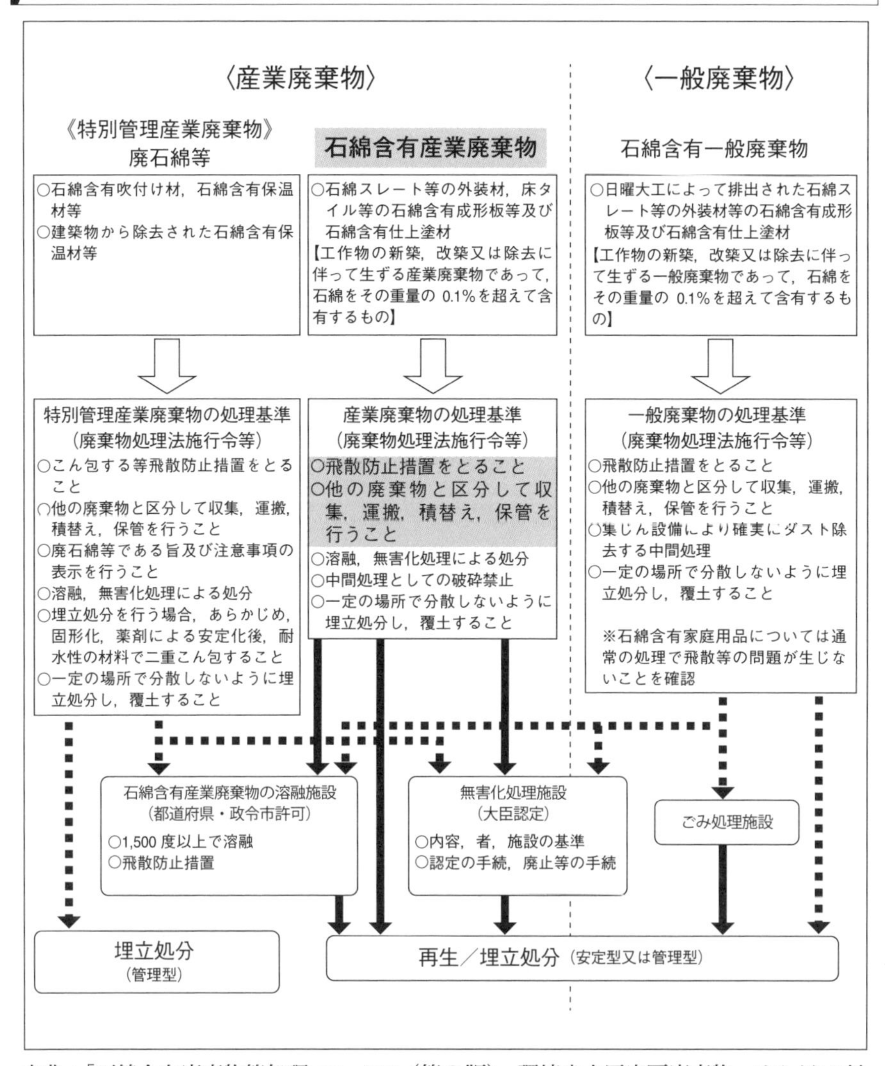

出典：「石綿含有廃棄物等処理マニュアル（第３版）」環境省大臣官房廃棄物・リサイクル対策部（令和３年3月）

【参考】石綿含有廃棄物等の定義

1.2　定義

1.2.1　石綿含有廃棄物等の定義

「石綿含有廃棄物等」とは，「廃石綿等」及び「石綿含有廃棄物」のことを示す。「廃石綿等」及び「石綿含有廃棄物」の定義の詳細は，以下に示すとおりである。

1.2.1.1　廃石綿等の定義

廃石綿等とは，次に掲げる①～⑤をいう。

① 建築物その他の工作物（以下，「建築物等という」に用いられる材料であって石綿を吹き付けられたものから石綿建材除去作業により除去された当該石綿

② 建築物等に用いられる材料であって石綿を含むもののうち石綿建材除去事業により除去された次に掲げるもの

イ　石綿保温材

ロ　けいそう土保温材

ハ　パーライト保温材

ニ　人の接触，気流及び振動等によりイからハに掲げるものと同等以上に石綿が飛散するおそれのある保温材，断熱材及び耐火被覆材

③ 石綿建材除去作業において用いられ，廃棄されたプラスチックシート，防じんマスク，作業衣その他の用具又は器具であって，石綿が付着しているおそれのあるもの

④ 特定粉じん発生施設が設置されている事業場において生じた石綿であって，集じん施設によって集められたもの

⑤ 特定粉じん発生施設又は集じん施設を設置する工場又は事業場において用いられ，廃棄された防じんマスク，集じんフィルタその他の用具又は器具であって，石綿が付着しているおそれのあるもの

(参) 規則第１条の２第９項

1.2.1.2　石綿含有廃棄物の定義

石綿含有廃棄物とは，次に掲げる①及び②をいう。

①　石綿含有一般廃棄物

工作物の新築，改築又は除去に伴って生じた一般廃棄物であって，石綿をその重量の 0.1 %を超えて含有するもの

（参）規則第 1 条の 3 の 3

②　石綿含有産業廃棄物

工作物の新築，改築又は除去に伴って生じた廃石綿等以外の産業廃棄物であって，石綿をその重量の 0.1 %を超えて含有するもの

（参）規則第 7 条の 2 の 3

（出典：「石綿含有廃棄物等処理マニュアル（第 3 版）」環境省大臣官房廃棄物・リサイクル対策部（令和 3 年 3 月））

3 排出場所（積込み場所）

ヒアリング項目としては，「どんな作業をする現場なのか」，「業種はどうか」，「どんな品目が排出されるのか」といったことが考えられる。

例えば，依頼者が解体業者であれば，建設系産廃である「廃プラスチック類」「紙くず」「木くず」「繊維くず」「ゴムくず」「金属くず」「ガラス及び陶磁器くず」「がれき類」を扱うのではないかと想定し，工事や作業の内容を具体的に聞いてみるとよい。

4 搬入場所（荷降し場所・運搬先）

具体的にどこの中間処分場に廃棄物を運搬するのかを依頼者に確認する。予定する運搬先施設が依頼者が取得する許可品目について許可を有しているのかや，会社名（施設名）・許可番号を確認する。依頼者の計画が未定の場合は，行政書士が情報を提供しながら計画作成をナビゲートする。

都道府県により申請書に記載すべき範囲が異なり，運搬先の会社名・許可番号まで必要がないこともある。しかし，真の顧客価値を考えた場合，申請上求

められていない範囲であっても，ウェブサイトで「受入れ品目に問題がないか」について，許可情報や施設稼働の様子を確認する程度の手間はかけるべきである。

5 運搬施設

運搬施設には飛散防止措置が必要だが，具体的には「車両」と「容器」のことである。

どんな車両や容器を用いてどのように運搬するのかを確認する。解体業者であれば，車両はダンプやキャブオーバーを用い，容器はフレコンバッグを使うことが多い。

以下，東京都の手引に記載されている例である。

【参考】申請書

「事業計画（車両）」
・　ダンプ
「事業計画の概要」第1面に記載するすべての産業廃棄物を運搬。
ただし，土砂等禁止車両では，汚泥，ガラスくず・コンクリートくず及び陶磁器くず，がれき類の収集運搬は行わない。

「運搬に際し講ずる措置」
・　車両の荷台に直置きする場合は飛散防止のためシートがけを行う。
・　「事業計画の概要」第2面に記載する運搬容器は，転倒防止措置としてロープで荷台に固定して運搬する。
・　石綿含有産業廃棄物は破砕しないよう，他の廃棄物と混ざらないようにフレコンバッグに入れて運搬する。
　なお，石綿含有産業廃棄物（汚泥）については，排出時に措置された二重梱包の状態のまま運搬する。
・　水銀使用製品産業廃棄物（廃蛍光ランプ）は，他の廃棄物と混ざらないようにドラム缶（オープンドラム）に入れ，また，破砕することのないようにドラム缶（オープンドラム）の中に緩衝材を入れて運搬する。

- 水銀使用製品産業廃棄物（廃水銀電池）は、他の廃棄物と混ざらないようにドラム缶（オープンドラム）に入れて運搬する。
- 水銀含有ばいじん等（汚泥）についてはドラム缶（オープンドラム）に、水銀含有ばいじん等（廃アルカリ）についてはケミカルドラム（クローズドラム）に入れ、上蓋を確実に閉めて揮発を防止して運搬する。なお、ドラム缶は汚泥、動植物性残さ、ケミカルドラムは廃アルカリとは同一容器を使用しない。

出典：「産業廃棄物収集運搬業許可申請の手引」東京都（令和5年11月）

【図表3-2】産業廃棄物の飛散・流出防止の対策例

産業廃棄物	飛散・流出防止の対策例
燃え殻，ばいじん，鉱さい	容器：ドラム缶（オープンドラム），フレコンバッグ 車両：水密仕様ダンプ，密閉コンテナ車
汚泥	容器：ドラム缶（オープンドラム） 車両：水密仕様ダンプ，密閉コンテナ車，タンク車
廃油	容器：ドラム缶（クローズドラム） 車両：タンク車
廃酸，廃アルカリ	容器：ケミカルドラム(クローズドラム),プラスチック容器 車両：耐腐食性のタンク車
動植物性残さ，動物系固形不要物，動物の死体	容器：ドラム缶（オープンドラム） 車両：水密仕様ダンプ，密閉コンテナ車
動物のふん尿	容器：ドラム缶（オープンドラム） 車両：タンク車

※車両についてはp59，容器についてはp107を参照

出典：「産業廃棄物収集運搬業許可申請の手引」東京都環境局（令和5年11月）

【図表 3-3】石綿含有産業廃棄物等の飛散・流出防止の対策例，区分運搬の例

産業廃棄物	飛散・破砕防止の対策例，区分運搬の例
石綿含有産業廃棄物 （汚泥を含まない場合）	ダンプ車の荷台に仕切りを設け，他の物と区別してシートがけする。 破砕，変形しないように整然と積み重ねる。
石綿含有産業廃棄物 （汚泥を含む場合）	上記に加え，排出時に措置された二重梱包の状態のまま運搬する。
水銀使用製品産業廃棄物	段ボール型プラスチック製容器に緩衝材を入れ，荷台に載せる。
水銀含有ばいじん等	性状に応じた蓋付容器に密閉し，荷台に載せる。転倒防止のためロープで固定する。

出典：「産業廃棄物収集運搬業許可申請の手引」東京都環境局（令和 5 年 11 月）

【参考】容器・車両の例

オープンドラム

クローズドラム

フレコンバッグ

水密仕様ダンプ

蛍光灯容器

タンク車

Column 6

許可の合理化

廃棄物処理法の改正により，平成 23 年 4 月 1 日から「許可の合理化」がなされた。

合理化以前は保健所政令市（地域保健法に基づくもので，地方自治法に基づく政令指定都市とは異なる）への積み降しには，当該市の許可に加えて都道府県の許可も取得しなければならなかった。しかし，改正による合理化で，都道府県の許可があれば政令市の許可は原則不要になったのである。つまり申請手続が減ったというわけだ。

手続が減るということは行政書士にとってマイナスにも感じられる。しかし，その考え方はナンセンスである。法改正は頻繁に行われる。むしろ大きく変化するときこそ，行政書士が顧客に関与するチャンスになる。今までにないサービスを提供し，満足行く報酬を得られるように働きかけるべきである。

行政書士業務の目的は「国民の利便に資すること」であることも忘れてはならない。単に既存の手続を型どおりに代行するだけではなく，常に業務を開発していくことが求めれる。

3-3　申請区分の確定と許可取得可能性の判断

1 申請区分の確定

①　許可取得の必要性についての確定

「産業廃棄物に該当するのか（一般廃棄物ではないのか）」，「産業廃棄物に該当するのか」，「特別管理産業廃棄物の有無」といったことに加え，「積替え保管の有無」や「排出事業者から委託を受けるのか」についても確認する。

②　許可権者（申請先）の確定

申請先は排出場所（積込み場所）と搬入場所（荷降し場所）の自治体である。一般的には都道府県だが，政令市や中核市も許可行政庁となっている。事業計画上，政令市や中核内市に限った積み降ろしについては，市が申請先となるが，当該市で積み降ろす計画があっても，同じ都道府県の他市町村でも積み降ろす計画がある場合については，許可行政庁は都道府県となる。

平成27年に中核市の人口要件が30万人以上から20万人以上に緩和されたこともあり，中核市に移行する自治体は増える可能性がある。

なお，実際の申請窓口は各自治体本庁舎だけでなく，環境事務所の場合もある。東京都の場合は，都庁本庁舎の他に多摩環境事務所に申請することもできる。管轄が決まっている自治体もあるので注意が必要だ。

③　申請手数料の確定

申請区分が明確になると申請手数料も決まるため，顧客と面談する際には，申請手数料を事前に確認しておくべきである。

なお，東京都では庁舎内の金融機関で払い込むが，県では従来県証紙を購入するのが一般的であった。最近では一部の自治体でペイジーが導入されており，今後キャッシュレス化が進むと思われる。

【参考】申請手数料

[東京都]

<table>
<tr><td colspan="2">新規許可申請</td><td>81,000円</td></tr>
<tr><td rowspan="2">更新許可申請</td><td>積替え保管を除く。</td><td>42,000円</td></tr>
<tr><td>積替え保管を含む。</td><td>73,000円</td></tr>
</table>

[神奈川県]

<table>
<tr><th></th><th>産業廃棄物</th><th>特別管理産業廃棄物</th></tr>
<tr><td>新規許可</td><td colspan="2">81,000円</td></tr>
<tr><td>更新許可</td><td>73,000円</td><td>74,000円</td></tr>
<tr><td>変更許可</td><td>71,000円</td><td>72,000円</td></tr>
</table>

[大阪府]

業種	新規許可申請	更新許可申請	変更許可申請
産業廃棄物収集運搬業	81,000円	73,000円	71,000円
特別管理産業廃棄物収集運搬業	81,000円	74,000円	72,000円

※自治体によって手数料が異なることもある。東京都の場合は，更新申請の手数料が安い。

2 許可が取得ができない場合

①　欠格要件

申請法人に暴力団が関わっていたり，役員が過去に他社で廃棄物処理法違反をしていたりすると欠格要件に該当する可能性がある。他にも要件があるが，下部に示すフローチャートを参考にしてほしい。

顧客が欠格要件に該当するか否かを正確に把握することは困難である。裏付けをとることが難しいので，依頼者へのヒアリング内容を信じるしかない。聞きにくい内容だが，避けることはできない。

審査においては，許可権者は警察に犯歴等の照会をしている。収集運搬の許可では，建設業許可申請で必要な本籍地身分証明書の提出が不要であるが，それは許可権者が自治体に照会をしているためである。

【図表 3-4】欠格要件フローチャート①

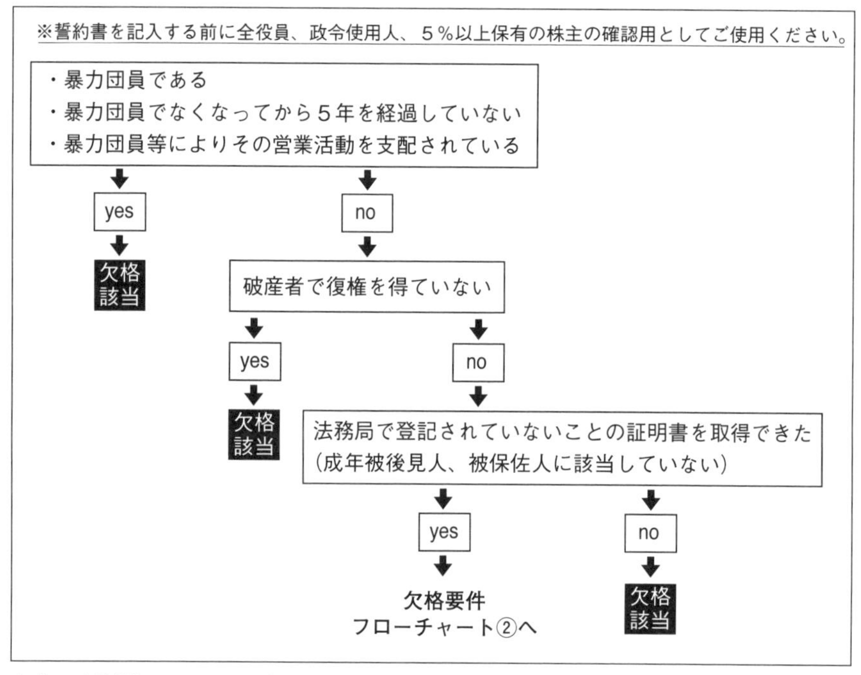

出典：大阪府ホームページ

【図表 3-5】欠格要件フローチャート②

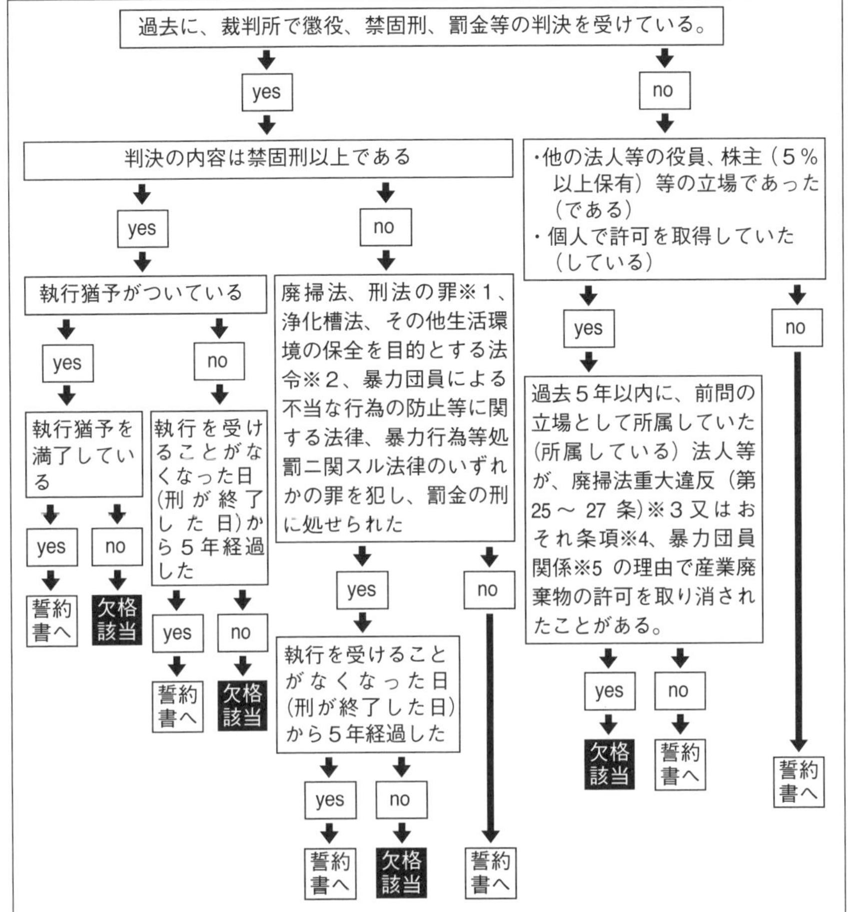

※１　刑法の罪：傷害（204条）、現場助勢（206条）、暴行（208条）、凶器準備集合及び結集（208条の2）、脅迫（222条）、背任（247条）
※２　その他生活環境の保全を目的とする法令：大気汚染防止法、騒音規制法、海洋汚染等及び海上災害の防止に関する法律、水質汚濁防止法、悪臭防止法、振動規制法、特定有害廃棄物等の輸出入等の規制に関する法律、ダイオキシン類対策特別措置法、ポリ塩化ビフェニル廃棄物の適正な処理の推進に関する特別措置法
※３　廃掃法重大違反（第25～27条）：野焼き等　詳しくは別紙参照（次ページ【参考】）
※４　おそれ条項：その業務に関し不正又は不誠実な行為をするおそれがあると認めるに足りる相当の理由がある者（法律第７条第５項第４号ト）
※５　暴力団員関係：暴力団員又は脱退後５年未満、暴力団員による不当な行為の防止等に関する法律の規定に違反し、刑に処せられた、暴力団員等がその事業活動を支配する者

出典：大阪府ホームページ一部改変

【参考】廃棄物処理法第25～27条

第25条　次の各号のいずれかに該当する者は，5年以下の懲役若しくは1,000万円以下の罰金に処し，又はこれを併科する。

1号　一般廃棄物又は産業廃棄物の収集運搬又は処分の業を許可なく行った者

2号　不正の手段により一般廃棄物又は産業廃棄物の収集運搬又は処分の許可を受けた者

3号　変更の許可を受けず一般廃棄物又は産業廃棄物の収集運搬又は処分の許可範囲外の業を行った者

4号　不正の手段により一般廃棄物又は産業廃棄物の収集運搬又は処分の変更の許可を受けた者

5号　事業停止命令，措置命令に違反した者

6号　委託基準に違反して廃棄物の処理を他人に委託した者

7号　名義貸しの禁止に違反して他人に一般廃棄物又は産業廃棄物の収集運搬又は処分を行わせた者

8号　一般廃棄物処理施設又は産業廃棄物処理施設を許可なく設置した者

9号　不正の手段により処理施設の設置許可を受けた者

10号　処理施設の①～④（①処理する廃棄物の種類②処理能力③位置，構造等の設置に関する計画④維持管理に関する計画）に関する事項を許可なく変更した者

11号　不正の手段により処理施設の変更の許可を受けた者

12号　環境大臣の確認を受けず，一般廃棄物又は産業廃棄物を輸出した者

13号　許可業者及びその他の環境省令で定められた者ではないのに産業廃棄物の処理を受託した者

14号　廃棄物をみだりに捨てた者

15号　廃棄物を焼却した者

16号　基準に従わず指定有害廃棄物（硫酸ピッチ）の保管，収集，運搬又は処分をした者

2項　前項第12号，第14号及び第15号の罪の未遂は，罰する。

第26条　次の各号のいずれかに該当する者は，3年以下の懲役若しくは300万円以下の罰金に処し，又はこれを併科する。

1号　委託基準又は再委託基準の規定に違反して，一般廃棄物又は産業廃棄物の処理を他人に委託した者

2号　改善命令に違反した者

3号　一般廃棄物処理施設又は産業廃棄物処理施設を許可なく，譲り受け，又は借り受けた者

4号　環境大臣の許可なく国外廃棄物を輸入した者

5号　廃棄物の輸入の許可に付せられた生活環境の保全上必要な条件に違反した者

6号　第25条第1項第14号又は第15号の罪を犯す目的で廃棄物の収集又は運搬をした者

第27条　第25条第1項第12号の罪を犯す目的でその予備をした者は，2年以下の懲役若しくは200万円以下の罰金に処し，又はこれを併科する。

出典：大阪府ホームページ

ここが実務のポイント④　欠格要件

次のような注意喚起がなされているのは，産廃業許可の特徴ともいえる。

○　欠格事項について（平成30年3月）

最近，法人役員等が欠格事項に該当したことによる不許可や許可取消が多くなっています。

講習会を受講する前，申請を行う前には必ず，法人役員等が欠格事項に該当しない

ことをご確認ください

なお，法人役員等には，取締役，執行役，相談役，顧問，法人に対し業務を執行する社員，発行済株式総数の100分の5以上の株式を有する株主又は100分の5以上の額に相当する出資をしている者及び政令で定める使用人を含みます（埼玉県ホームページ）。

許可業者の法人役員等が欠格要件に該当した場合には，次のような届出が必要である。

【参考】欠格要件該当書（様式 25）施行細則様式第 18 号の２

（特別管理）産業廃棄物処理業者に係る欠格要件該当届出書

年　月　日

長野県知事　　　　殿

申請者
住　所
氏　名
（法人にあつては、名称及び代表者の氏名）

廃棄物の処理及び清掃に関する法律 第 14 条の２第３項／第 14 条の５第３項 で準用する同法第７条の２第４項の規定により、欠格要件に該当したので、関係書類を添えて届け出ます。

（特別管理）産業廃棄物処理業の許可の年月日及び許可番号	年　月　日 第　　　号
該当するに至つた欠格要件及びその具体的事由	
欠格要件に該当するに至つた年月日	

（備考）１　該当するに至った欠格要件は、廃棄物の処理及び清掃に関する法律第 14 条第５項第２号のイ（同法第７条第５項第４号のトに係るものを除く。）又は第 14 条の第５項第２号のハからホまで（同法第７条第５項第４号のト又は第 14 条第５項第２号のロに係るものを除く。）のうち該当するに至ったものを記入すること。
２　この届出書は、欠格要件に該当するに至つた日から２週間以内に提出すること。

②　債務超過（赤字）

債務超過とは，許可要件のうち「経理的基礎」に関する判断材料である。

「経理的基礎」とは曖昧な言葉だが，その判断は許可権者に委ねられている。

具体的には申請先都道府県の手引で要件の確認が必要であるが，一般には，直近の決算が債務超過であると「経理的基礎がない」と判断される。ただし，「直近決算の利益の計上の有無」等の要素を加味して判断する自治体もあるので，一様ではない。

債務超過は，財務諸表のうち貸借対照表（B／S）の「資産の部合計」より「負債の部合計」が大きくなっている状態である。創業時は資本金があるのでプラスでスタートするため，もし事業が順調で，継続的に利益を上げていれば，債務超過にはならないはずである。

ふつう「赤字」というときは，単に収支がマイナスであるということを意味することが多い。会社の決算でいえば，損益計算書（P／L）の話である。債務超過は，損益計算書ではなく，貸借対照表で見るということを覚えてほしい。つまり，「今まではしっかり売上があって利益を計上していたが，たまたま前年度が赤字になってしまった」という場合は，必ずしも債務超過とはなっていない。直近決算の損益計算書を確認して利益が計上されていなくても，貸借対照表で債務超過でなければ経理的基礎はあると判断されるということだ。

ここが実務のポイント⑤　債務超過

債務超過の場合でも，改善計画を提出することで許可取得が可能な場合がある。

手引には，改善計画や事業計画の記載例があるが，その計画は裏付け資料が求められていない点で比較的緩い審査となっている。ただし，それらの計画には税理士・公認会計士・中小企業診断士の資格証明が必要となる。計画の実現可能性に一定の根拠を持たせるためである（ただし，計画の内容に対して，それらの資格者が産廃業の法令上特別の責任を負うわけではない）。

ここでのポイントは，改善計画の根拠が乏しくとも，形式的な書面を作成して許可がとれてしまう場合があるということだ。しかし，士業として考えるべきは真の顧客価値である。債務超過の状態で事業を行うことが顧客にとって本当に必要なことなのかを掘り下げて検討し，最善策を練ることが重要なはずである。許可を断念することが，むしろ顧客のためかもしれない。その点も考慮したアドバイスこそ行政書士の腕の見せ所である。

3-4　顧客のビジネスを成長させる

1 許可業者としての責務（許可後に必要な事項）

第４章「**4-7　アフターフォロー（申請後）**」(p194) で解説する許可後の手続を確実にアナウンスする。展開によっては，他県での許可を追加で取得するなど，次の業務につながる可能性がある。営業的な意味でもナビゲートが大切である。

2 排出事業者から選ばれる許可業者とは

排出事業者は，優良な委託先を探している。委託先がいい加減な処理をすると，自身も責任を負うことになるからだ。法令に則り適正な処理をすることをより徹底し，外部に強調することで，許可業者として高評価が得られ，取引先にも喜ばれるはずである。

産業廃棄物の委託先については，東京都環境局のパンフレットでは次のような注意喚起をしている。

【こんな業者は危ない！】

- ▶　許可証を見せない。
- ▶　処理費用が安すぎる。
- ▶　何でも処理できると豪語する。
- ▶　処理場内が汚れている。
- ▶　廃棄物が大量に積み上げられている。

簡単なことばかりのようだが，裏を返すとこのような現実があるということである。これらの逆が優良業者ということだ。

- ▶　許可証を積極的に提示し，許可品目の確認を行う。
- ▶　根拠のある適正な価格を設定し，安易な値引きに応じない（応じられない根拠が示せる）。
- ▶　許可のない品目の処分を依頼されても断る。
- ▶　劣化した運搬容器を使わない。
- ▶　車両に産業廃棄物を積み込み過ぎない。

3 優良事業者制度

①　優良産廃処理業者認定制度（環境省）

通常の許可基準よりも厳しい基準に適合した優良な産廃処理業者を，都道府県・政令市が審査して認定する制度である。

優良産廃処理業者は，産廃情報ネット「さんぱいくん」（http://www2.sanpainet.or.jp/index.php）にて閲覧・検索が可能となっている。「遵法性」，「情報公開性」，「環境保全への取組み」といった点で体制が整っている業者といえる。

廃棄物管理の担当者実務本には，「優良事業者の見分け方」を解説していることが多く，優良事業者であることはビジネス上メリットが大きい。目先の利益で安価に受注することがリスキーであることを顧客に認識してもらえるよう対応する。

②　都道府県独自の優良認定制度

東京都には，法令に定められた許可基準よりさらに高い水準にある業者を第三者評価機関が認定する制度がある。①の優良産廃処理業者認定制度と併せて認定を受けることができれば，対外的に信用力を上げることができる。

第4章 業務手順(依頼者とのコンタクトの方法や頻度を想定する)

業務は「要領よく」進めなければならない。手引を読みながら順を追って進めば申請は可能だが，要領を考えずに業務を進めると時間を浪費するばかりで利益につながらない。何より，段取りの悪さは依頼者に迷惑をかけることになる。要領よく進めるためには経験がいるが，本章では，未経験者が業務手順を身に付けてロードマップが描けるよう，具体的な段取りを解説する。

【本章のポイント】

- ▶ 「講習会修了証」と「車検証（自動車検査証記録事項）」は最初に確認する。
- ▶ 許可が見込めたら，すぐに申請予約をする。
- ▶ 顧客が考えている事業計画をヒアリングする。
- ▶ ロードマップを示すため，「課題」「確認事項」「必要書類」を明確にする。
- ▶ 受任するためには，「受任前の準備」が必要である。
- ▶ 面談には委任状を持参する。
- ▶ 決算書は早い段階で確認する。
- ▶ 直近決算が債務超過だった場合は，慎重な検討が必要である。
- ▶ 業務時間から報酬を見積もるため，依頼者への訪問回数を想定する。
- ▶ 申請直前の申請書類準備は意外と時間がかかる。
- ▶ 申請日当日は，必ず申請を受け付けるべく準備する。軽微な追加資料や確認であれば，申請を受理した上で後日「補正対応」が可能である。

【図表4-1】「引合い」から「業務完了」までのフロー

1　電話による問い合わせ（事前ヒアリング）

2　メール連絡（講習会修了証と車検証（記録事項）を事前確認）

3　面談前事前準備（登記情報を確認）

申請区分と申請先都道府県の「想定」

4　面談（見積・受任・申請予約）　※訪問①

事業計画のヒアリング
申請手数料・報酬の案内
直近決算の内容を確認
▶貸借対照表（B/S）で債務超過の有無
▶損益計算書（P/L）で損失の有無を確認
申請区分と申請先都道府県の「確定」
委任状の作成（委任意思の確認）

5　必要書類手配・申請書作成　※訪問②

車両の撮影・申請書記載内容の確認

6　申請

7　許可後　※訪問③

許可証の手渡し・許可後の手続や許可業者としての留意事項案内
※訪問回数はケースバイケース

行政書士の主要な許認可業務として，「建設」「宅建」「産廃」と並べられることが多い。「建設」「宅建」と比べて，産業廃棄物収集運搬業許可申請には次の２つの特徴がある。

①　複数の都道府県の許可を持つ顧客が多い（「建設」「宅建」には複数の知事許可という考え方がない）

②　新規と更新の申請内容がほとんど同じである

【図表 4-2】申請手続の流れ

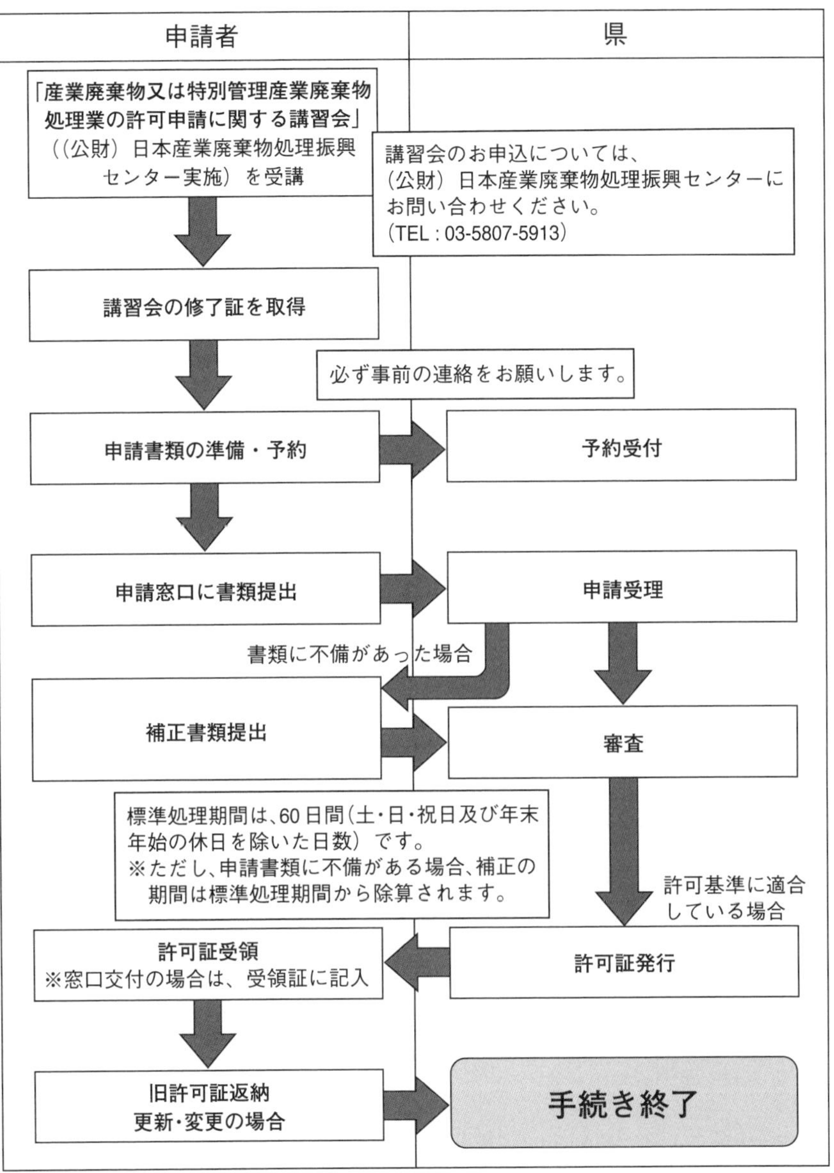

出典：「産業廃棄物・特別管理産業廃棄物収集運搬業許可申請等の手引き（積替・保管を除く）」神奈川県（令和５年９月）

4-1　依頼者をナビゲートする

1「聴く」こと

①　講習会受講の有無

受講したのは確かに役員かを修了証と登記情報を照合して確認する。

②　車両と駐車場の使用権原

車検証（記録事項）と駐車場の使用権原（所有・賃借・リース）と車種に問題はないかどうかを確認する。

③　産業廃棄物収集運搬の事業計画

依頼者の事業概要や許可取得の動機をヒアリングし，依頼者の要望を正確に把握する。あわせて，許可申請の区分を確定させる。

④　設備（車両）

どんな品目を，どこからどこまで，「どのように運ぶ」予定なのかをヒアリングし，そのための設備（通常は車両）の準備はどうなっているか確認する。

⑤　直近の決算状況

債務超過でないことの確認は早い段階ですべきである。しかし，情報の性質上，引合いの段階で確認することが難しい場合もある。最初の訪問時に「決算月は何月か」や「決算書のご準備をお願いします」等と軽く話題にしておくとよい。申請を急ぐ場合は，単刀直入に「決算内容が許可の条件に関わりますので先に拝見してよろしいですか」と断って確認する。

⑥　申請日（自治体に申請日の予約）

いつまでに取得する必要があるのか，依頼者の要望を聞いておく。許可と受任について見込めれば予約をとる。

2「話す」こと

①　許可見通しと課題について

依頼者が許可証を受領するまでのスケジュールを説明する。最短予約日は前後するが，概ね次のイメージである。

「申請日１か月程度先（最短予約日）」＋「審査期間２か月半」≒合計 4～5 か月先

依頼者に納期を伝える際は，「多少前後します」と幅を持たせるとよい。実際，想定より時間がかかることも少なくない。余裕を持ったスケジュールを案内するくらいでちょうどよい。

依頼者が急いでいる場合は「最短で〇頃」という案内が必要なこともあるが，依頼者の資料準備や役所の審査期間についてはコントロールできないため，その点は先に伝えておくとトラブル防止になる。

②　依頼者が準備すべき必要書類

手配を頼む書類についてリストを渡す方法もあるが，口頭で簡単に伝えた上で「後程改めて整理してメールします」とするのもよい。メールは簡単な議事録の代わりにもなり，双方の共通認識を確認できる。

手引記載の一般的な必要書類案内をそのまま渡すのは避けた方がよい。依頼者の状況により，必要な書類が異なるからだ。必要なものだけを絞り込んで依頼者に伝えるのが丁寧である。

③　ロードマップ

作成にあたり不確定要素がある場合は，「確認して改めてメールさせて頂きます」と保留し，後日フォローする。依頼者は「自分が何をすべきか」を気にしている。依頼者がすべきことと事務所ですることを明確にすることが大切である。

④　連絡手段

依頼者への連絡手段を聞き出すことで，業務遂行の意思確認とする。面談の場で依頼者の携帯電話にワンコールしてホットラインを確保するのも一つである。

3「決める」こと

①　許可取得見込みがあり受任できる場合

なるべく早い段階で申請日の予約をする（依頼者とゴールを共有する）。公的書類の手配や，写真の撮影等，どちらが何を準備するか役割分担を決める（この役割分担をどうするかは面談の中で顧客の様子を見て決めることも必要である）。

②　許可取得について課題がある場合

クリアできていない条件について，クリア可能か否か明確にして，申請時期の見通しを立てる。

③　申請できない場合

原因を明確にして，どのように改善すれば許可取得見込みが立つのか伝える。

4-2 「引合い」から「面談」まで

【業務遂行チェック項目（簡易版）】

□「新規」「更新」「変更届」のいずれの手続か　（※他に「変更申請」もあり得る）

新規の場合……許可全般について概要の説明が必要。

更新の場合……許可期限と許可情報の正確な把握が必要。

更新の前に必要な変更届がないか。

□特別管理産業廃棄物の扱いはあるか

ある場合，申請区分は別になる。

□積替え保管はあるか

ある場合，許可取得の見込みについて慎重な確認が必要となり，業務の難易度が上がる。

□申請先の都道府県はどこか（申請先自治体数）

排出場所（積込み場所）と運搬先（荷降し場所）の確認。

□役員の講習会受講は済んでいるか

受講が済んでない場合，すぐに講習会への申し込みをする。

□車検証（記録事項）の「所有者」「使用者」「有効期限」に問題ないか

使用者が申請者名義になっていない場合は対応が必要（社長の個人名義に注意）。

□直近決算に「債務超過」がないか

債務超過の場合は対応が必要。

1 初回電話（第一報）

修了証と車検証（記録事項）をメール等で送ってもらうとともに，「積替え保管」，「特管の有無」について確認する。あわせて申請先，申請期限についても聞いておく。

以下は電話で話すか，メールで伝えるかは，展開次第である。「とりあえず面談」ということで，事前情報なく面談に臨む場合もある。

▶ 車両台数

▶ 申請手数料と報酬目安（加算可能性がある場合は加算事由）

▶ 許可取得を考えたきっかけ（事業計画に具体性を持たせる材料になる）

▶ 訪問日（写真撮影の旨）

※ 電話後のメールのやりとりで面談前にある程度情報が整理される場合もあるし，面談で一からスタートの場合もある。

そのほか，車検証（記録事項）の使用者・所有者・有効期限・ディーゼル規制指定装置の装着有無や，修了証の氏名（役員）・課程・修了日の確認などがある。

初回電話後は，申請先都道府県の手引を確認しておく。申請経験者の場合は，経験則が逆に失敗につながらないようにローカルルールを確認しておくとよい。

ここが実務のポイント⑥｜見込み客とのファーストコンタクト

見込み客との初めての電話で長く話すことはできない。「とりあえず会って話します」と言われることも多く，面談（＝受任機会）のセッティングが重要である。

とはいえ，なるべく最低限の情報は事前に聞き出したい。見込み客の情報が少ないほどロードマップの想定が複雑になり，見積額にも影響するからだ。ロードマップの精度が高いほど受任の可能性は高く，業務も効率的になる。

少なくとも，「講習会修了証」と「車検証（記録事項）」は面談前に確認しておきたい。

面談の場ではやるべきことや話すべきことが多いため，なるべく想定外の展開にならないように，筆者は登記情報も面談前に確認するようにしている。受任前に動くことは無駄なコストにもなり得るが，事前準備なくして面談時にロードマップを提示することは困難である。許可の見通しをもって面談に臨めば，見込み客に「さすが専門家だ。このまま頼んだ方が早そうだな」と感じさせることができる。事前準備は営業活動の一環と考えるとよい。

2 面談の事前準備

▶　依頼会社のホームページ，紹介者からの情報，登記情報等で見込客の事業概要・事業規模・その他会社情報を全体的に把握する。

▶　手引から必要書類リストと記載例を出力する。既に把握した情報を記載するとともに，面談でヒアリングすべき事項を整理する。

ここが実務のポイント⑦ オンライン面談

昨今の情勢を受けて，オンライン面談が急速に普及した。訪問面談に比べ大幅に業務の効率化が可能な上，遠方の依頼者にも対応しやすくなった。とはいえ，まだ過渡期である。書面による業務が残っている以上，実際の面談（いわゆる「リアル」や「アナログ」）も必要だ。オンライン面談では資料の確認や信頼関係の構築が難しいという難点もある。顧客や業務内容を見極めながら手段を使い分けることが大切である。士業として本人確認義務があるが，オンライン面談の際には，画面上で依頼者に運転免許証等の顔写真付本人確認証を提示してもらい，画面をキャプチャーするとよい。

3 メール等による事前連絡

依頼者に事務担当者がいるか，又は依頼者自身が事務作業を苦にしない様子であれば，可能な限り面談前にメールで書類案内や確認を行う。忙しそうなときや書類に不慣れな様子があれば，無理に頼まず「詳しくは面談で」と案内する。

ここが実務のポイント⑧ 臨機応変な段取り

本書では業務のステップごとに要領を解説している。しかし，現実には事案ごとに事情が異なり，完全にマニュアル化することは難しい。よって，顧客とのコミュニケーションを大切にし，臨機応変に対応してほしい。本書で解説するステップは，あくまで初心者が失敗しないための手がかりに過ぎない。役所や大企業でない限り，固定化されたフローを相手に求めることはできない。柔軟な段取りこそが小規模事務所の強みであり，顧客が行政書士に依頼するメリットである。

4-3 「面談」から「受任」まで

正式に依頼されるタイミングは，ほとんどが面談の場である。引合いの段階で依頼する意思を告げられることもあるが，許可要件の確認と報酬の合意が確実にできているわけではない。面談前の電話・メールの段階で，条件と報酬について多少でも話ができていると，面談の場でそのまま業務遂行できる可能性がある。例えば、申請書記載項目の確認、車両・容器の撮影、委任契約の締結である。口頭でおおよその費用に合意できていれば、面談後に見積書や請求書を発行することでスムーズに進められることもある。本来は順序立てて進めるのが確実であるが、顧客の様子を伺いながら臨機応変に対応する。

段取りの良さを顧客に感じてもらうことが、受任率・顧客満足度を高めることにつながる。

1 ヒアリングと要件確認

①　面談時の準備書類

面談日当日には次の６点を忘れずに持参する。

①　申請書記載例一式

➡ヒアリング・メモ用として使う

②　業務委任状（業務委託契約書・委任契約書）

➡申請用として委任状があるとよい

③　委任状（法人税納税証明書　請求用）

➡ e-Tax でデータを取得するのが便利であるが、依頼者が慣れておらず、書面の手配（郵送・窓口）を頼まれることも多い。

④　委任状（登記されていないことの証明書　請求用）

➡提出が不要な自治体もあるため事前に確認する

⑤　預り証

⑥　申請必要書類リスト

➡手引記載のリストを出力したものでもよい

なお，面談時に依頼者に用意してほしいものは以下のとおり（事前の案内メールにより，訪問前に取得可能な場合もある）。

① 車検証（記録事項）
② 修了証
③ 定款
④ 登記簿
⑤ 許可証（他県で収集運搬業許可を取得している場合）
⑥ 決算書直近３年分コピー
⑦ 代表印（委任契約書に押印が必要な場合等）
※現在、申請書類は原則押印不要である。

初回面談で許可が見込める場合は，面談時に委任状に捺印してもらうことも可能である。現場の雰囲気や顧客の様子によって臨機応変に対応する。

ここが実務のポイント⑨｜代表者印（会社実印）

代表者印（会社実印）は代表取締役の氏名・生年月日とともに法務局に登録されている。法人の意思を示すものであるため，本来気軽に押印を求められるものではない。会社の規模が大きいほど印鑑管理は厳重で，あらかじめ話をとおしておかないと急に用意できないことがある。とはいえ，行政書士の顧客の大半は中小規模の事業主であり，急な場合でも「いいよ，いいよ。」という具合で社長自ら簡単に押印してくれることが多い。それでも，専門家として代表印の認識はしっかりともっておくべきである。

なお，代表者印の登録を示す証明は法務局で取得する「印鑑証明書」であるが，個人の実印証明は，市区町村発行の「印鑑「登録」証明書」である。

Column 7

とりあえず必要書類を教えてください

引合い段階で見込み客から必要書類の案内を求められることがある。しかし，許可申請はそう単純ではない。定型的な申請であれば案内は比較的容易である。公式の書類案内をそのまま伝えればいいからだ。しかし，実際には事案ごとに必要書類が多少異なる。

例えば，産業廃棄物収集運搬業許可において，役員でない者が講習会を受講した場合，「政令使用人（令第６条の10に規定する使用人）」の証明書が必要になる。また，車両を転貸している場合，自治体によっては使用承諾書が必要となる。もちろん，書類の追加・変更はその都度案内すればいいのだが，「一度にまとめて案内してほしい」と考える顧客もいるので，最初に「ヒアリング後でないと必要書類は確定できない」旨を案内しておく。

相続業務や入管業務においては，事案によって必要書類の幅が大きい。つまり，必要書類を確定していく作業自体が業務であり，確定的な必要書類の案内は専門家サービスといってよい。

②　ヒアリング事項

ヒアリングのポイントは，何気ない会話の中で依頼者の情報を立体的に把握していくことである。事務所内や従業員の様子をそれとなく観察したり，社長（担当者）のルーティーンを話のきっかけにしたりしながら，「社長様は普段は事務所にいらっしゃることが多いんですか？」という具合で切り出してみる。依頼者は自ら話をつなげてくれ，結果的に，特別な質問をすることなく許可申請の動機や事業展開について自然に聞けることもある。

事前に依頼者に手配を頼んでいた書類を預かる際には，その場で内容を確認し，気付いた点は質問する。面談の場面では，緊張もあって細かい点を見落としてしまうことがあるが，手引や本書を参考にして，各書類のどの記載を確認すべきかを事前に明確にしておくとよい。

イ　講習会修了証確認

講習は受講したかどうかを確認し，未受講の場合は日程を案内する。修了票は人的要件が重要であるため，いつ誰が受けたのかをしっかりと確認する。受講した者が役員でない場合は，政令使用人（法第6条の10に規定される使用人）として，役員に準ずる地位であることを示して申請することになる。準備すべき書類としては以下のとおりである。

【役員と同様の書類】

- ▶　住民票
- ▶　登記されていないことの証明書

【政令使用人独自資料（※都道府県により異なる）】

- ▶　産業廃棄物処理委託契約の締結権限を有していることが確認できる書面
- ▶　役職がわかる組織図

【参考】

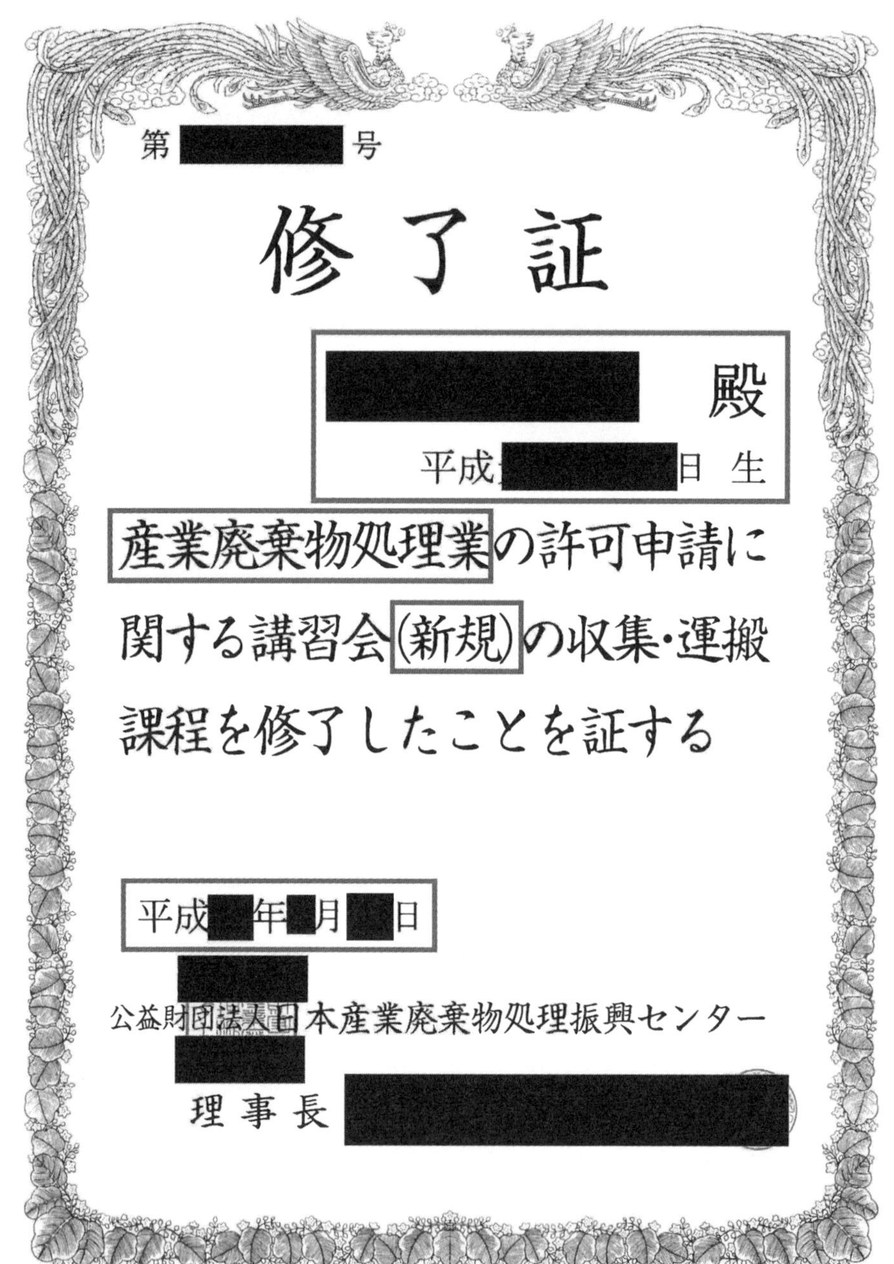

第　　号

修了証

殿

平成　日 生

産業廃棄物処理業の許可申請に関する講習会(新規)の収集・運搬課程を修了したことを証する

平成　年　月　日

公益財団法人日本産業廃棄物処理振興センター

理事長

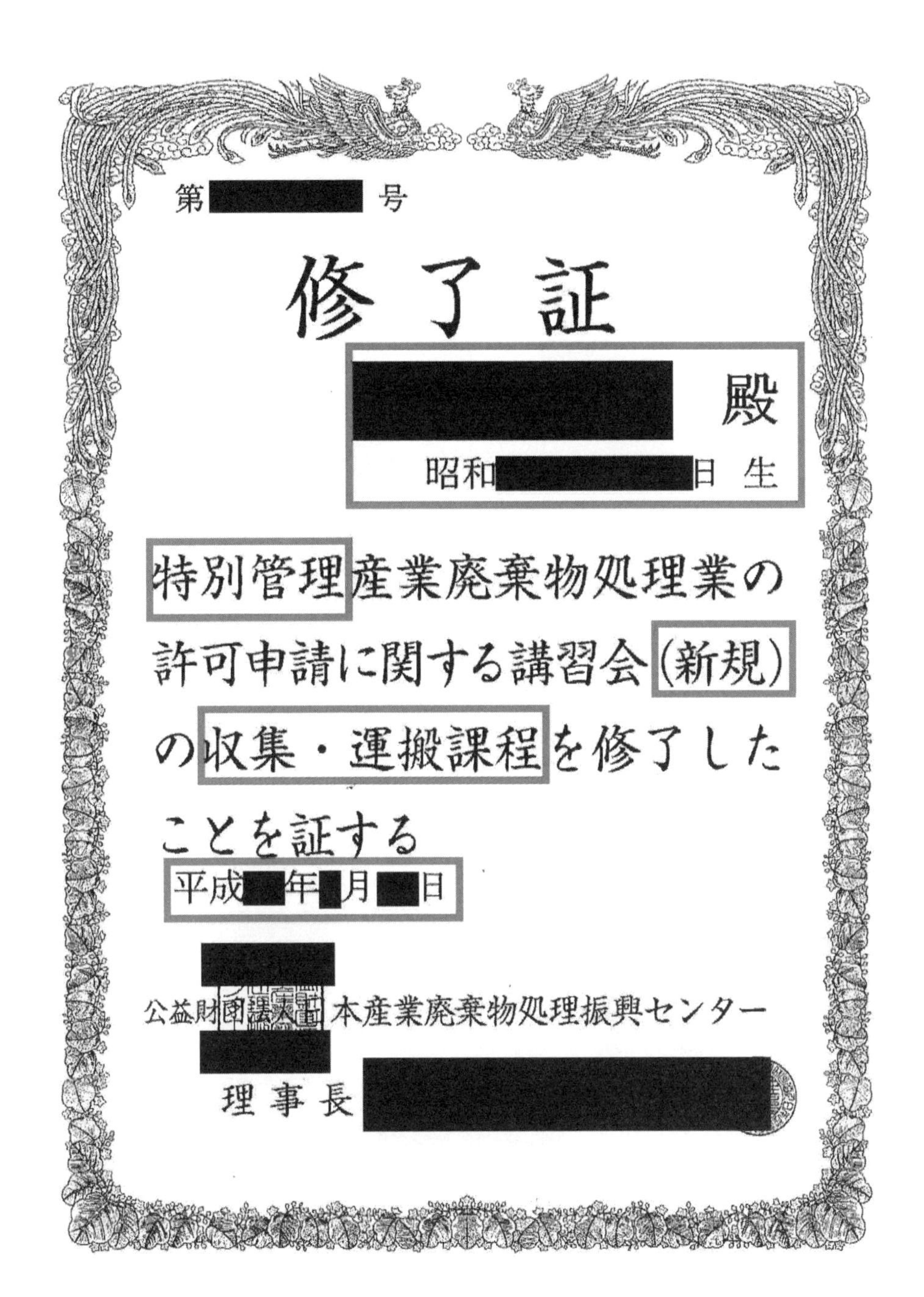
第　　号

修了証

殿

昭和　　日生

特別管理産業廃棄物処理業の許可申請に関する講習会（新規）の収集・運搬課程を修了したことを証する

平成　年　月　日

公益財団法人日本産業廃棄物処理振興センター

理事長

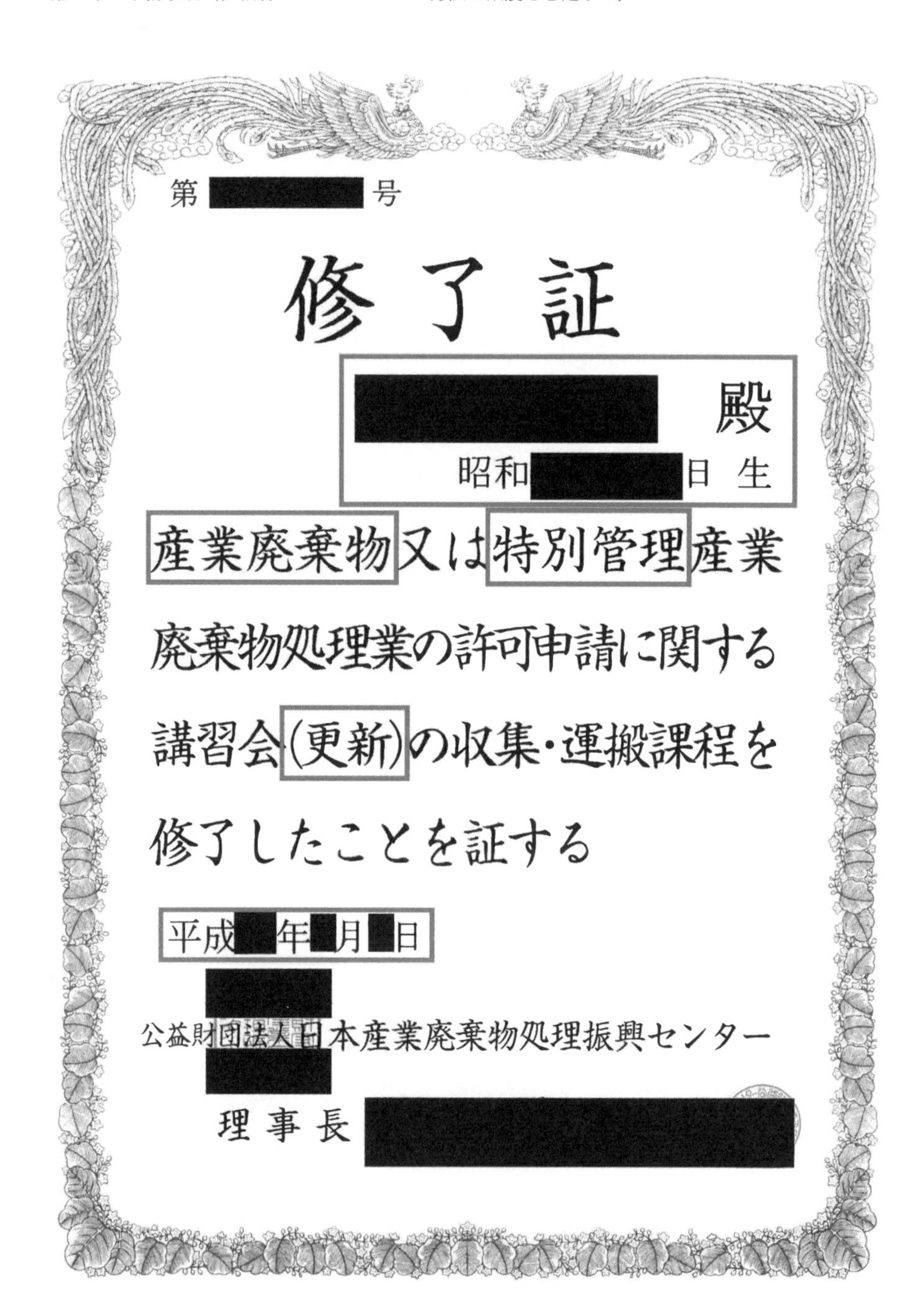
第■■■号

修了証

■■■■■ 殿

昭和■■■日生

産業廃棄物又は特別管理産業廃棄物処理業の許可申請に関する講習会(更新)の収集・運搬課程を修了したことを証する

平成■年■月■日

■■■
公益財団法人日本産業廃棄物処理振興センター
■■■
理事長 ■■■■■

なお，従前は申請時点で修了証を提出する必要があったが，現在は東京都等において，未受講であっても一定の条件（※）のもとで申請が可能になっている。当初は新型コロナウイルスの影響により講習会への参加が難しくなっていることによる措置であったが、その運用を経て現在の対応に落ち着いている。

（※）東京都では，講習会への申込書控えと所定の誓約書を提出することとされている。

【参考】

講習会修了証に係る誓約書

年　　月　　日

東京都知事　殿

申　請　者
住　　　所
氏　　　名
（法人にあっては，名称及び代表者氏名）

（特別管理）産業廃棄物処理業許可新規申請に当たり，下記１のとおり東京都知事認定講習会の修了証を申請日に提出することができませんので，下記２に挙げる２項目について誓約します。

１　東京都知事認定講習会の修了証を申請日に提出できない理由

・東京都知事認定講習会の試験予約を申請日よりも後の日程でしか取れなかったため。
（試験日：令和　　年　　月　　日　受講者氏名：　　　　　　　　　　）
※申請時に受講票の写しを提出します。

2　誓約事項

(1) 東京都知事認定講習会の修了証を都が定める期日までに提出できない場合，新規許可申請を取り下げます。
(2) 上記の場合，納入した新規申請手数料の返還を要求致しません。

【参考】

政令使用人に係る証明書

令和〇〇年〇〇月〇〇日

神奈川県知事　殿

次の者は，廃棄物の処理及び清掃に関する法律施行令第６条の10に規定される使用人であることを証明します。

氏　　名　　城山　二郎

本 籍 地　　神奈川県相模原市中央区中央▲▲

住　　所　　神奈川県相模原市緑区城山××

生年月日　　昭和20年9月9日

役　　職　　津久井支店長

所在地　神奈川県横浜市中区日本大通１番地
法人名　　神奈川環境株式会社
代表者　　　代表取締役　横浜　太郎

ロ　車検証（記録事項）

車両と駐車場の用意がどうなっているかについて，車検証（記録事項）と車両種類，ディーゼル規制に対する指定装置装着証明書を確認する。自己名義でない場合は書類作成が必要となる。詳細は「**4－5 3**」(p179）でも説明する。

また，「ハ　容器」と同様だが，撮影の段取りについて確認する（その場か後日か，誰がやるか）。営業所要件がある許認可であれば，営業所の使用権原や写真等の資料が必要な場合がある。収集運搬業ではそれらの資料は必要ないが，訪問場所が営業所でなかったり，登記上や名刺の記載と違っていたりする場合は確認した方がよい。なお，申請書には営業所の記載が必要である。

ハ　容器

容器を持っているかを現物又は写真で確認する。持っていない場合は購入を促す。

ニ　事業計画と車両・ルート

上記ヒアリングの中である程度把握できるが，「どこからどこに」，「何」を運ぶのかについて確認する。計画が具体的でない場合，ホームページや業者名簿の施設情報をもとにナビゲートするとよい。現実問題を話すことで申請書内の事業計画にも落とし込みやすくなるからだ。

また，「〇〇を運ぶのには許可が必要か」，「××は品目の何に当たるか」等，解釈や微妙な判断が必要な質問を受けた場合は，「それは確認が必要ですね」と回答するにとどめる。場合により，質問者の委託元である排出事業者とコンタクトをとる必要があるかもしれない。

ホ　財務状況

債務超過でないかを確認する。経常利益と自己資本比率がマイナスの場合は，「確認が必要です。すぐに許可を取得するのは難しいかもしれません」といった具合に回答をする。

最初にヒアリングしたい事項だが，内容の性質上，ある程度打ち解けてから確認した方がよい。ただし，初回面談で確認しておかないと，後に債務超過が発覚したときにトラブルに発展する可能性があるので注意する。

へ　欠格要件の確認

誓約書について説明するタイミングで欠格要件について確認するとよい。依頼者が欠格要件に該当していないことを正確に判断することは困難であるが，申請後に判明すると申請手数料が戻らないというアナウンスをしながら念を押しておく。

以下の項目については申請書に沿ってヒアリングを行う。

▶　株主名簿（法人税申告書別表二「同族会社等の判定」）

▶　公的証明書（住民票，登記されていないことの証明，履歴事項証明書，納税証明書）をどちらが用意するか

▶　定款

▶　営業時間，従業員数，運搬予定の廃棄物の分量

以下に，申請書の記載例を掲載するが，東京都の手引をベースに実務上のコメントをつけ足している（網掛け部分。白囲みのコメントは都の案内である）。

申請書は第１面から第３面までである（p139〜p141）。

申請者に関する情報や申請する許可品目のこと等，基本的な申請内容である。

次に事業計画の概要から誓約書まで第１面から第10面までである。

依頼者へのヒアリングとして最も注力すべきは第１面である。

第６面及び第７面は写真撮影が必要であるが，訪問時に撮影できればベターである。申請書類の作成というだけではなく，実体確認の意味合いもある。

写真は現像された写真を申請書にのり付けしてもよいし，画像を取り込んで写真台紙ごとカラーコピーする方法もある。

※吹き出し部分は筆者コメント

様式第六号（第九条の二関係）　　（第１面）　　新規・更新（更新に○）

産業廃棄物収集運搬業許可申請書

令和４年４月１日

東京都知事　殿

登記どおりに記載する。

申請者　〒　＊＊＊－＊＊＊＊
住　所　**東京都新宿区西新宿○丁目○番○号**
氏　名　**東京○○株式会社**

①
電話番号　０３－１２３４－＊＊＊＊
担当者名　**東京　一郎**
電話番号　０３－１２３４－＊＊＊＊
ＦＡＸ番号　０３－１２３４－＊＊＊＊

①電話番号を変更する場合は、「変更事項確認書」の「その他」欄に新旧の電話番号を記載してください。

…る法律第１４条第１項の規定により、産業廃棄物収集運搬業の許可を
…を添えて申請します。

②
・更新許可申請と同時に、産業廃棄物の種類を増やす場合や、石綿含有産業廃棄物、水銀使用製品産業廃棄物及び水銀含有ばいじん等を「除く」から「含む」に変更する場合、限定を「有り」から「無し」に変更する場合は、別途、変更許可の手続が必要となります（別に変更許可申請手数料がかかります。）。
・限定が「有り」の場合は、「（第１面）事業計画の概要」の該当する「産業廃棄物の種類」欄に限定内容を記載してください。

産業廃棄物の種類	
（区分）	積替え保管を　含む・除く（除くに○）。
（廃棄物の種類）	該当の品目に○をする。 1 燃え殻　(2) 汚泥　3 廃油　4 廃酸　(5) 廃アルカリ (6) 廃プラスチック類　(7) 紙くず　(8) 木くず　9 繊維くず (10) 動植物性残さ　11 動物系固形不要物　12 ゴムくず (13) 金属くず　(14) ガラスくず・コンクリートくず及び陶磁器くず 15 鉱さい　(16) がれき類　17 動物のふん尿　18 動物の死体 19 ばいじん　20 政令第13号廃棄物　以上 9 種類 （石綿含有産業廃棄物　含む（○）・除く　） （水銀使用製品産業廃棄物　含む（○）・除く　） （水銀含有ばいじん等　含む（○）・除く　） 限定　有り（○）　無し　限定は、事業計画の概要のとおり

②

③

事務所及び事業場の所在地		
	事務所	〒　＊＊＊－＊＊＊＊ **東京都新宿区西新宿○丁目○番○号** 電話番号 03-1234-＊＊＊＊
		〒　＊＊＊－＊＊＊＊ **東京都江東区東雲○丁目○番○号** 電話番号 03-2345-＊＊＊＊
	…先…場 …事業	〒 電話番号

産廃申請の場合は裏付け資料不要。登記上と異っていてもOK。

事業の用に供する施設の種類及び数量	運搬車両４台 他の施設（容器等）　有り（○）　無し
積替え又は保管を行う場合には、積替え又は保管を行うすべての場所の所在地及び面積並びに当該場所ごとにそれぞれ積替え又は保管を行う産業廃棄物の種類（当該産業廃棄物に石綿含有産業廃棄物、水銀使用製品産業廃棄物又は水銀含有ばいじん等が含まれる場合は、その旨を含む。）、積替えのための保管上限及び積み上げることができる高さ	
※　事　務　処　理　欄	

（日本産業規格　Ａ列４番）

（第2面）

既に処理業の許可（他の都道府県のものを含む。）を有している場合はその許可番号（申請中の場合には、申請年月日）

都道府県・市名	許可番号（申請中の場合には、申請年月日）
東京都	１３－２０－＊＊＊＊＊＊
埼玉県	０１１００＊＊＊＊＊＊
神奈川県	○○＊＊年＊＊月＊＊日申請
千葉県	○○＊＊年＊＊月＊＊日申請予定

④

④記入欄が不足する場合は、別紙を作成してください。

既に許可を受けている場合は，許可証写しを提出する。他県申請中（申請済）の場合は，受付印のある第1面写しを提出する。

申請者（個人である場合）

（ふりがな）氏名	生年月日	住所

氏名・名称、住所、本籍、役…い。

申請者（法人である場合）

（ふりがな）名称	住所
（とうきょうまるまる）東京○○株式会社	東京都新宿区西新宿○丁目○番○号

法定代理人（申請者が法第１４条第５項第２号ハに規定する未成年者である場合）

（個人である場合）

（ふりがな）氏名	生年月日	本籍／住所
（　　）		

（法人である場合）

（ふりがな）名称	住所

役員（法定代理人が法人である場合）

（ふりがな）氏名	生年月日／役職名・呼称	本籍／住所
（　　）		
（　　）		

役員（申請者が法人である場合）

（ふりがな）氏名	生年月日／役職名・呼称	本籍／住所
とうきょう　たろう 東京　太郎	昭和 26.1.1	東京都新宿区＊＊町一丁目２番
	代表取締役	東京都新宿区＊＊町五丁目６番７号
とうきょう　はなこ 東京　ハナコ	昭和 28.10.12	東京都新宿区＊＊町一丁目２番
	取締役	東京都新宿区＊＊町五丁目６番７号
きむ　さぶろう 金三郎	1965.8.3	＊＊国
	監査役	東京都新宿区＊＊町１０
とうきょう　おきな 東京　翁	昭和 …1.2	東京都新宿区＊＊町一丁目２番
	相談役	東京都新宿区＊＊町五丁目６番７号
ジョン　スミス トーキョー John Smith Tokyo	1987.3.7	＊＊国

⑤記入欄が不足する場合は、…

⑥

⑥本名がアルファベットで、名前の読みが住民票に記載…両方が併記されている書類を提出してください。

氏名・住所・本籍地は住民票どおりに記載する。住民票は本籍地・国籍記載のものを取得する。役員の人数が書面に収まらない場合は，「別紙のとおり」とし，別紙を作成する（この方法は，他の申請・手続にも応用できる）。

33

（第３面）

発行済株式総数の１００分の５以上の株式を有する株主又は出資の額の１００分の５以上の額に相当する出資をしている者（申請者が法人である場合において、当該株主又は出資をしている者があるとき）

発行済株式の総数	１０，０００　株	出資の額	１００万　円

（ふりがな） 氏名又は名称	生年月日	保有する株式の数又は出資の金額／割合	本籍／住所
（とうきょう　おきな） 東京　翁	第２面のとおり	７０００株	第２面のとおり
		７０％	第２面のとおり
（まるまるしょうじ） 有限会社 ○　○商事		１５００株	
		１５％	東京都新宿区＊＊町二丁目＊番＊号
（とうきょうまるまるかいしゃしゃいんもちかぶかい） 東京○○株式会社社員持株会		１５００株	
		１５％	

法人税申告書別表（二）「同族会社等の判定に関する明細書」を確認する。

令第６条の１０に規定する使用人（申請者に当該使用人がある場合）

⑦

（ふりがな） 氏　　名	生年月日／役職名・呼称	本籍／住所
（ほん　ぎるどん） HONG KIL DONG 洪　吉童 とうきょう　じろう （東京　次郎）	1970.7.12	韓国
	江東支店長	東京都新宿区＊＊町五丁目６番７号

役員以外が講習会を受講した場合
（役員が受講している場合は不要）

⑦外国籍で通称がある方は、本名、通称及びそれぞれのふりがなも記載してください。

備考
1　※の欄は記入しないこと。
2　「法定代理人」の欄から「令第６条の１０に規定する使用人」までの各欄については、該当するすべての者を記載することとし、記載しきれないときは、この様式の例により作成した書面に記載して、その書面を添付すること。
3　「役員」の欄に記載する役員とは、業務を執行する社員、取締役、執行役又はこれらに準ずる者をいい、相談役、顧問その他いかなる名称を有する者であるかを問わず、法人に対し業務を執行する社員、取締役又はこれらに準ずる者と同等以上の支配力を有するものと認められる者を含む。
4　２部提出すること。

※　手数料欄

34

変更事項確認書

更新申請の場合に必要
（新規申請の場合は不要）

更新許可申請に当たり、申請内容について次のとおりであることを確認します。
（１又は２のいずれかに○をつけること。）

⑧更新許可申請の場合は、必ず１又は２のいずれかに○をつけてください。
新規申請の場合は提出不要です。

１　変更事項はありません。全ての内容について、届出済みです。

②　変更事項があります。変更事項は下表のとおりです。

⑧

⑨上記「２」に○をつけた場合は、すべての項目について「有・無」のいずれかに○をつけてください。

変更の有無	変更事項	変更内容	
		変更後	変更前
有・㊀無	法人の名称、個人事業者の氏名		
有・㊀無	法人の本店所在地、個人事業者の住所		
有・㊀無	法人の代表者		
㊀有・無	役員、顧問、令第６条の１０に規定する使用人等	新旧役員等対照表のとおり	
㊀有・無	株主、出資者		
㊀有・無	運搬車両・船舶	運搬車両一覧のとおり	
㊀有・無	登録車両の使用する駐車場所在地	「事業計画の概要」第２面のとおり	東京都江東区東雲×丁目×番×号
有・㊀無	取り扱う産業廃棄物の品目の減少、積替え保管の廃止		
有・㊀無	政令市における積替え保管許可の有無	有・無	有・無
㊀有・無	その他（**連絡先**）	０３－１２３４－＊＊＊＊	０３－１２３４－%%%%

⑨

注　記入欄が足りない場合には、別途、用紙を作成し提出してください。
※　取り扱う産業廃棄物の種類を増やす場合など事業の範囲を拡大する場合は、別途変更許可の手続きが必要です。

新旧役員等対照表

更新申請の場合に必要
（新規申請の場合は不要）

・代表取締役、役員等、令第６条の１０に規定する使用人又は株主
い。
・この表の新（役員等、5%以上の株主等）の欄に記載した方のうち、都に登録がなく、今回新しく就任する方については、「番号」欄に○をしてください。

番号	新（役員、政令使用人、5%以上の株主等）	旧（役員、政令使用人、5%以上の株主等）
1	役職名等　代表取締役 氏 名 等　東京　太郎	役職名等　代表取締役・株主 氏 名 等　東京　太郎
2	役職名等　取締役 氏 名 等　東京　ハナコ	役職名等　取締役 氏 名 等　東京　ハナコ
3	役職名等　（辞任） 氏 名 等	役職名等　取締役 氏 名 等　江戸　一郎
4	役職名等　監査役 氏 名 等　金　三郎	役職名等　監査役 氏 名 等　金　三郎
5	役職名等　相談役・株主 氏 名 等　東京　翁	役職名等　取締役・株主 氏 名 等　東京　翁
6	役職名等　取締役 氏 名 等　ジョン　スミス　トーキョー	役職名等　取締役 氏 名 等　ジョン　スミス　トーキョー
⑦	役職名等　株主 氏 名 等　有限会社○○商事	役職名等 氏 名 等
8	役職名等　株主 氏 名 等　東京○○株式会社社員持株会	役職名等　株主 氏 名 等　東京○○株式会社社員持株会
9	役職名等　政令使用人（江東支店長） 氏 名 等　東京　次郎	役職名等　政令使用人（江東支店長） 氏 名 等　東京　次郎
１０	役職名等 氏 名 等	役職名等 氏 名 等
１１		
１２		
１３	役職名等 氏 名 等	役職名等 氏 名 等
１４	役職名等 氏 名 等	役職名等 氏 名 等
１５	役職名等 氏 名 等	役職名等 氏 名 等

・この対照表は更新許可申請で代表取締役、役員等、政令使用人、株主等に変更がある場合のみ提出してください。
・提出する場合は、代表取締役、役員等、政令使用人、株主等のすべての方について記載してください（例えば、役員等のみの変更の場合であっても、代表取締役、政令使用人、株主等についても記載してください。）。

（第１面）

36

申請書類中、最重要と考える。この内容をヒアリングせずに書面作成することはできない。顧客に具体的な計画がない場合でも，見込みレベルで作成を支援するのが行政書士の仕事である。

事業計画の概要

１．事業の全体計画（変更許可申請時には変更部分を明確にして記載

主に、東京都内の建設現場から排出される建設系廃棄物、食料品
性残さ（食品残さに限る。）、製造業者から出る廃アルカリ、水
事業者が指定する処理施設へ運搬する。

２．取り扱う産業廃棄物（特別管理産業廃棄物）の種類及び運搬量等

⑪

	（特別管理）産業廃棄物の種類	運搬量（t/月又はm³/月）	性状	予定排出事業場の名称及び所在地	積替え又は保管を行う場合には積替え又は保管を行う場所の所在地	予定運搬先の名称及び所在地（処分場の名称及び所在地）
1	汚泥	1t/月	泥状	建設業者（都内建設現場）	なし	排出事業者が指定する処理施設
2	廃アルカリ	1t/				
3	廃プラスチック類	1t/				
4	紙くず					
5	木くず	1t/月	固形	同上		
6	動植物性残さ（食品残さに限る。）	1t/月	固形	食料品製造業者（都内）		
7	金属くず	1t/月	固形	建設業者（都内建設現場）		
8	ガラスくず・コンクリートくず及び陶磁器くず	1t/月	固形	同上	なし	同上
9	がれき類	1t/				
10	石綿含有産業廃棄物	1t/月	固形 泥状	建設業者（都内建設現場）	なし	同上
11	水銀使用製品産業廃棄物（廃蛍光ランプ）	1t/月	固形	同上	なし	同上
12	水銀使用製品産業廃棄物（廃水銀電池）	0.5t/月	固形	製造業者（都内）	なし	同上
13	水銀含有ばいじん等（汚泥、廃アルカリ）	0.1t/月	泥状	製造業者	なし	同上

備考　取り扱う（特別管理）産業廃棄物の種類ごとに記載すること。

東京都は緩めだが，他県の指示も踏まえ，排出場所と運搬先は具体的な社名・所在地まで特定する習慣を付けた方がよい。
インターネット等で運搬先の許可品目を確認することも必要である。実際，自治体によって，この箇所に許可番号の記載を求めたり，記載された会社をインターネットで確認したりすることがある。
（ただし、あくまで予定で構わない。許可後の実際の運搬においては排出事業者との契約により運搬先が指定されることになる）

⑬限定が
弧書き
ださい。

⑬

物性残さ」、「動物系固形不要物」、「動物のふん尿」、「動物の死体」は、特定の事業活動に伴う廃棄物のみが産業廃棄物とされていますので、留意してください。

⑭

品目については，顧客の業種を踏まえ事前に予測し，面談時に確認する。
石綿・水銀を扱うか否かは申請上明確にする必要がある。
扱う場合は、容器を確保しなければならない。

⑮

⑮水銀使用製品産業廃棄物を運搬する場合は、製品ごとにそれぞれ一枠で「水銀使用製品産業廃棄物（廃製品名）」と記載してください。

⑯

⑯水銀含有ばいじん等を運搬する場合は、「予定排出事業場の名称及び所在地」ごとに「水銀含有ばいじん等（種類）」と記載してください。

（第２面）

３．運搬施設の概要
(1) 運搬車両一覧

車検証どおりに記載する。車検証の該当箇所は最初に確認する必要がある。

⑰

	車体の形状	自動車登録番号又は車両番号	最大積載量(kg)	所有者又は使用者	備考
1		品川　WWW あ　11－11			継続・新規・抹消
2	脱着装置付コンテナ専用車	品川　XXX い　22－22	自動車検査証記載のとおり	自動車検査証記載のとおり	継続・新規・抹消
3	ダンプ（土砂等禁止車両）	品川　YYY う　33－33	自動車検査証記載のとおり	自動車検査証記載のとおり	継続・新規・抹消
4	ダンプ	品川　ZZZ え　44－44	自動車検査証記載のとおり	自動車検査証記載のとおり	継続・新規・抹消
5	タンク車	品川　ZZZ お　55－55	自動車検査証記載のとおり	自動車検査証記載のとおり	継続・新規・抹消
6					継続・新規・抹消
10					

・更新許可申請の場合、既に登録されている車両・船舶は東京都環境局「産業廃棄物処理業者情報の検索」ページから検索できますので、御確認ください。
・船舶の場合は、「3(1)運搬車両一覧」を「運搬船舶一覧」と読み替え、「車体の形状」欄に船舶の名称を記載するとともに、「自動車登録番号又は車両番号」欄、「最大積載量」欄は空欄としてください。

⑰必ず、「継続」、「新規」、「抹消」のいずれかに○を付けてください。

事務所の所在地	〒160-0023 東京都新宿区西新宿○丁目○番○号
駐車場の所在地	〒135-0062 東京都江東区東雲○丁目○番○号

駐車場の使用権原（賃貸契約書等）の要否につき，自治体ごとで対応が違うので注意する。
仮に使用権原を示す資料の提出が不要であっても，使用権原につき確認するクセをつけるべきである。

(2) その他の運搬施設の概要

運搬容器等の名称	用途	容量
フレコンバッグ	汚泥（脱水後のものに限る。）、石綿含有産業廃棄物	1㎥
ケミカルドラム（クローズドドラム）	廃アルカリ（水銀含有ばいじん等を含む。）	200ℓ
ドラム缶（オープンドラム）	汚泥（水銀含有ばいじん等を含む。）、動植物性残さ（食品残さに限る。）、水銀使用製品産業廃棄物（廃蛍光ランプ、廃水銀電池）	200ℓ

顧客が所持していないか，予定廃棄物量に対して容量が不足している場合は，購入するように促す。さほど高価なものではない。
インターネット上でも購入できるので，販売サイトを案内するのも一つである。また，顧客の要望があれば，代わりに手配するのも付加価値になる（※）。

※申請者が許可に必要な容器を所持していないのに，インターネット上の画像を申請書に貼り付けることで撮影の代わりにしている例が少なくなかったようで，東京都では車両ナンバーとともに容器を撮影することとされた。
形式的に実体のない書面を作成して通す方法を「申請テクニック」とはき違える者もいるかもしれないが，行政書士としては，顧客の真の利益を考え，容器の準備を働きかけるべきである。

（第３面）

(3) 積替施設又は保管施設の概要

なし

・「許可番号13－00－〇〇〇〇〇〇)」の申請の場合は「なし」と記載してください。
・「許可番号13－10－〇〇〇〇〇〇)」の申請の場合は「事前計画書のとおり」と記載してください。

申請区分が「積替え保管なし」の場合は，「なし」との記載になる

※　構造を明らかにする平面図、立面図、断面図、構造図及び設計計算書並びに当該施設の付近の見取り図を添付すること。

39

（第４面）

４．収集運搬業務の具体的な計画（車両毎の用途、収集運搬業務を行う時間、休業日及び従業員数を含む。）

基本的には記載例どおりに記載し，そのような計画・実施が必要であることを依頼者に理解してもらう。
許可を取るのが目的ではなく，依頼者が許可業者として適正に業務を行いつつ事業を拡大してもらうのが目的である。

（１）車両毎の用途
・脱着装置付コンテナ専用車
「事業計画の概要」第１面に記載するすべての産業廃棄物を運搬
・ダンプ
「事業計画の概要」第１面に記載するすべての産業廃棄物を運搬
ただし、土砂等禁止車両では、汚泥、ガラスくず・コンクリートくず及び陶磁器くず、がれき類の収集運搬は行わない。

⑱

・タンク車（耐腐食性）
汚泥、廃アルカリ

⑱土砂等禁止車両では、汚泥、ガラスくず・コンクリートくず及び陶磁器くず、鉱さい、がれき類は収集運搬できませんので、留意してください。

（２）収集運搬業務を行う時間
９時～１７時（休憩　１時間）

（３）休業日
日曜、祝祭日、年末年始（１２月２８日～１月３日）
ただし、顧客の依頼により休業日であっても収集運搬業務を行うことがある。

事務的なヒアリングではなく，事業計画全体を話しながら人員体制も確認する。なるべく自然な会話を意識すると情報も出てきやすくなる。
（そのためには，顧客情報の事前把握と許可取得についての課題把握が必要である。）

⑲兼務している場合は、主たる従業員の人数に加算するとともに、従たる従業員の人数には、「（うち○○兼務○人）」と記載してください。

従業員数の内訳　⑲

令和４年４月１日現在

申請者又は申請者の登記上の役員	政令第６条の10で準用する第４条の７に規定する使用人	相談役、顧問等申請者の登記外の役員	事務員	運転手	作業員	その他	合計
３人	１人	１人	１人 （うち役員兼務１人）	５人 （うち作業員兼務２人）	３人	３人	１４人

40

（第５面）

５．環境保全措置の概要（運搬に際し講ずる措置、積替施設又は保管施設において講ずる措置を含む。）

（１）運搬に際し講ずる措置
・車両の荷台に直置きする場合は飛散防止のためシートがけを行う。
・「事業計画の概要」第２面に記載する運搬容器は、転倒防止措置としてロープで荷台に固定して運搬する。
・石綿含有産業廃棄物は破砕しないよう、他の廃棄物と混ざらないようにフレコンバッグに入れて運搬する。
なお、石綿含有産業廃棄物（汚泥）については、排出時に措置された二重梱包の状態のまま運搬する。
・水銀使用製品産業廃棄物（廃蛍光ランプ）は、他の廃棄物と混ざらないようにドラム缶（オープンドラム）に入れ、また、破砕することのないようにドラム缶（オープンドラム）の中に緩衝材を入れて運搬する。
・水銀使用製品産業廃棄物（廃水銀電池）は、他の廃棄物と混ざらないようにドラム缶（オープンドラム）に入れて運搬する。
・水銀含有ばいじん等（汚泥）についてはドラム缶（オープンドラム）に、水銀含有ばいじん等（廃アルカリ）についてはケミカルドラム（クローズドラム）に入れ、上蓋を確実に閉めて揮発を防止して運搬する。なお、ドラム缶は汚泥、動植物性残さ、ケミカルドラムは廃アルカリとは同一容器を使用しない。

⑳

⑳石綿含有産業廃棄物、水銀使用製品産業廃棄物、水銀含有ばいじん等を収集運搬する場合は、必ずそれぞれの措置について記載してください。

（２）積替施設又は保管施設において講ずる措置

・なし

㉑

㉑「許可番号13－10－〇〇〇〇〇〇」の申請の場合は「事前計画書のとおり」と記載してください。

記載例を参考に申請書を作成する。
基本的には記載例と同じような文でよいと考える。
大切なことは，顧客にこのような方法で運搬するように理解してもらうことである。

41

（第６面）

運搬車両の写真

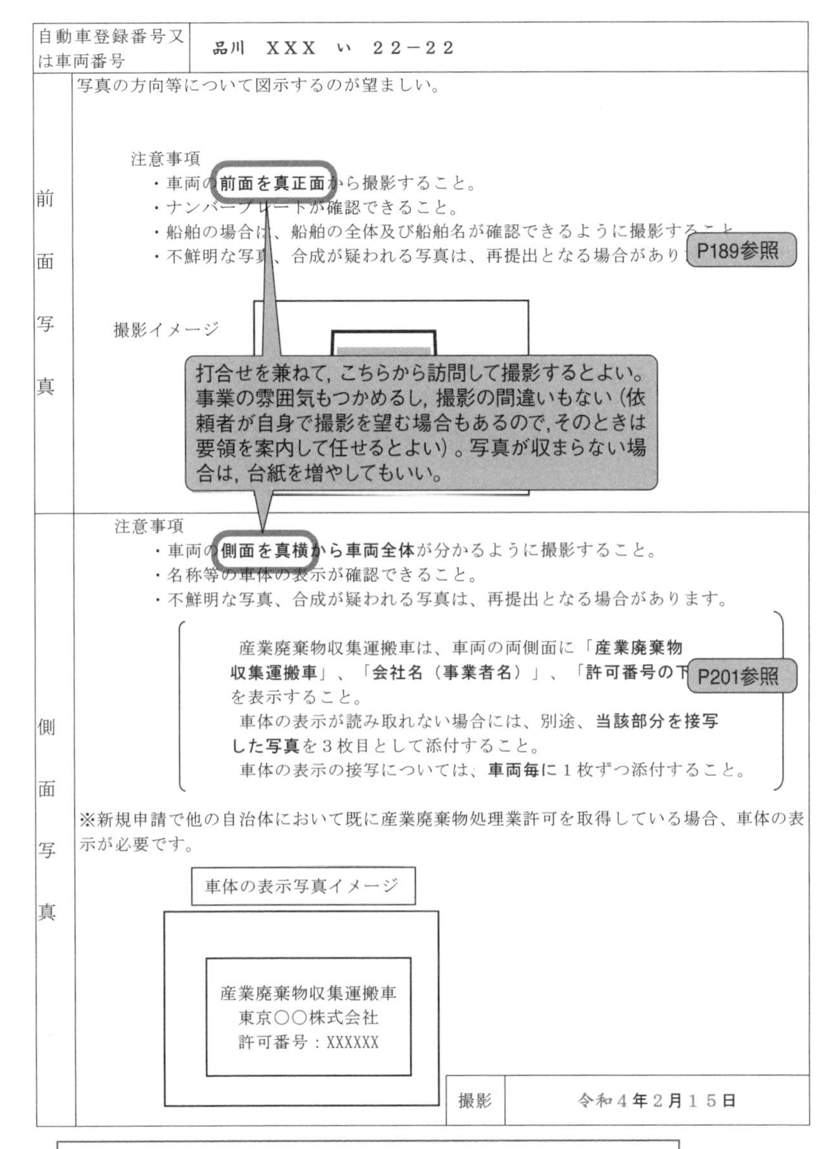

自動車登録番号又は車両番号	品川　ＸＸＸ　い　２２−２２
前面写真	写真の方向等について図示するのが望ましい。 注意事項 ・車両の**前面を真正面**から撮影すること。 ・ナンバープレートが確認できること。 ・船舶の場合は、船舶の全体及び船舶名が確認できるように撮影する ・不鮮明な写真、合成が疑われる写真は、再提出となる場合があり 撮影イメージ
側面写真	注意事項 ・車両の**側面を真横**から**車両全体**が分かるように撮影すること。 ・名称等の車体の表示が確認できること。 ・不鮮明な写真、合成が疑われる写真は、再提出となる場合があります。 産業廃棄物収集運搬車は、車両の両側面に「**産業廃棄物収集運搬車**」、「**会社名（事業者名）**」、「**許可番号の下** を表示すること。 車体の表示が読み取れない場合には、別途、**当該部分を接写した写真**を３枚目として添付すること。 車体の表示の接写については、**車両毎**に１枚ずつ添付すること。 ※新規申請で他の自治体において既に産業廃棄物処理業許可を取得している場合、車体の表示が必要です。 車体の表示写真イメージ 産業廃棄物収集運搬車 東京○○株式会社 許可番号：XXXXXX 撮影　令和４年２月１５日

・船舶の場合は、「運搬車両の写真」を「運搬船舶の写真」と読み替えてください。

（第7面）

運搬容器等の写真

運搬容器等の名称	ドラム缶 （オープンドラム）	用途	「事業計画の概要」第2面のとおり

注意事項
- 容器等の**全体**が写るように撮影すること。
- 1種類につき1枚撮影すること。
- 不鮮明な写真、合成が疑われる写真は、再提出となる場合があります。
- オープンドラムは、**留め金具及び蓋**とともに撮影すること。
- **申請者が実際に所有している容器等を、車両のナンバープレートや産業廃棄物収集運搬車の表示の前で撮影すること※。記載例のイメージ通りの写真でないと、再度撮り直しになる場合があります。**
- **パンフレットやホームページ上の写真は不可です。**

東京都では最近厳格化された

運搬容器の撮影イメージ

蓋

留め金具

※実際に容器を所有していることを証明するためのものです。会社名記載の印刷物や社員証等と一緒に撮影された写真は証明となりませんのでご注意ください。

撮影	令和4年2月15日

運搬容器等の名称	耐水性プラスチック袋	用途	「事業計画の概要」第2面のとおり

注意事項
- 容器等の**全体**が写るように撮影すること。
- 1種類につき1枚撮影すること。
- 不鮮明な写真、合成が疑われる写真は、再提出となる場合があります。
- オープンドラムは、**留め金具及び蓋**とともに撮影すること。
- **申請者が実際に所有している容器等を、車両のナンバープレートや産業廃棄物収集運搬車の表示の前で撮影すること※。記載例のイメージ通りの写真でないと、再度撮り直しになる場合があります。**
- **パンフレットやホームページ上の写真は不可です。**

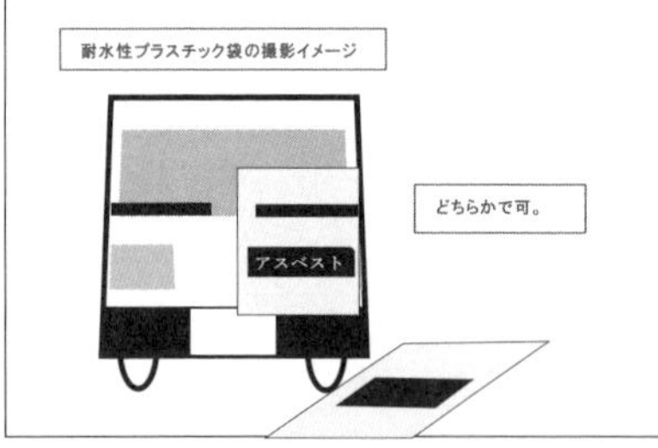

※実際に容器を所有していることを証明するためのものです。会社名記載の印刷物や社員証等と一緒に撮影された写真は証明となりませんのでご注意ください。

撮影	令和4年2月15日

43

（第８面）

事業の開始に要する資金の総額及びその資金の調達方法		
内訳		金額（千円）
事業の開始に要する資金の総額		0円
	土地	
	事務所	
	収集運搬車両	
	積替保管施設	
調達方法	自己資金	
	借入金	
	（借入先）	
	その他	
	増資	
備考　内訳欄の事項については、事業計画に応じ適宜変更すること		

この内容について審査上，具体的な話はない。
「0円」と記載してあっても，窓口担当者から何のコメントもない。顧客訪問時の面談で会話の一環としてヒアリングするとよい。

・貸借対照表、損益計算書、株主資本等変動計算書、個別注記表を添付している場合は、本資料は提出不要です。
・事業の開始に要する資金を必要としない場合は、「事業の開始に要する資金の総額」欄に「0円」と記載してください。

44

（第 10 面）

誓　約　書

申請者は、廃棄物の処理及び清掃に関する法律第 14 条第５項第２号イからへに該当しない者であることを誓約します。

令和４年４月１日

東 京 都 知 事 殿

申請者
住所　**東京都新宿区西新宿〇丁目〇番〇号**
氏名　**東京〇〇株式会社**
代表取締役　東京　太郎
（法人にあっては名称及び代表者の氏名）

以前は実印が必要であった。現在は押印不要であるが、あえて押印を求めるのも一つの考え方である。少なくともそれだけ重要性の高い書面である。

誓約の内容は「役員は欠格要件に該当していない」というものである。
該当しているにもかかわらず申請した場合は，審査の過程で発覚して不許可になる。その場合は申請手数料は戻らないので依頼者とトラブルにならないように事前に案内する。

46

経理的基礎を有することの説明書 (東京都の場合)

1　債務超過に陥った理由
（いつ、どのような理由で債務超過になったか。現在の債務超過額）

現在の債務超過額 〇　〇〇〇万円

理由）

・・・・・・・・・・・・・・・・・・・・・・・・・・・・・・・・・・・・・
・・・・・・・・・・・・・・・・・・・・・・・・・・・・・・・・・・・・・
・・・・・・・・・・・・・・・・・・・・・・・・・・・・・・・・・・・・・

※直近の決算で債務超過の場合に提出する。中小企業診断士・公認会計士・税理士の資格証明が必要である。
事務所報酬とは別に費用が発生することになるので注意する。
許可取得のために提出が必要という考え方ではなく、債務超過を真に解消する計画を作成することが顧客のメリットになると考えるべきである。

2　債務超過から脱するための対策
（具体的な対策及びその対策で生じる利益。全対策により生じる当期利益。債務超過が解消できる会計年度）

①・・・・・・・・・・・・・・・・・・・・・・・・・・・・・・・・・
・・・・・・・・・・・・・・・・・・・・・・・・・・・・・・・・・・・
・・・・・・・・・・・・・・・・・・・・・・・・・・・・・・・・・・・

当該対策により生じる利益　＊＊万円／年

②・・・・・・・・・・・・・・・・・・・・・・・・・・・・・・・・・
・・・・・・・・・・・・・・・・・・・・・・・・・・・・・・・・・・・
・・・・・・・・・・・・・・・・・・・・・・・・・・・・・・・・・・・

当該対策により生じる利益　＊＊万円／年

③・・・・・・・・・・・・・・・・・・・・・・・・・・・・・・・・・
・・・・・・・・・・・・・・・・・・・・・・・・・・・・・・・・・・・
・・・・・・・・・・・・・・・・・・・・・・・・・・・・・・・・・・・

当該対策により生じる利益　＊＊万円／年

①～③の対策を行うことにより、直近の決算期における当期利益を踏まえ、年間＊＊＊万円の当期利益が確保できることから、令和＊＊年（第＊＊期）会計年度には債務超過は解消できる見込みです。

3　記載者氏名

令和４年３月２０日

住 所　**東京都渋谷区〇〇〇＊丁目＊番＊号**

氏 名　**中小企業診断士 診断 太郎**

※　記載した中小企業診断士、公認会計士又は税理士の方が当該資格を有することが確認できる許可証、証明書等の写しを添付してください。

48

2 許可取得可能性の判定

1 のヒアリングにより，申請書記載の情報がある程度そろっていれば許可見込みを立てることができる。その時点で，まずは申請の予約をすべきである(面談前に既に予約済みの場合もある)。

そろっていない資料の手配を行政書士と依頼者のどちらがやるかを明確にする。

必要書類のチェックリストを用意している場合は，マーキングする等して顧客に渡す。併せて面談後当日中，遅くとも翌日までに面談内容のメモを含め

【図表 4-3】ロードマップ

株式会社○○様　許可取得へのロードマップ

□□行政書士事務所

【面談１：○月○日】

- 修了証と車検証（記録事項）の確認
- 見積書の交付
- 委任契約の締結
- 申請日の予約

↓

【準備　　○月○日まで（目安)】

- 公的書類等の手配（弊所）
- 書類作成（弊所）
- 決算書，運搬容器の準備（御社）

↓

【面談２　○月○日】

- 委任状の確認
- 車両，容器の写真撮影（弊所）

↓

申請　○月中旬　申請見込み
申請後，必要に応じて追加資料の準備

↓

【許可　○月中旬】※審査期間は通常２か月程度かかります。

- 許可証の発行

メールで再度案内する。

要件について，こちらで都道府県に確認する必要がある場合は，その点を明確にして，「わかり次第連絡します」と伝える。「誰が」「いつまでに」「何をするか」を明確にする。

3 見積提示

見積書を交付すると依頼者は，「見積額を払えば許可が取れる」と解釈する。したがって，許可の取得が見込めるまでは見積書の交付は慎重にした方がよい。見積前に伝えるのはあくまで報酬の目安であり，条件付きでの提示になる。なお，許可の見通しが立つ前の段階でも，相談料や調査費用を請求することはあり得る。

基準報酬額でいいのか，加算する可能性があるのかを判断するには，以下の項目を検討するとよい。

【不確定要素の洗い出し】

- ▶ 相場はどのくらいか
- ▶ 作業時間はどのくらいか
- ▶ 業務の特殊性はどの程度か

【加算要因】

- ▶ 車両台数が多い
- ▶ 役員数が多く，公的書類を代理取得する
- ▶ 廃棄物の特定に調査・確認が必要
- ▶ 訪問場所が遠い

4 受任

① 「委任契約書」の締結

契約書を締結するのが原則であるが，依頼者との関係性において，実務上，委任状により業務遂行することもあり得る。その場合のリスクについては十分検討すべきである。

【参考】

例　示

行政書士業務委任契約書

委任者○○○○を甲、受任者行政書士○○○○を乙として、甲乙間において下記のとおり行政書士業務委任契約を締結する。

（業務の委任及び受任）

第１条　甲は乙に下記業務を委任し、乙はこれを受任する。

一　産業廃棄物収集運搬業許可（法人、新規）代理申請手続(※1)における、許可要件該当性に関する鑑定（評価）・指導、申請書・添付（提示）書類の作成・交付申請受領及び申請書等の提出を含む手続(※2)の一切

二　前号の手続に必要となる下記書類(※3)の交付申請、受領に関する一切の件(※4)
①資格要件証明書②卒業証明書、在学証明書、単位取得証明書③戸籍、住民票④身分証明書⑤納税証明書、固定資産評価・公課証明書⑥金融機関残高証明書⑦出生届受理証明書、婚姻届受理証明書⑧運転記録証明書⑨道路幅員証明書⑩不動産登記簿謄本⑪商業・法人登記簿謄本

三　その他付属手続(※5)

（注）※１　取扱業務を記入
※２　必要に応じて、申請手続に含まれる手続を別紙で明示する
※３　例示した書類に○印を付す
※４　書類によっては、必要とする書類の明細を別紙で明示する
※５　その他必要な付属手続があれば記入する

２　受任した業務（事件）の処理に関連して、前項各号以外の手続が必要となったときは、別途甲乙協議して決定する。

（受任業務の処理）

第２条　乙は、他の行政書士と共同して業務を処理する必要が生じたとき、もしくは、他士業者にその事案を引き継ぐ必要が生じたとき、予め、甲の承諾を得なければならないものとする。

（委任者・受任者の責務）

第３条　甲は乙に対して、業務の処理に必要となる資料を提示し、業務の処理に関し積極的かつ全面的に乙に協力し、乙は誠実に業務を処理するものとする。

（着手金及び必要経費の取扱い）

第４条　本件業務の報酬を金○○○○とし、甲は乙に下記のとおり支払う。

着手金　金○○○○円（本件契約締結後３日(※6)以内）
残　金　金○○○○円（申請後３日(※7)以内）

２　甲は、業務の処理に関して生ずる、貼用印紙・証紙代、保証供託金、旅費、宿泊費、日当・交通費、その他必要経費の実費額を、乙の請求後３日以内に乙に支払う。

３　甲は理由の如何を問わず、乙に着手金の返還を求めることができない。

（注）※６　日数は各自の裁量により記載
※７　日数は各自の裁量により記載

（報酬の支払い）

第５条　甲は、業務（事件）が終了したときは、直ちに報酬として金○○○○円(※8)を乙に支払う。

２　乙はこの報酬を請求するときは、その計算書を甲に交付するものとする。

３　甲が乙の承諾なしに申請を取下げ等により終了させ、又は正当な理由なしにこの契約を解約したとき、若しくは甲の責任により業務（事件）の処理を不能にしたときでも、乙は甲に第１項の報酬を請求することができる。甲が報酬を支払わないときは、乙は甲からの預かり金と報酬とを相殺することができる。

（注）※８　金額記載は甲乙協議の上で記入

（契約の解除）

第６条　甲及び乙は、相手方がこの契約に違反したとき、又は著しい不信行為があり、委託信任関係が維持できなくなったときは、いつでも本契約を解除することができる。

２　前項により本契約が解除されたときは、甲及び乙は直ちに債権債務を清算し、契約の終了に伴う必要な措置を講ずるものとする。

（その他　協議事項）

第７条　本契約に記載のない事項について、甲と乙は、信義に照らし誠実に協議して、これを定めるものとする。

以上の合意の成立を証するため、この契約書２通を作成して甲と乙とが記名押印のうえ各自その１通を所持する。

年　　月　　日

（甲：依頼者）
住所
氏名　　　　　　　　　　印

（乙：行政書士）
住所
氏名　　　　　　　　　　印

70

② 委任関係書類の整理

押印廃止の流れにより、実質的にも押印は原則不要といえるが、慣習としてはまだ混在している状況である。個々の判断によるが、押印による意思確認は一定程度意味があると考えられる。そうした状況を踏まえて押印書類として整理しているが、実際の対応は個別に判断してほしい。

▶ 業務委任契約書

▶ 申請代理　委任状（申請用）

▶ 委任状「登記されていないことの証明書申請」（役員等の個人）

▶ 委任状「法人税（所得税）納税証明書申請」（※申請者が法人の場合は法人税だが，個人の場合は所得税である）

※　従前は欠格要件にかかる「誓約書」に法人実印の押印が必要であったが，現在は申請上不要になった。事務所用として，あえて押印を求めるという考え方もある。

納税証明書は「法人税（所得税）その1」が必要であるが，取得の手違いを防ぐ意味でも取得を代行するとよい。依頼者自ら取得する場合でも，交付請求書を記載して渡すことでちょっとしたサービスになる。

【参考】

委　　任　　状

（代理人）
住　所＿＿＿＿＿＿＿＿＿＿＿＿＿＿＿＿＿＿＿＿
氏　名＿＿＿＿＿＿＿＿＿＿＿＿＿＿＿＿＿＿＿＿

私は、上記の者を代理人と定め、次の権限を委任する。

1　登記されていないことの証明書＿＿通の申請及び受領に関する一切の権限

令和＿＿年＿＿月＿＿日

（委任者）
住　所＿＿＿＿＿＿＿＿＿＿＿＿＿＿＿＿＿＿＿＿
氏　名＿＿＿＿＿＿＿＿＿＿＿＿＿＿＿＿＿＿＿＿
※必ずしも自署は必要なく、記名（印字）でもよい。

【参考】

「登記されていないことの証明申請書」
(後見登記等ファイル用)

03　請求できるのは，本人，本人の配偶者または四親等内の親族です。
なお，代理の方が請求する場合は，該当する方からの委任状が必要です。

東京　法務局
令和　年　月　日申請

●請求される方（代理請求の場合は代理人）の本人確認書類が必要です。(裏面注４参照)

			収入印紙を貼るところ
請求される方（請求権者）	住所	東京都	収入印紙 必ず貼ってください。
	（フリガナ）		
	氏名	※ 本人確認のため，御本人に連絡する場合があります。 連絡先（電話番号　）	
	証明を受ける方との関係	☑ 本人 □ 配偶者 □ 四親等内の親族 □ その他（　）	
代理人（上記の方から頼まれた方）	住所	東京都	
	（フリガナ）	ホウジョウ　タケシ	
	氏名	行政書士　北條　健　会社法人等番号（　－　－　） 連絡先（電話番号　）	
返送先（上記以外に証明書の返信先を指定される場合に記入）	住所	東京都	1通につき300円 ※割印はしないでください。
	宛先	行政書士北條健事務所 ※ 返信用封筒にも同一事項を必ず記入　※ 本人確認のため，御本人に連絡する場合があります。	
添付書類 下記㊟参照	☑ 委任状（代理人が請求するときに必要。また、会社等法人の代表者が社員等の分を請求する時に社員等から代表者への委任状も必要） □ 戸籍謄抄本等親族関係を証する書面（本人の配偶者・四親等内の親族が請求するときに必要） □ 法人の代表者の資格を証する書面（法人が代理人として請求するときに必要）（□添付を省略）		※印紙は申請書ごとに必要な通数分を貼ってください。

証明事項（いずれかの□にチェックしてください）	
☑	成年被後見人，被保佐人とする記録がない。（後見・保佐を受けていないことの証明が必要な方）
□	成年被後見人，被保佐人，被補助人とする記録がない。（後見・保佐・補助を受けていないことの証明が必要な方）
□	成年被後見人，被保佐人，被補助人，任意後見契約の本人とする記録がない。（後見・保佐・補助・任意後見を受けていないことの証明が必要な方）
□	その他（　）とする記録がない。（上記以外の証明を必要とする場合）

請求通数	1 通 ※請求通数は右詰めで記入してください。	証明を受ける方の氏名のフリガナ	ミナモト

◎証明を受ける方　この部分を複写して証明書を作成するため，字画をはっきりと，住所または本籍は番号，地番まで正確に記入してください。

①氏名	源　明子	
②生年月日	明治□ 大正□ 昭和☑ 平成□ 令和□ または 西暦□　年　月　日	
③住所	都道府県名：東京都	市区郡町村名：
	丁目 大字 地番：	
④本籍	都道府県名：東京都	市区郡町村名：
□ 国籍	丁目 大字 地番（外国人は国籍を記入）：	

一般の許認可ではこちらのチェックでよい

この部分がそのまま証明書に反映されるため，申請書をきれいに仕上げるためには印字するとよい。

住民票と照合する

本籍の記載がなくても証明書の発行は可能である。
一般の許認可申請では住所の記載だけで受付可能である。

提出先から特に指定がない場合は，住所または本籍（外国人の場合は④に☑し，正しい国籍名）のいずれかを記入してください。

㊟ 請求される方（代理請求の場合は代理人）の本人確認書類は必ず提示または添付してください（裏面注４参照）。

記入方法：1．証明を受ける方の氏名のフリガナ欄は，例えば，ヤマダ　タロウ と左詰め（氏と名の間１字空き）でカタカナで記入してください。
2．外国人は氏名欄に本国名（漢字を使用しない外国人はカタカナ）を記入してください。
3．生年月日欄は，例えば，昭和に☑し 40 年 1 月 1 日と右詰めで記入。
4．郵送請求の場合は，返信用封筒（あて名を書いて，切手を貼ったもの）を同封し下記のあて先に送付してください。

申請書送付先：〒102-8226　東京都千代田区九段南1-1-15　九段第２合同庁舎　東京法務局民事行政部後見登録課

○本申請書は拡大縮小せずに使用してください。

(登記所が記載します)	交付通数	交付枚数	手数料	受付	年　月　日
				交付	年　月　日

本人確認書類 □請求権者 □代理人
□運転免許証 □健康保険証 □マイナンバーカード □パスポート □(　)
□封筒

◆記載例　納税証明書

納税証明書交付請求書

収入印紙ちょう付欄
（消印しないでください）

税務署長 あて

年　月　日

【代理人記入欄】
代理人の方のみ記入してください。
住所

氏名

※代理人の方が請求される場合は委任状が必要です。

住所（納税地）	
（フリガナ）	
氏名又は法人名及び代表者氏名	藤原 実資 ㊞
個人番号又は法人番号	

※個人番号の記入に当たっては、左端を空欄にしてください。

（信託の名称：　）

下記のとおり、納税証明書の交付を請求します。

記

証明書の種類	☑その1	□その2	□その3 □その3の2 □その3の3	□その4
証明を受けようとする税目 （該当する税目にレ印を記入してください。）	□申告所得税及復興特別所得税 ☑法人税 □消費税及地方消費税 □その他（　税）	□申告所得税及復興特別所得税 □法人税	□申告所得税及復興特別所得税 □法人税 □消費税及地方消費税 □その他（　税） ※その3の2、その3の3の場合は記入する必要はありません。	
証明を受けようとする国税の年度	年分 自 年 月 日 至 年 月 日 年分 自 年 月 日 至 年 月 日 年分 自 年 月 日 至 年 月 日	年分 自 年 月 日 至 年 月 日 年分 自 年 月 日 至 年 月 日 年分 自 年 月 日 至 年 月 日		
証明を受けようとする事項	・納付すべき税額 ・納付済額 ・未納税額 □法定納期限等 □源泉徴収税額 □未納税額のみ （□には、必要な場合にレ印を記入してください。）	所得金額 ※申告所得税及復興特別所得税の証明の場合、所得種類別の証明も可能です。 □には証明を受けようとする事項にレ印を記入してください。 □総所得金額の証明 □事業所得金額の証明 □上記以外の所得金額の証明（　）	未納の税額がないこと ※その3の2は「申告所得税及復興特別所得税」と「消費税及地方消費税」に、その3の3は「法人税」と「消費税及地方消費税」に未納税額がないこととなります。	次の期間について、滞納処分を受けたことがないこと 自 年 月 日 至 年 月 日
証明書の請求枚数	枚	枚	枚	枚

証明書の使用目的	□資金借入　□入札参加指名願　□登録申請（更新）　□保証人 ☑その他（産業廃棄物収集運搬業許可申請）

※税務署整理欄

個人	□番号確認　□本人確認 （代理人）　□委任状	番号確認書類（個人のみ） □個人番号カード　□通知カード　□その他
法人	□本人確認 （代理人）　□委任状	本人（代理人）確認書類 □個人番号カード　□運転免許証　□旅券（パスポート）　□その他 □官公庁発行の身分・資格証明書（顔写真付）（　）

確認者

証明番号

整理番号		個人番号	
摘要			

□収入印紙 □現金	その1	税目数	年度	枚	円	合計 （内現金　円） 円	確認者	領収担当者
	その2		年度	枚	円			
	その3			枚	円			
	その4			枚	円			

◆記載例　委任状

（法人納税者用）

委　任　状

（代理人）住　所＿＿＿＿＿＿＿＿＿＿＿＿＿＿＿＿

氏　名　　清　　少納言

私は，上記の者を代理人と定め，下記の事項を委任します。

記

次に掲げる納税証明書の請求及び受領に関する権限。

（納税証明書の種類をお書きください。詳しくは「留意事項・記載要領」を参照してください。）

法人税の納税証明書（その1）次の事業年度分　1枚

令和7年1月1日　～　令和7年12月31日
令和8年1月1日　～　令和8年12月31日
令和9年1月1日　～　令和9年12月31日

年　　月　　日

（委任者）所在地＿＿＿＿＿＿＿＿＿＿＿＿＿＿＿＿

法人名＿＿＿＿＿＿＿＿＿＿＿＿

代表者氏名　藤原　　定子

※現在は押印不要である

Column 8

押印廃止による影響

新型コロナウイルスの影響により，政府主導の押印廃止の動きは早かった。実務上でも大きな変化があり，本書執筆においても業務遂行の段取りを修正した箇所がある。

建設業許可申請においては押印書類が比較的多かったものの，それらはすべて廃止された。今まで「依頼者から押印をいただく」ことが業務遂行に占めるウェイトは少なくなかった。したがって，押印の段取りはテクニックともいえた。押印が必要な書面の作成ミスは痛手でもあった。

押印による神経の使い方や手間がなくなった分，業務上の負担がだいぶ解消された感もある。しかし，本人確認や意思確認をどう担保するかというのがこの問題の本質である。見方によっては，今までは形式的に担保されていた事柄について，より実質が求められるようになったということである。依頼者から行政書士への依頼意思の確認についても，以前にも増して切実な問題になったといえる。

なお，廃棄物処理法関係の押印廃止について，環境省から各都道府県あてに次のような内容で通知が出されている。

【参考】

事　務　連　絡
令和３年１月５日

各都道府県・各政令市廃棄物行政主管部（局）長　殿

環境省環境再生・資源循環局廃棄物適正処理推進課長
廃棄物規制課長
（　公　印　省　略　）

押印を求める手続の見直し等のための環境省関係省令の一部を改正する省令の施行について（周知）

「押印を求める手続の見直し等のための環境省関係省令の一部を改正す

る省令」(令和２年環境省令第31号) が令和２年12月28日に公布され，同日から施行されたので，その改正の趣旨，内容等について，下記のとおりお知らせする。

貴職におかれては，その趣旨を理解した上で，その運用に遺漏なきを期されたい。

なお，本事務連絡は，地方自治法 (昭和22年法律第67号) 第245条の4第１項の規定に基づく技術的な助言であることを申し添える。

記

1　改正の趣旨

令和２年７月に閣議決定された「規制改革実施計画」(令和２年７月17日閣議決定) において，「各府省は，緊急対応を行った手続だけでなく，原則として全ての見直し対象手続 (※１) について，恒久的な制度的対応として，令和２年中に，規制改革推進会議が提示する基準に照らして順次，必要な検討を行い，法令，告示，通達等の改正やオンライン化を行う」こととされている。

これを踏まえ，廃棄物の処理及び清掃に関する法律施行規則 (昭和46年厚生省令第35号。以下「廃掃法施行規則」という。) の様式で定める，事業者等に対して押印を求めている手続の押印 (押印に代わって行うことが可能とされていた署名も含む。以下単に「押印」という。) を不要とすることとした。

なお，これまで押印をもって本人確認をすることとしていた書面等については，廃掃法施行規則における手続の性質を踏まえ，以下に記載するような押印が求められている趣旨を代替する手段 (※２) 等によって確認することとされたい。

また，地方公共団体において，廃掃法施行規則に定める様式に準拠した様式等を用いている場合に加え，独自に様式等を制定して各種手続を行っている場合においても，上記の趣旨に鑑み，当該様式等における押印を不要とすることとされたい。

(※1)「見直し対象手続」とは，法令等又は慣行により，国民や事業者等に対して紙の書面の作成・提出等を求めているもの，押印を求めているもの，又は対面での手続を求めているものをいう。

(※2) 押印が求められている趣旨を代替する手段としては，以下のような例が考えられる。実際の確認に際しては，事業者等にとって過度の負担が生じない範囲で，各地方公共団体における実情を踏まえ合理的な方法で確認することとされたい（代表者でなく申請担当者の本人確認のみとするなど）。なお，これらは押印がない場合の代替手段であり，従前のとおり押印の上提出された場合は，従来の対応で差し支えない。

- 他の添付書類（当該手続においてともに提出される住民票の写しなど）による確認
- 本人確認書類（マイナンバーカード，運転免許証，個人・法人の印鑑登録証明書等）のコピー，スキャンデータや写真の電子ファイルの提出による確認
- 本人であることが確認されたeメールアドレスからの提出による確認（本人であることの確認には別途本人確認書類のコピー等の提出を求めることなどが考えられる）
- 署名機能の付いた文書ソフト（電子ペン等を用いたPDFへの自署機能等）を活用した確認
- 電話，ウェブ会議，実地調査等による確認

2　改正の内容

廃掃法施行規則の様式で定める事業者等に対して押印を求めている手続の押印について，押印を廃止する改正を行うとともに，当該改正に伴う所要の規定の整備を行った。

3　経過措置について

(1) 書類に関する経過措置

> この省令の施行の際現にあるこの省令による改正前の様式（以下「旧様式」という。）により使用されている書類は，この省令による改正後の様式によるものとみなすこととした。
>
> (2) 用紙に関する経過措置
>
> この省令の施行の際現にある旧様式による用紙は，合理的に必要と認められる範囲内で，当分の間，これを取り繕って使用することができることとした。

（下線筆者）

5 着手金・申請手数料の請求

着手金の他，預り金（申請手数料等の実費）を着手時に請求できるとよい。遅くとも申請前には請求する。

4-4　業務に着手する

1「情報」を精査する

「登記簿」，「事業目的」，「役員人数」，「本店所在地」については，面談前にある程度調べておき，面談時に直接確認をする。さらに面談後に改めて会話の内容と書面の情報が一致しているか精査する。書類と顧客の認識が一致していないこともあるし，こちらが思い違いすることもある。

面談という現場では，様々な情報を集約しなければならず，初めて聞く情報や想定外の事情に接することもある。そのような状況では，基礎的な情報について確認不足があることも少なくない。だからこそ，二重三重の確認が大切なのである。

問題が発覚した場合はすぐに依頼者に報告し対応を検討する。ロードマップの変更もあり得る。

2「書類」を収集する

都道府県ごとのローカルルールを意識しながら，手引をチェックする。

【参考】必要書類リスト

※吹き出し部分は筆者コメント

この確認リストを顧客との打ち合わせに持参する。
あらかじめ入手してあるものを削除したり，ヒアリング事項を追記したりして加工する。

（２）**申請書類等の確認リスト**

申請者が法人か個人かにより必要書類が異なりますので御注意ください。
他の自治体の様式を使用しないでください。
公的書類は、申請日時点で**交付日から６か月以内かつ最新の原本**を提出してください。
なお、提出された原本は返却しませんので御了承ください。

No.	申請書類等	提出の要否	
		法人	個人
【申請書類（様式）】			
1	産業廃棄物収集運搬業許可申請書（p. 14～16）	○	○
2	変更事項確認書・新旧役員等対照表（p. 17・18） 注）新規許可申請の場合は提出不要です。	○	○
3	事業計画の概要（p. 19～23） ［排出事業者・積込み場所・荷降し場所をヒアリング］	○	○
4	運搬車両（又は船舶）の写真（カラー）（p. 24） 注 1）新規に運搬車両・船舶を登録する場合は、運搬車両・船舶の最新の写真を添付してください（継続車両・船舶の写真は不要です。）。 注 2）撮影方法は、p. 11「10 (3) 登録車両・船舶、容器等の写真」を参照してくださ[い] 注 3）「産業廃棄物収集運搬車（船）」の表示が読取れない場合は、当該部分[…]た写真を添付してください。 ［前面と真横の写真］	○	○
5	運搬容器等の写真（カラー）（p. 25） ※　更新許可申請の場合、継続して使用する容[…] 注1）更新許可申請で、継続して使用する容[…]新たに泥状の石綿含有産業廃棄物を取り扱う場合は、最新版の「石綿含有廃棄物等処理マニュアル」で求める容器の写真を添付してください。 注2）p. 11「10 (2) 収集運搬方法」を参考に容器等を用意してください。（パンフレット等の写真は不可） 注3）撮影方法は、p. 11「10 (3) 登録車両・船舶、容器等の写真」を参照してください。 注4）写真は申請書様式内「事業計画の概要第２面」3(1)運搬車両一覧の順番のとおりに綴じてください。 ［オープンドラムはパッキンと蓋も一緒に撮影する］	○	○
6	事業の開始に要する資金の総額及びその資金の調達方法（p. 26） 注）貸借対照表、損益計算書、株主資本等変動計算書、個別注記表を添付している場合は不要です。 ［注記表があるかどうか確認する］	○	○
7	資産に関する調書（個人用）（p. 27）	－	○
8	誓約書（p. 28）	○	○

No.	申請書類等		提出の要否	
			法人	個人
【申請者に関する書類】				
9	最新の定款の写し 注）内容に変更があるが定款を書き換えていない場合は、当該事項について決定した際の株主総会の議事録も添付してください。		○	－
10	法人の登記事項証明書（履歴事項全部証明書）	申請者	○	－
		5%以上の株主又は出資者（株主又は出資者が法人の場合） 注）株主が社員持株会の場合は、本証明書に代え、持株会の規約を提出してください。	○	－
11	住民票抄本 ＊本籍が記載されたもの ＊マイナンバーが記載さ	申請者	－	○
		役員等（監査役・相談役・顧問を含む。）	○	－
		5%以上の株主又は出資者（株主又は出資者が個人の場合）	○	－
		政令使用人（令※第6条の10に規定する使用人） （当該使用人がいる場合） ※廃棄物の処理及び清掃に関する法律施行令	○	○
12	成年被後見人等に該当しない旨の登記事項証明書等 注）p.7「6 成年被後見人等に該当しない旨の登記事項証明	申請者	－	○
		役員等（監査役・相談役・顧問を含む。）	○	－
		5%以上の株主又は出資者（株主又は出資者が個人の場合）	○	－
		政令使用人（令6条の10に規定する使用人） （当該使用人がいる場合）	○	○
13	（当該使用人がいる場合）（p. 29） 注）上記10「法人の登記事項証明書（履歴事項全部証明書）」に支配人として登録されている場合は不要です。		○	○
14	申請者の許可証の写し	新規許可申請の場合： 他に産業廃棄物に係る許可（他道府県市のものを含む。）を有する場合は、当該許可証 更新許可申請の場合： 更新する許可に係る東京都許可証	○	○
		八王子市の産業廃棄物収集運搬業（積替え保管を含む。）の許可を有する場合：当該許可証	○	○
【財政能力に関する書類】				
15	貸借対照表（直近3年分） 注）設立直後の法人で1回目の決算が確定していない場合は、会社法第435条又は第617条に規定する貸借対照表（開始貸借対照表）を提出してください。その場合は、No.16～No.19の書類は不要です。		○	－
16	損益計算書（直近3年分）		○	－
17	株主資本等変動計算書（直近3年分）		○	－
18	個別注記表（直近3年分）			
19	法人税の納税証明書「その1 納税額等証明用」（直近3年分） 注）納税証明書は税務署（国税庁）で交付しています。		○	－
20	所得税の納税証明書「その1 納 注1）納税証明書は税務署（国税庁）で交付しています。 注2）個人事業者としての所得がない場合は、「源泉徴収票の写し」（直近3年分）を提出してください。		－	○
21	経理的基礎を有することの説明書（p. 30）及び記載者の資格証明書、又は返済不要な負債の額及びその負債が返済不要であることが分かる書類（任意書式） 注）該当者のみ提出が必要な書類です。該当するか否かは、p. 12「(4) 財政能力」のチェックフローで確認してください。		○	○

謄本ではない

監査役に注意

確定申告書別表(二)を確認する(P229)

No 11　住民票抄本の記載を確認する

債務超過でないか確認する

作成されておらず、まれに決算書にないことがあるので注意する

法人事業税(都道府県税事務所)ではない！

5

No.	申請書類等	提出の要否	
		法人	個人
【技術的能力に関する書類】			
22	講習会修了証の写し 注）詳細は、p.8「７公益財団法人日本産業廃棄物処理振興センターの講習会」を参照してください。	○	○
【施設に関する書類】			
23	ＩＣタグ付き自動車検査証の場合は自動車検査証記録事項の写し、従来の自動車検査証の場合は車検証の写し（使用する全車両） 注１）運搬車両の使用権原は、（申請日時点で有効な）自動車検査証等の所有者又は使用者の欄で確認します。使用権原があると認められるのは、次の場合のみです。 ① 使用者欄が申請者である場合 ② 使用者欄が空欄の場合には、所有者欄が申請者である場合 注2）次の場合は登録できません。 ① レンタル車両（借受契約等で借りている車両） ② トレーラ及びセミトレーラ（容器として取り扱います。） ③ 既に他の事業者に登録されている車両 ④「都民の健康と安全を確保する環境に関する条例」に基づくディーゼル車走行規制不適合車 ディーゼル車走行規制不適合車の可能性のある車両については、ＤＰＦ装着証明書の写しの提出を求める場合があります。適合車か否かの確認は、東京都環境局環境改善部自動車環境課ディーゼル車規制相談窓口（専用電話　03-5388-3528）にお問い合わせください。 注３）「土砂等禁止」の車両では、土砂等に類する過積載のおそれがある廃棄物（ガラスくず・コンクリートくず及び陶磁器くず、鉱さい、がれき類、汚泥）は、運搬できません。	○	○
24	〔船舶を使用する場合〕船舶の使用権原を証明する書類（使用する全船舶） ①申請者が所有している場合：船舶検査証書 ②裸傭船契約をしている場合：船舶検査証書及び裸傭船契約書 ③裸傭船契約に準じた傭船契約をしている場合： 船舶検査証書及び次の3点が明記されている傭船契約書 （ア）船主は本船の船長及び乗務員に対する雇用契約に基づく労務供給請求権を傭船者に譲渡し、船長及び乗務員は海上運搬に係る傭船者の指揮監督に服し傭船者の指定する産業廃棄物の積替え及び海上運搬を行うこと。 （イ）傭船者は海上運搬に係る責任の一切を負うこと。 （ウ）船主は傭船契約中、本契約以外の契約に応じないこと。	○	○
【その他】			
25	レターパックプラス（レターパックライトは不可） 注1）「ご依頼主様用シール」をはがしていないものに送付先を記入し、申請時に御提出ください。許可決定後、許可証を郵送します。 注2）許可証を申請者以外の方が受領する場合は、p.3「4(3)②窓口で受領を希望される場合」の表C欄に記載したものの提出が必要です。 注3）更新許可の場合は、旧許可証送付用封筒を同封します。新しい許可証が届きましたら、その封筒に切手を貼付し、旧許可証の有効年月日経過後に御返納ください。	○	○
25	委任状等 注）申請書作成を第三者（親子会社、関連会社等含む。）に委任する場合や、許可証の受取を第三者に委任する場合（委任状にその旨を明記すること。）が必須です。 第三者が許可証を受領する場合は、郵送であっても追加で書類が必要になります。p.3「4(3)②窓口で受領を希望される場合」の表を確認してください。	○	○
27	先行許可制度を利用する場合に必要な書類 注）詳細はp.10「9(3)制度を利用する場合の手続き」を確認してください。	○	○

修了日（期限）・修了者（原則役員）・修了課程（新規・更新）を確認する

令和5年1月から車検証の電子化がスタートしたためである。キーワード解説参照。

※個人申請者が未成年者の場合は、法定代理人の「No.11 住民票抄本」及び「No.12 成年被後見人等に該当しない旨の登記事項証明書等」（法定代理人が法人である場合には、「No.10 法人の登記事項証明書」、役員の「No.11 住民票抄本」並びに「No.12 成年被後見人等に該当しない旨の登記事項証明書等」）も併せて提出してください。

出典：「産業廃棄物収集運搬業許可申請の手引」東京都環境局（令和５年11月）を一部改変

書類の請求先と請求方法については以下のとおり。

①　住民票

役員等（監査役・相談役・顧問を含む）の分が必要であるが，請求先はもちろん住民登録のある自治体となる。郵送で請求する場合は，定額小為替を使う。手数料は一般的に300円だが，自治体によって異なる。

注意すべきは取得すべき住民票の条件である。まず，抄本といい，該当者のみ記載のものが必要だ。家族がいる場合は「世帯の一部」として作成される。世帯全員のものは謄本といい，申請に関係ない者の個人情報が載っている場合は申請に使えないことがあるので注意してほしい。行政書士としては，普段から抄本と謄本の違いを意識するべきである。

また，住民票は本籍地の記載を選択できるが，産廃申請においては，必ず記載が必要だ。許可行政庁が役員等の本籍地に対して欠格要件の照会をするためである。

一般的な感覚では，このような住民票の記載条件をあまり意識しないので，依頼者に準備を頼むときは気を付けた方がよい。

なお，行政書士が収集運搬業の許可申請のために住民票を取得する場合は職務上請求書の使用が可能である。職務上請求書の扱いには慎重を要するが，以下に東京都行政書士会が案内している請求書の記載例を掲載するので参考にしてほしい。

②　登記されていないことの証明書

法務局の本局に請求する。支局や出張所では発行されない。請求書に収入印紙（1通300円）を貼付する。

本籍と住所を記載する欄があるが，いずれか一つの記載だけでも発行される。審査上は一般に住所だけでも問題ない。住民票の記載どおりに記載するのが確実である。注意すべきは，記載に間違いがあっても，記載部分がそのまま転載されて間違ったまま発行されてしまうことである。後から住民票を確認して違うことがわかった場合，再発行することになる。一般に馴染みのない証明書なので，委任を受けて代行取得するのが確実である。

③　納税証明書（法人税）

最近はe-Taxによるオンライン請求も普及してきた。また、代表取締役のマイナンバーカードにより簡単に取得することもできる。依頼者が慣れているようなら、データでの提供を依頼すればよい。証明書データを出力したものを提出することになる。以前は、窓口発行の納税証明書でホログラムが施されていたが、現在は窓口だったとしても、見た目の印象はデータ出力と変わらない。データの場合は、右下の公印下部に「電子発行」と記載される。

郵送請求の場合は、法人所在地（個人の場合は住所地）を管轄する税務署で取得する。都道府県税事務所で取得する「法人事業税」ではないので注意する。

◆記載例　職務上請求書の書き方事例

No.　＊＊－＊＊＊＊＊＊＊＊

戸 籍 謄 本（戸籍法第10条の2第3項）
住民票の写し（住民基本台帳法第12条の3第2項）　等職務上請求書

目 黒 区　長 殿

令和○○年○月○日

請求の種別	□戸籍　□除籍　□原戸籍　謄本・抄本 ☑住民票　□除票　□戸籍の附票　の写し □住民票記載事項証明書 5 通
本籍・住所 (1)	東京都目黒区青葉台七丁目7番7号
筆頭者の氏名 世帯主の氏名 (2)	産 廃 太 郎
請求に係る者の氏名・範囲 (3)	フリガナ　サイ パイ タ ロウ 氏名　産 廃 太 郎 平成 2 年 2 月 22 日生 範囲　本人のみ
住民基本台帳法第１２条の３第７項による基礎証明事項以外の事項 (4)	□世帯主　□世帯主の氏名及び世帯主との続柄　☑本籍又は国籍・地域 □その他（　　）
利用目的の種別	請求に際し明らかにしなければならない事項
戸籍法第 10 条の2第1項等、住民基本台帳法第12 条の3第1項等による業務を遂行するために必要な場合 (5)	業務の種類：産業廃棄物収集運搬業許可新規申請 依頼者の氏名又は名称：(株) ウエストビレッジ 依頼者について該当する事由 □権利行使又は義務履行　☑国等に提出　□その他正当な理由 上記に該当する具体的事由： 産業廃棄物収集運搬業許可申請にあたり，役員の添付資料として必要なため 〔単に「産廃業許可」ではなく，詳細に記載する。〕
提出先又は提出先がない場合の処理 (6)	東京都　等 〔請求する通数と一致させる。提出先が多く記載しきれない場合は，別紙に記載して添付する。〕
請求者 (7) 事務所所在地 事務所名 行政書士氏名	東京都　行政書士会所属 東京都目黒区青葉台3-1-6 行政書士青葉事務所 行政書士　青 葉　一 郎　職印
登録番号及び電話番号 (8)	登録番号 第 21080000 号 電話番号 03 － 1111 － 1111
補助者 事務所所在地 氏名	印

出典：東京都行政書士会　一部改変

【参考】

納　税　証　明　書

（その１　納税額等証明用）

住　所（納税地）　　東京都中野区○○○○○

氏　名（名　称）　　株式会社　○○○○○

代　表　者　氏　名　　代表取締役　○○○○○

税　目	法人税

年度及び区分	納付すべき税額		納付済額	未納税額	法定納期限等
	申告額	更正・決定後の額			
(自)令和４年10月１日 (至)令和５年９月30日 本税	¥○○○○○	＊＊＊＊＊＊＊＊	¥○○○○○	¥0	＊＊＊＊＊＊＊＊
	以	下	余	白	

（備　考）

○　証明書発行日現在の納付すべき税額等は上記のとおりですが、今後、修正申告又は税務署若しくは国税局（国税事務所）の調査による更正等により異動を生じる場合があります。

徴管（証明）　第　00XXXX　号

上記のとおり、相違ないことを証明します。

令和○○年　○月　○日

中野税務署長

財務事務官　　○○○○○

3 「必要書類リスト」「申請書下書き」に依頼者の回答を反映させる

▶ 手引書の必要書類リストでチェックする

▶ 申請書自体をヒアリング項目に使う

依頼者に聞かなくても，書類の確認によりわかる情報は省く。依頼者に直接聞くべきことをピックアップしておく。

4 都道府県に事前相談する

手引にすべての情報が網羅されているわけではないので，不明点は担当課に電話で確認する。場合によっては，担当課から「(申請当日に) 申請内容を見て判断します」と回答されることもある。つまり，事前に込み入った内容について判断するのを避けたいのだ。逆に言うと，ある程度幅のある状態で申請を受け付ける可能性があるということでもある。申請当日に書類が不足しているときは，後日追加資料を提出することになるが，行政書士としては，依頼者に後から新しい書類を求めることは避けたいところである。

4-5 「申請書」の作成

1 これからの流れ

① 時間がかかる順番にタスクを並べる

▶ 修了証（未受講の場合は受講が必要だが，すぐに受講できるとは限らない）

▶ 申請日予約（都道府県によるが，通常は 1 か月程度先になる）

▶ 決算書（社内決裁が必要な場合や，銀行等他に提出している場合がある）

▶ 公的書類（郵送請求したとして，1 週間程度は見込む必要がある）

▶ 車両

→使用権原と駐車場所

→運搬施設

▶ 事業計画

②　ヒアリング不足がないか

ヒアリング事項は，申請書類と添付書類の内容から抽出できる。したがって，それら全体を把握することが必須である。そのため，受任後は速やかに申請書類の作成にとりかかるべきである。入念に準備をして面談に臨んだとしても，いざ申請書を完成させる段階になってヒアリングもれに気付くこともある。

③　顧客のアクションは不要か

書類の準備等，依頼者のアクションが必要な事柄を明確にしておく必要がある。面談でやるべきことを確認したとしても，そのままにせず，改めてメールで念押しするくらいでちょうどよい。依頼者にとっては本業が優先のため，許可関係の事務や準備は後回しになりがちである。その点で時間的なコントロールも難しいので気を付けてほしい。

2　各様式の記載例（書面作成）

①　申請書類を次の4種類に分けて頭を整理する

▶　法定様式

法令で定めれた様式。左上に「様式第○号（第○条関係）」と記載がある。

▶　公的書類

履歴事項全部証明書・住民票・登記されていないことの証明書・納税証明書等，役所が発行するもの。

▶　参考様式，添付書類，裏付け資料

通常，自治体ごとに独自の書式を作成している。指定された書式を用いるのが原則だが，法定様式に比べるとアバウトであることが多い。

▶　自治体特有の確認資料

申請先の許可行政庁が，他自治体では求めない資料の提出・提示を求める場合がある。これらの資料については特に注意し，失敗を防ぐ必要がある。

一般に上記の参考様式を含めウェブサイトに様式が公開されているが，

まれに公開されておらず，自身で準備が必要な場合があるので注意をする。

ここが実務のポイント⑩ 記名押印

従来，役所に提出する書類にはハンコが必要なことが多かった。一般にはあまり意識されていないが，行政書士であれば「記名押印」という言葉を理解してほしい。「記名」「自署」，また「認印」「実印」の区別である。一般に「記名押印」といえば，パソコンにより印字された名に認印で足りるという意味である。また，特段の指示がない場合は記名押印で問題ないと考えられる。記名でいいのであれば，書類に印字した方が依頼者にとっても助かる。また，認印で足りる場合に，依頼者に対し無暗に実印を求めることは避けたい。なお，実印とは個人・法人ともに印鑑証明により印影が証明されるものである。したがって，本来実印とは証明書とセットで意味をなすものである。

② イレギュラーに対応するための書類検討（債務超過（赤字）の場合の対応）

直近の決算が債務超過だった場合，まずは申請先の自治体で条件を確認する。自治体により「経理的基礎を有すること」の判断に差があり，提出資料も異なる。

「経理的基礎を有することの説明書」の提出が必要な場合，通常は税理士・公認会計士・中小企業診断士に作成を依頼する必要がある。もちろん，行政書士が丁寧にヒアリングして素案を作成することも可能である。

この説明書が必要な場合，本当に許可を取得すること（収集運搬を創業すること）が顧客にとって真の利益になるのかを十分に検討するべきである。仮に許可を取得できたとしても，実際に事業が不調であれば，顧客にとって損失になる。許可取得は可能であっても，あえて断念を提案した方がいいこともる。

【参考】

『経理的基礎を有することの説明書』について

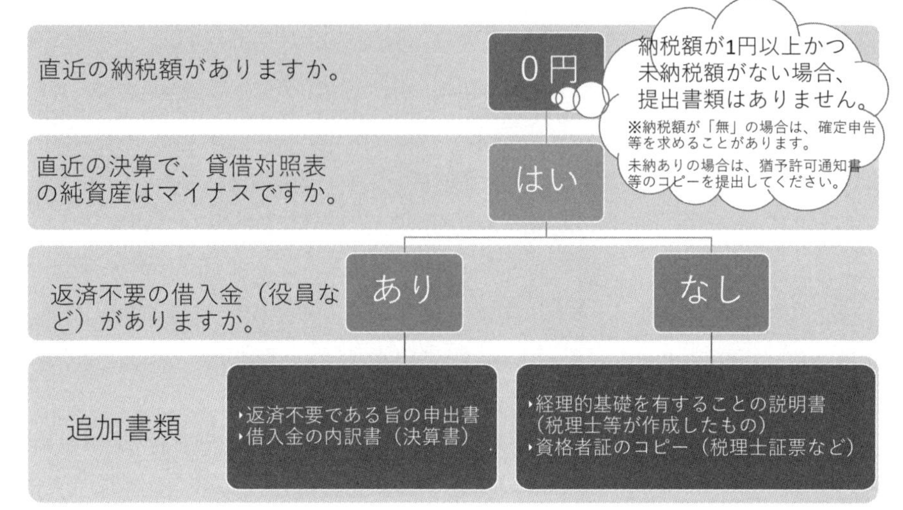

出典：「経理的基礎説明書」東京都

【参考】

経理的基礎に関する審査の考え方

1　営業実績が３年（事業年度）以上ある法人の場合

許可申請の種類	直前事業年度の自己資本比率	直前３年間の経常利益金額等の平均値	直前事業年度の経常利益金額等	行政処分の内容		
				収集運搬業		処分業
				積保なし	積保あり	
全て	10%以上	プラス	プラス	原則基礎認定	原則基礎認定	原則基礎認定
全て	10%以上	プラス	マイナス	原則基礎認定	原則基礎認定	原則基礎認定
全て	10%以上	マイナス	プラス	原則基礎認定	原則基礎認定	原則基礎認定
全て	10%以上	マイナス	マイナス	①必要時診断書	①必要時診断書	①必要時診断書
全て	0%以上10%未満	プラス	プラス	原則基礎認定	原則基礎認定	原則基礎認定
全て	0%以上10%未満	プラス	マイナス	原則基礎認定	診断書	診断書
全て	0%以上10%未満	マイナス	プラス	原則基礎認定	診断書	診断書
全て	0%以上10%未満	マイナス	マイナス	診断書	診断書	診断書
全て	0%未満	プラス	プラス	②必要時診断書	診断書	診断書
全て	0%未満	プラス	マイナス	③必要時診断書	診断書	診断書
全て	0%未満	マイナス	プラス	診断書	診断書	診断書
新規・変更	0%未満	マイナス	マイナス	不許可	不許可	不許可
更新	0%未満	マイナス	マイナス	診断書※	診断書※	診断書※

（注）１「経常利益金額等」とは、損益計算書上の経常利益の金額に当該損益計算書上の減価償却費の額を加えて得た額をいう。

２「診断書」では、今後５年間の収支計画に基づく中小企業診断士又は公認会計士の経営診断書を申請書に添付し、今後５年以内に健全な経営の軌道に乗ることが証明できること。

　また、※の場合の「診断書」については、経営の悪化が新型コロナウイルス感染拡大の直接的又は間接的な影響によること及び今後５年以内に健全な経営の軌道に乗ることが証明できること。

　ただし、診断書の内容だけで経理的基礎の有無を判断するものではない。

３　不許可となった場合でも、申請手数料や診断書は申請者の負担である。

４「必要時診断書」とは、別紙のとおりである。

５　事業年度は、６か月以上あるものを１期としてみなす。

出典：「経理的基礎に関する審査の考え方」愛知県

◆記載例

借入金及び支払利子の内訳書

承認	作成	監査

商号：　　　　株式会社

令和　年　　　～令和　年

借入先			期末現在高	期中の支払利子額 利率	担保の内容 (物件の種類、数量、所在地等)
氏名	所在地（住所）	法人・代表者との関係			
日本政策金融公庫 支店	東京都		円 30,000,000	円 %	
銀行 支店	東京都		20,000,000		
長期借入金　計			50,000,000		
藤原　頼道	川崎市	代表者	10,000,000		
藤原　章子	川崎市	役員	2,000,000		
役員借入金　計			12,000,000		
計					

東京都では，債権者による返済不要の意思を示した書面を提出することで，その額について債務としない判断をしている。この対応が可能な債権者は一般的には役員（申請者）である。

Column 9

経理的基礎

東京行政書士政治連盟は，「経理的基礎を有することの説明書」の作成資格者として行政書士を加えることを東京都に要望している。

行政書士は，本説明書の作成資格者として原則的に認められていないのである。

このことは，少なくとも一般的な感覚としては妥当であろう。実際，行政書士の受験科目に財務科目はない。一方で，実際に許認可業務を遂行するには，顧客とのコミュニケーションも含めて，一定程度財務の理解が必要である。このような実情を踏まえて，上述の要望が妥当か否か，読者の皆さんにも考えてほしい。

3 車両・容器の書類作成

① 車両の条件（車検証の見方）

車検証で最初に確認すべき事項は,「所有者」「使用者」「有効期限」である。「所有者」や「使用者」が申請者になっていない場合，別途対応が必要な可能性があり、スケジュールに影響するからだ。

キーワード解説に記載のとおり、令和５年１月から車検証の電子化が開始され、現在の車検証にはICタグが貼付されている。電子車検証には有効期間や使用者住所・所有者情報、使用の本拠の位置等が記載されないため、それらの情報は「自動車検査証記録事項」で確認する。「自動車検査証記録事項」は、車検証電子化から少なくとも３年間は運輸支局窓口で交付されることとされているが、「車検証閲覧アプリ」でPDFデータをダウンロードすることもできる。

なお、一部自治体では、ディーゼル車の走行が規制されており、古い車両の場合、指定装置を装着していることの証明書が必要な場合がある。ただ、近年はほとんどがディーゼル規制対応済みの車両となっている。ディーゼル規制対応車両か否かは型式で確認することができる。また、東京都の場合は、専用窓口に型式を問い合わせると、対応の有無や、指定装置の装着有無

【参考】車検証（自動車検査証）IC タグ付き

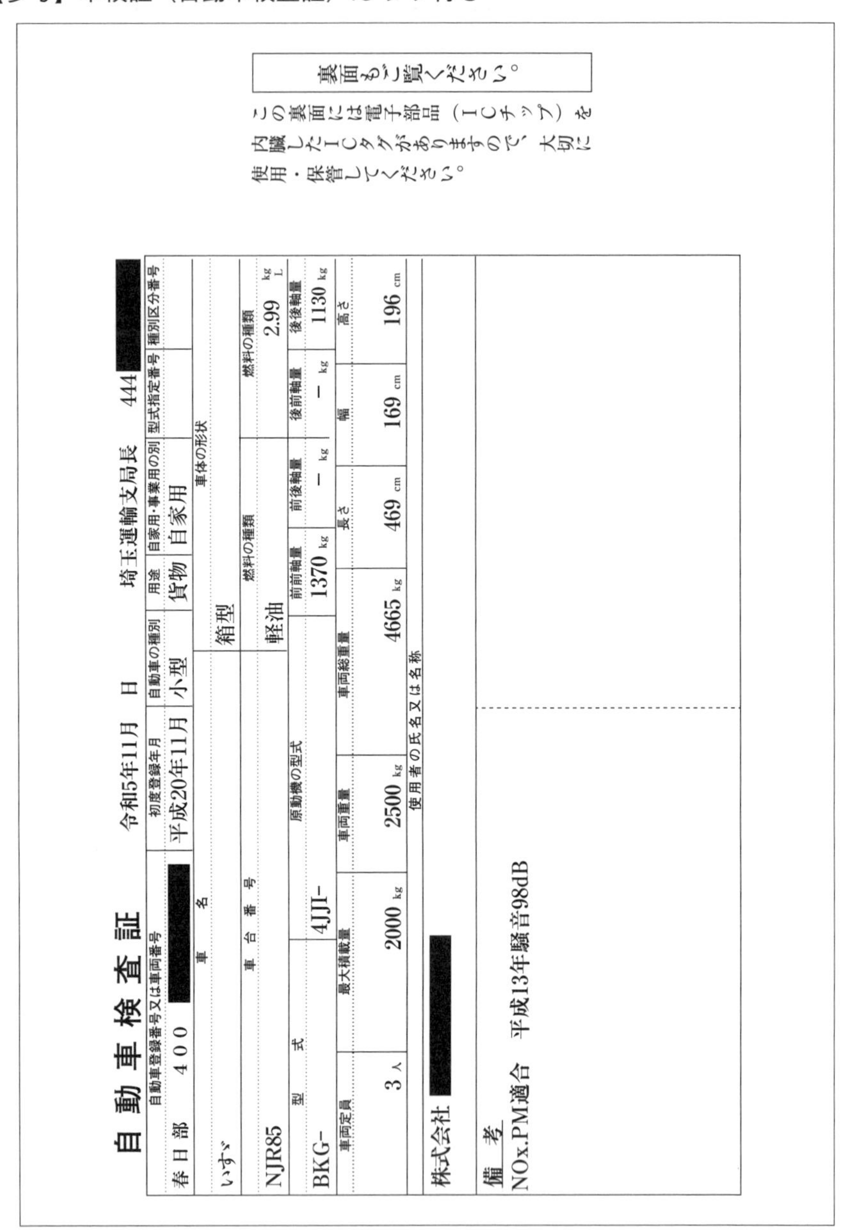

裏面もご覧ください。

この裏面には電子部品（ICチップ）を内蔵したICタグがありますので、大切に使用・保管してください。

自 動 車 検 査 証　　令和5年11月　日　　埼玉運輸支局長　444

自動車登録番号又は車両番号	初度登録年月	自動車の種別	用途	自家用・事業用の別	型式指定番号	種別区分番号
春日部　400	平成20年11月	小型	貨物	自家用		

車名	車体の形状
いすゞ	箱型

車台番号	燃料の種類	燃料の種類
NJR85	軽油	2.99 kg/L

型式	原動機の型式	前前軸量	前後軸量	後前軸量	後後軸量
BKG-	4JJI-	1370 kg	− kg	− kg	1130 kg

車両定員	最大積載量	車両重量	車両総重量	長さ	幅	高さ
3 人	2000 kg	2500 kg	4665 kg	469 cm	169 cm	196 cm

使用者の氏名又は名称
株式会社

備　考
NOx.PM適合　平成13年騒音98dB

を回答してもらうことができる。

【参考】車検証（自動車検査証記録事項）

記録年月日	令和 6年 5月 1日

A

自動車検査証記録事項

444

1. 基本情報					
自動車登録番号又は車両番号	春日部 400				
車台番号	NJR				
登録年月日／交付年月日	令和 6年 5月 1日	初度登録年月	平成 24年 8月	有効期間の満了する日	令和 7年 3月 25日

申請のタイミングによっては期限が切れてしまうので注意する

2. 所有者・使用者情報	
所有者の氏名又は名称	株式会社
所有者の住所	埼玉県
使用者の氏名又は名称	＊＊＊
所有者の住所	＊＊＊
使用の本拠の位置	＊＊＊

使用者が申請者であるが確認する

3. 車両詳細情報							
車名	いすゞ						
型式	BKG－			原動機の型式	4JJ1		
自動車の種別	小型	用途	貨物	自家用・事業用の別	自家用		
車体の形状	キャブオーバ ［022］			乗車定員	3人	最大積載量	2000kg
車両の重量	2700kg	車両総重量	4865kg	長さ	469cm	幅	169cm
高さ	197cm						
前前軸重	1480kg	前後軸重	－kg	後前軸重	－kg	後後軸重	1220kg
総排気量又は定格出力	2.99cm						
燃料の種類	軽油	型式指定番号		種類区別番号			

ディーゼル規制の対象者かどうか型式で確認する。最近の車両はほとんど対応済である。

産廃収集運搬車としてはキャブオーバーやダンプが比較的多い。

4. 備考

［春日部］，移転登録
平成２７年度燃費基準達成車
使用車種規制（NOx・PM）適合。この自動車もの使用は本拠はNOx・PM 対策地域内です。
［走行距離計表示値］ km（令和６年 ）
［旧走行距離計表示値］ km（令和５年 ）
平成 13 年騒音規制車，近接排気騒音規制値 98dB
［受検種別］ 持込検査車
［検査時の点検整備実施状況］点検整備記録記載あり
［受検形態］認証整備工場
［整備工場コード］
［形式・種別］
以下余白

【注意事項】

記録事項はシステム登録時の情報となります

車両ID	T

ここが実務のポイント⑪　車検証の使用者欄の確認

車両の使用権原確認が重要だと説明したが，わかっているつもりでも見落とすことがある。業務に慣れた気になっていた筆者にも失敗がある。

依頼者はもともと個人事業主だったが，法人成りして代表者になっていた。よくあることだが，車検証の使用者欄は代表者個人名のままであり，申請者たる法人名義ではなかったのである。そのことに気付いたのは申請直前であった。申請先都道府県の運用にもよるが，結論的には申請受付は可能である。２自治体に申請したところ，１件は所定の「借り上げ車両申出書」と「使用貸借契約書（個人―法人）」の提出で対応した。もう１件は，申請受付後，審査期間中に使用者名義を申請法人に変更した車検証を提出するよう指示を受けた。審査期間中に提出できなければ，許可日が遅れて依頼者に迷惑をかけることになる。

標準処理期間は２か月程度あるので甘く考えていたが，車両の所有者がリース会社であったため，使用者変更の承認を得るために，申請の趣旨を説明したり法人の決算書を提出したりと時間がかかってしまった。リース会社の対応が，社内決裁が必要なことや優先度の低い業務ということが相まって，なかなかスムーズに進まず審査期間中ずっとヤキモキすることになった。もちろん，リース会社からの委任状手配後には運輸局での登録変更手続もしなければならない。

このエピソードから学んでほしいのは，業務に慣れたつもりでもミスは起こり得るということと，当初の想定にない業務が後から発生したときには，報酬についてトラブルになりやすいということである。本件の場合，最初の見積時に別業務として「使用貸借契約書作成」と「自動車移転登録手続」を提示するべきであった。■

【参考】

電子車検証でここが変わる!

A6サイズで
コンパクト

車検証情報は
アプリで確認

記録等事務代行サービスで
一部手続きが出頭不要

電子車検証特設サイト 

https://www.denshishakensho-portal.mlit.go.jp/

電子車検証とは？

2023年１月４日より自動車検査証を電子化し、必要最小限の記載事項を除き自動車検査証情報はICタグに記録します。ICタグの情報は汎用のICカードリーダが接続されたPCや読み取り機能付きスマートフォンで参照可能です。

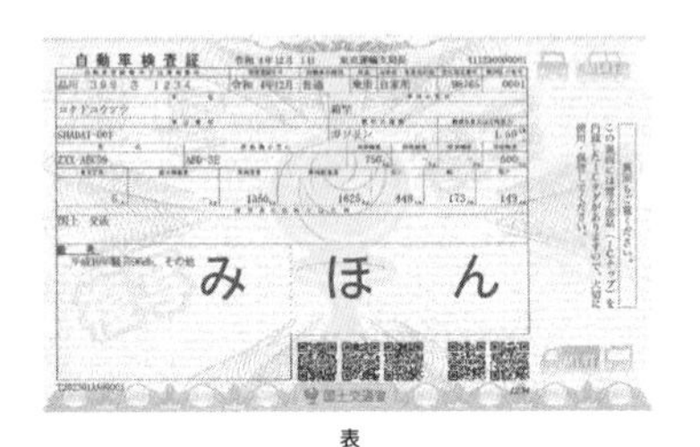

表

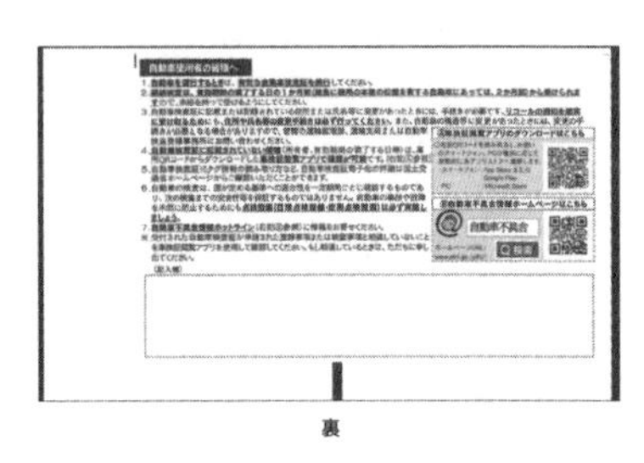

裏

車検証閲覧アプリ

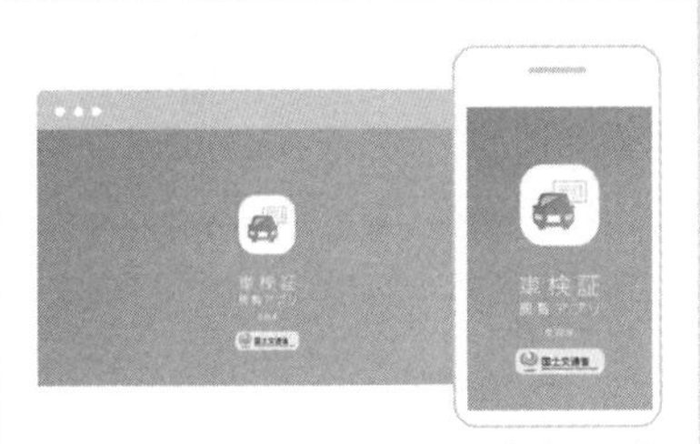

電子車検証の券面には、有効期間や使用者住所、所有者情報が記載されないため、ユーザーや関係事業者は、車検証閲覧アプリを活用して当該情報を確認することができます。

アプリのインストールはこちら

※アプリはWindowsPC用デスクトップアプリ、モバイルアプリがございます。
詳細は下記特設サイトよりご確認ください。

事業者の皆様へ 記録等事務代行サービス

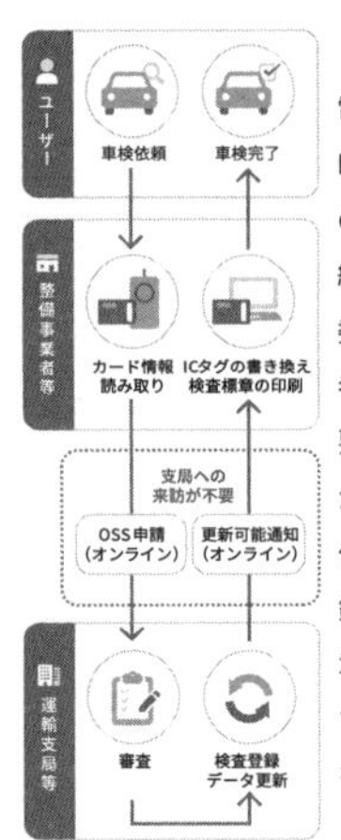

電子車検証に搭載されているICタグの記録情報の書き換えのみの継続検査や変更記録手続きの場合、運輸支局等から委託を受けた記録等事務代行者は運輸支局等への出頭は不要となります。運輸支局長等から委託を受けた記録等事務代行者による電子車検証の記録事項の書き換え及び検査標章その他帳票の印刷を可能とする記録等事務代行サービスを新たに構築します。

電子車検証特設サイト

https://www.denshishakensho-portal.mlit.go.jp/

【参考】ディーゼル車規制（指定装置の装着証明書）

■規制の内容は？

東京都環境確保条例（略称）で定める粒子状物質排出基準を満たさないディーゼル車（乗用車を除く。）は、東京都内での走行が禁止されています（島しょ地域を除く。）。

■どういう車が規制の対象なの？

「都内を走行する以下のディーゼル車」です（登録地は問いません。）。

ナンバープレートの分類番号	規制対象車（用途）	例示（形状）	備　考
1－ 4－ 6－	貨物自動車	トラック (キャブオーバー・トラクターなど) バン	◎自家用、事業用の種別を問いません ◎小型、普通自動車の種別を問いません
2－ （一部 5-、7-）	乗合自動車 （乗車定員 11 人以上）	バス マイクロバス	
8－	特種用途自動車	冷蔵冷凍車 コンクリート・ミキサー車等	◎乗用車タイプをベースにしたものは規制の対象外

※ 乗用車（3－，5－，7－ ナンバー）は規制対象外です。
※ 新しい型式（新短期規制以降）のディーゼル車は適合しています。
} 都内走行可

■規制の対象となる車はどうすればいいの？

（1）CNG（圧縮天然ガス）車、ハイブリッド車、ガソリン車、都条例の規制に適合しているディーゼル車など、より低公害な車に買い替えてください。

（2）現在使用している車を猶予期間※ 経過後も使用する場合は、九都県市が指定した粒子状物質減少装置（酸化触媒等）を装着する必要があります。

※初度（新車）登録から７年間は規制が猶予されます。

九都県市指定
粒子状物質減少装置ステッカー

- 指定装置を装着した場合は、速やかに登録はがき（装置装着データ）を東京都まで送付してください。
- 指定装置の装着証明書は、必ず車両に備え付けてください。
- 指定装置を装着した車両には、九都県市指定粒子状物質減少装置ステッカーを貼ってください。

都は監視カメラで都内走行を確認しています。

◇ 都条例に違反した場合は、運行禁止命令や公表等の行政処分の対象となります。

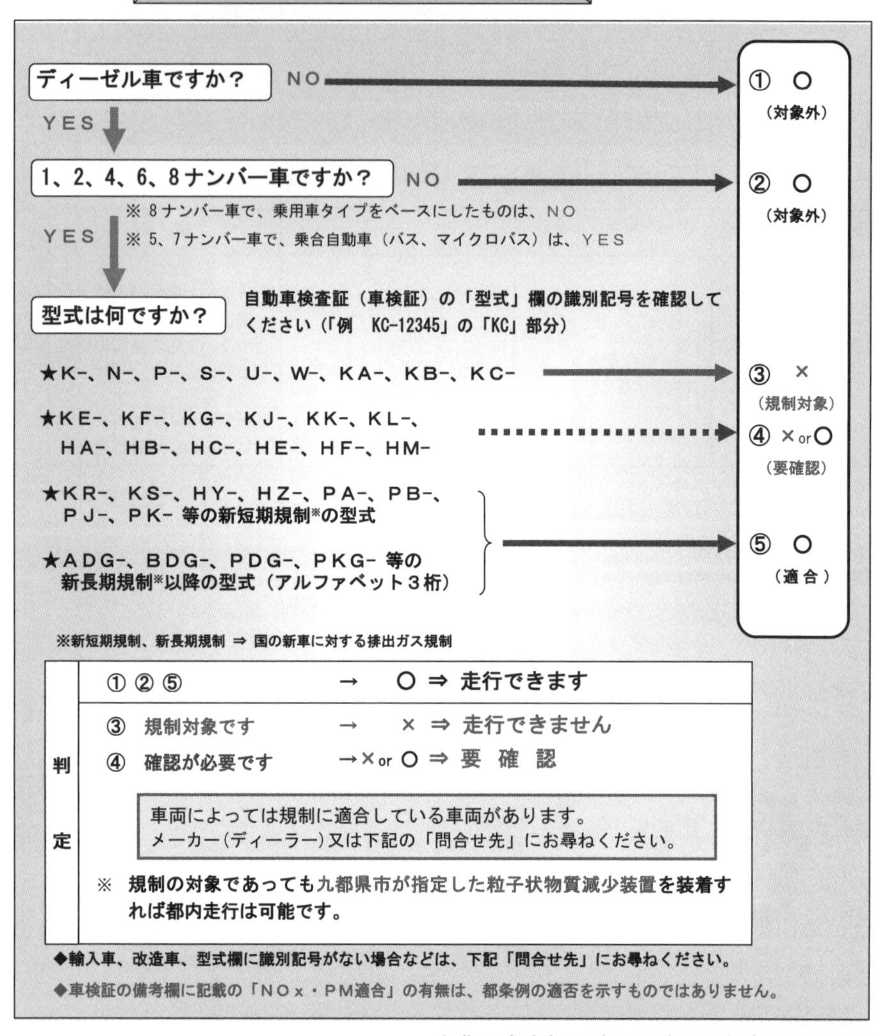

出典：東京都環境局環境改善部自動車環境課

② 写真撮影

容器は全体が写るように撮影する必要がある。具体的な注意事項は各都道府県の手引で確認する。

なお、東京都では、容器撮影の際に車両ナンバーが同時に写るように指示されているが、これは確実に容器が準備されていることを確認するための措置で、最近の変更事項である（従来は容器のみの写真でよかった）。聞くところによると、実際に容器を準備していないのに、ウェブサイト上から引用した画像を申請書に貼りつけてごまかしていた例が少なくなかったようだ（P149撮影書類参照）

Column 10

制度改正時における業務上の「ひと手間」

申請書類に関わる何らかの制度が改正される際、証明書等の手配や依頼者の案内に「ひと手間」が加わることがある。

産業廃棄物収集運搬業許可申請における車検証もその一つである。従来の車検証には車両について申請上必要な情報がすべて記載されていたため、車検証だけを確認すれば済んだ。ところが、電子車検証には所有者情報等の記載がないため、「自動車検査証記録事項」の提出が必要となった。依頼者に電子車検証の認識がない場合は、車検証についての新制度についても補足説明が必要になった。また、アプリで読み取れるはずの情報であるが、申請上は書面での提出のため、ペーパーレスにもつながらない。

他にも、建設業許可申請における常勤役員等や専任技術者の常勤性確認資料である健康保険証ついても制度改正が行われた。令和６年１２月から健康保険証の新規発行が終了し、健康保険証を利用登録したマイナンバーカード（「マイナ保険証」）に代わることになった。この改正時点では、建設業許可申請実務上は原則的に従来どおり健康保険証（事業所名記載）の写しを提出することで対応できる。この点についても、今後の動向に応じて顧客への適切な案内が必要であろう（健康保険証によって常勤性の確認をするということは、報酬額をもって常勤性の判断をすることでもあるため、そもそも確認資料として別の資料が想定できる点は別の問題である）。

おおもとの制度改正の目的が「簡素化」にある場合、許可申請自体は別の制度とはいえ、その「ひと手間」に納得できない心情もある。申請実務だけを考えると、すぐに簡素化につながらないことが少なくない。しかしながら、過渡期にはやむを得ず、この「ひと手間」が行政書士業務の要素を構成していると考え、顧客に適確に案内することが対応力のアピールにもなるだろう。

【参考】

様式第六号の二（第九条の二関係）　　　　（第６面）

運搬車両の写真

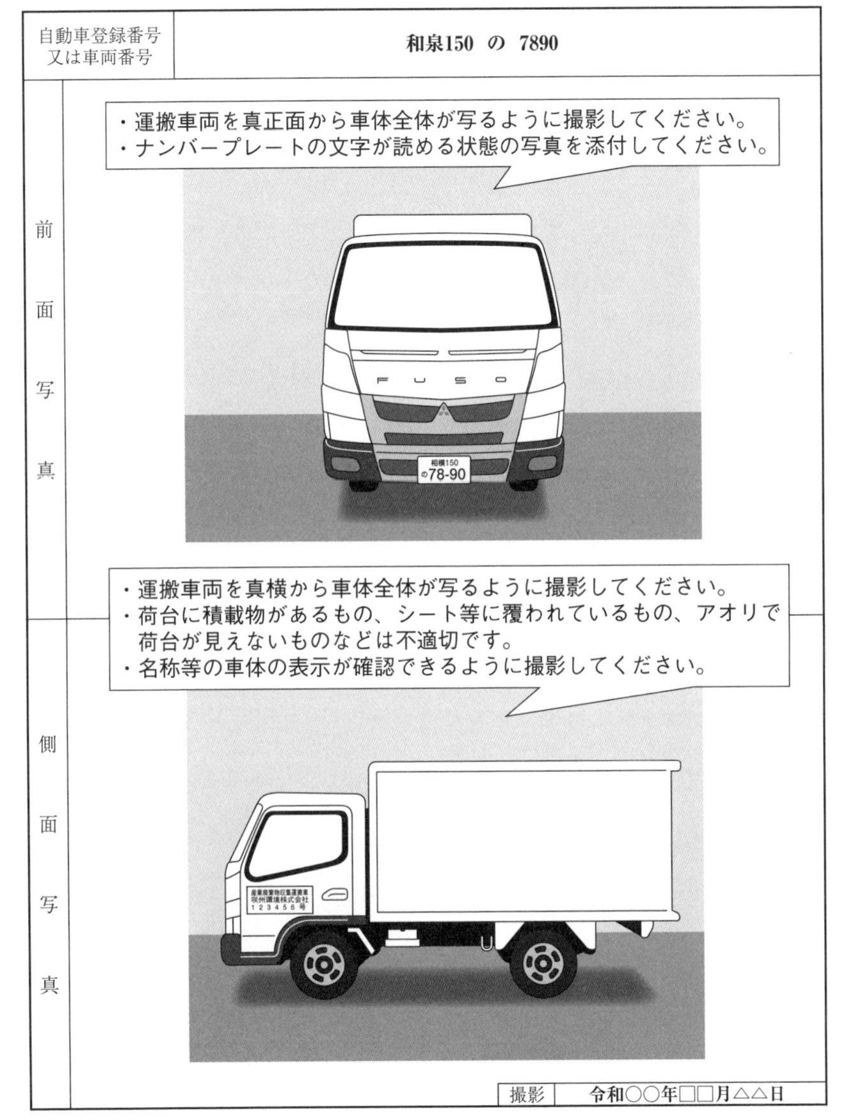

自動車登録番号 又は車両番号	和泉150 の 7890
前面写真	
側面写真	
	撮影　令和○○年□□月△△日

出典：「収集運搬業（積替え又は保管を含まない）の許可の手引き」大阪府（令和３年４月）一部改変

【参考】駐車場付近の見取図（茨城県の参考様式）

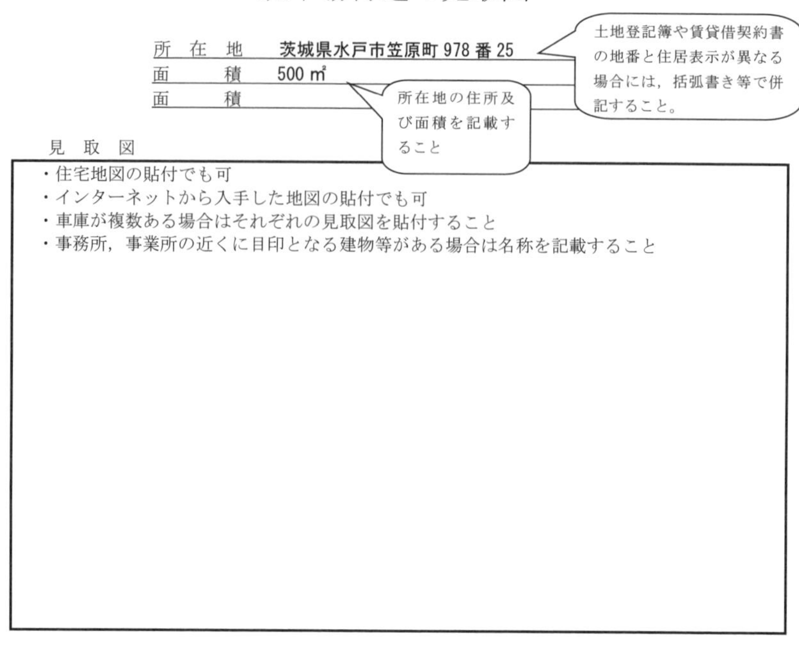

駐車場付近の見取図

所　在　地　茨城県水戸市笠原町978番25

面　　　積　500㎡

面　　　積

土地登記簿や賃貸借契約書の地番と住居表示が異なる場合には，括弧書き等で併記すること。

所在地の住所及び面積を記載すること

見　取　図

・住宅地図の貼付でも可
・インターネットから入手した地図の貼付でも可
・車庫が複数ある場合はそれぞれの見取図を貼付すること
・事務所，事業所の近くに目印となる建物等がある場合は名称を記載すること

駐車場内配置図

注意事項
・車庫内部の配置図を記載すること
・入り口，建屋などがあれば記載すること
・車庫が複数ある場合はそれぞれの配置図を貼付すること
・駐車スペースを四角等で分かるように記入すること（車両台数分）

【参考】車庫（船舶は停泊場所）の案内図（神奈川県の参考様式）

※任意書式。一部の自治体では求められる。神奈川県では現在は不要になったが、イメージとして、以前必要であったときに案内されていた記載例を掲載する。

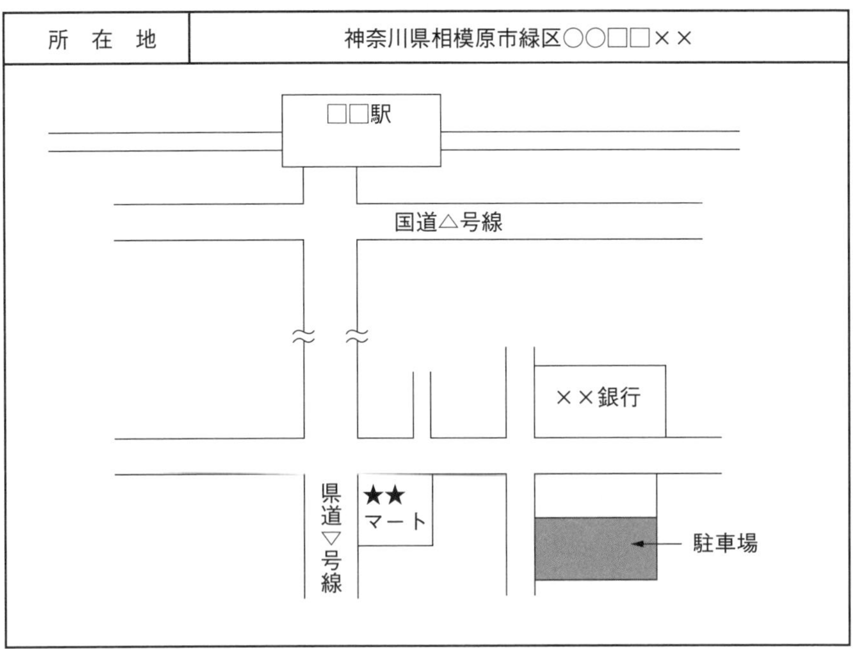

車庫（船舶は停泊場所）の配置図

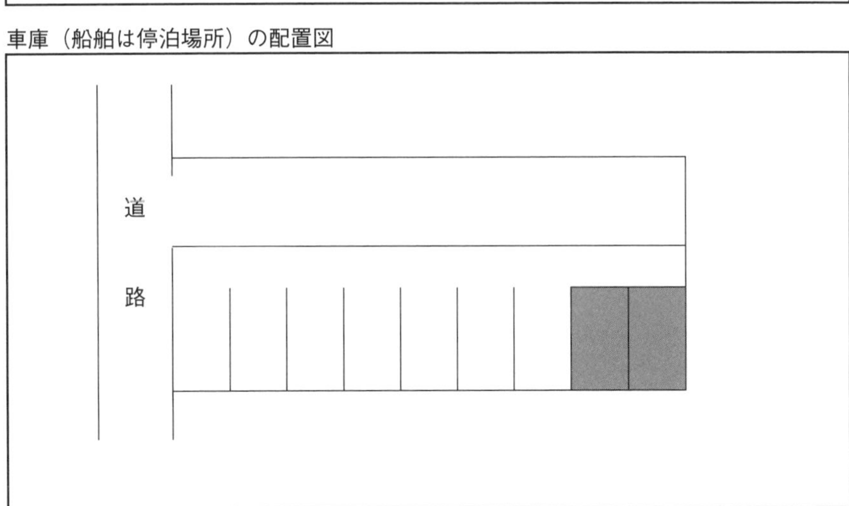

4 排出事業者と運搬先の確認（排出先のヒアリングとホームページ確認）

「**3-2　最も重要な「事業計画」**」(p98) で解説したとおり，入念にヒアリングした内容を書面に反映させる。一度の打ち合わせで作成できることもあるが，依頼されてから計画を練ることもある。

5 申請前の確認

訪問回数は，依頼者の都合にもよるが，自分次第で調整することもできる。たとえば，「**4-3 「面談」から「受任」まで**」(p128) において記載した面談で押印が済んでいる場合，必ずしも申請前に顧客訪問をする必要性はない。訪問回数が少ない方が効率的に業務を完了させられるが，一方で，営業的な観点から考えれば顧客との接点を増やすことは有益である。

- ▶　申請内容の説明（申請書類を共同で確認しながら）
- ▶　取得した公的書類の説明
- ▶　委任事項の確認
- ▶　着手金，預り金の受領
- ▶　スケジュールの案内（申請日の確認と許可証の発行まで2〜3か月ほどかかることの案内）

4-6　申請する

1 申請書類をつづる

- ▶　都道府県によっては，つづり方に指示がある場合がある。例えば，千葉県では書類の並べ方に加えてインデックスを施すという指示がある。
- ▶　申請書の部数を確認する。通常は「正本・副本」の２通であるが，自治体によっては，経由する窓口の分を含め３部必要なことがある。

5　申請書類の作成

（1）申請書類等のとじ方

・申請書類等は左側に２穴をあけ、以下「（2）申請書類等の確認リスト」の順番に並べ、綴じひもで綴じてください。

・提出前に書類の不足書類がないか再度御確認ください。
（**不足書類があると受理しない場合があります。**）

出典：産業廃棄物収集運搬業許可申請の手引き（新規・更新許可申請用）（東京都環境局令和５年11月）

【参考】※従前、千葉県では以下のとおり案内されていたが、令和７年１月より電子申請が開始された

● 書類の綴じ方

許可申請等書類は、左側に２穴パンチで穴を開け、**提出書類一覧に記載されている順番に綴じ紐で綴じ**（テープ、ファイル等は使用しないでください。）、**添付書類の項目**（提出書類一覧（インデックス）に示す項目によってください。）**を表示したインデックスを上から段差を付けて貼付**してください。

なお、インデックスは、書類に直接貼付してさしつかえありませんが、Ａ４版より小さい書類があるときは、当該書類をＡ４版の白紙に貼付するか、インデックス貼付用の白紙（中表紙）を入れ、その後に綴じ込むなどにより、インデックスが隠れないよう工夫してください。

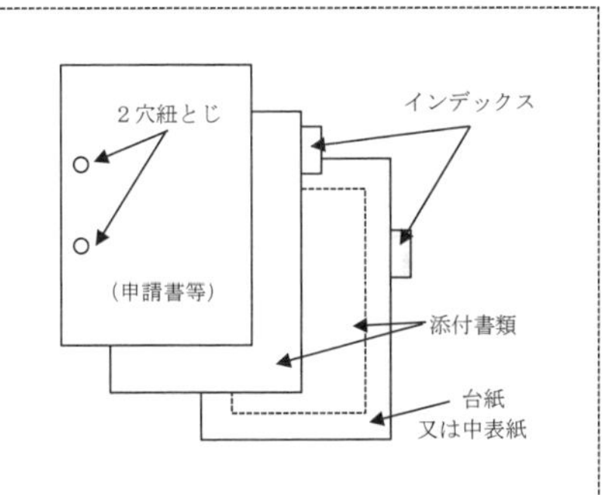

2 申請日当日

①　都道府県への申請

公的書類の不備は特に注意すべきである。申請が受け付けられない可能性があるからだ。申請日には確実に受け付けられるように準備しておき，多少の不備は後日郵送等の補正対応で済むようにすべきである（不備が全くない完璧な申請を目指すのは言うまでもない）。

▶　必要書類を最終確認する（綴じ方・綴じる順番にも注意）

▶　委任状を確認する

▶　公的書類と申請書の記載内容に相違がないかを確認する

▶　窓口申請の場合，申請手数料（現金）と職印・行政書士証票を持参す

る

▶　許可証の郵送先を記載したレターパックプラス（赤）を用意（都道府県ごとの運用による）

申請前の書類準備（書類をコピーし，順番に並べながら不備を確認する作業）は実は意外と時間がかかるものである。コピーするだけでも見込みの時間をオーバーする可能性はある。最終確認のつもりが，その時点で書類の不備に気付くこともあり得る。不備が許可条件に関わる場合は，早急に対応が必要になるので最後まで気は抜けない。

②　申請完了

イ　依頼者に電話で一報

ロ　補正内容の報告（追加資料や情報が必要な場合）

既に顧客から取得している資料・情報で補正対応が可能な場合は，補正対応したという報告はせずとも，「申請書の記載を○○に修正した」という程度でいいだろう。

ハ　受付印のメールと伝達事項，許可証発送見込み

4-7　アフターフォロー（申請後）

1「申請後」から「許可前」まで

①　依頼者への報告

書類を受け付けて「受付印」をもらうタイミングは業務の中で最も安心する瞬間である。審査において欠格要件の該当が判明しない限り，許可の可能性は高い。依頼者には申請受付，審査期間の報告とともに，仮に補正指示を受けた場合の協力依頼をしておくとよい。

②　返却

申請のために預かっている書類があれば返却する。預り証を交付しているときは，返済と同時に預り証の回収や破棄依頼をしておく。

③　請求書発行（残金）

未請求分がある場合は，申請後速やかに請求する。許可後ではだいぶ先になってしまうので，早めに請求する習慣を付けた方がよい。申請前に全額請求するのであればなおよい。

④　補正対応

補正には，書面記載の修正の他に，追加資料の提出や書面の差し替えがある。窓口受付の際に，「補正票」や「指摘票」のような書面が渡されることもある。もっとも，欠格要件の該当が判明した場合を除いて，申請受付後に不許可処分に至るほどの指摘をされることは考えにくい。依頼者に新たな資料や情報を求める事態は避けたいが，やむを得ない場合には，「他の点は大丈夫ですので」と添えるとよい。

以下は，筆者が実際に神奈川県で申請した際に受領した補正指示書である。実際には補正事項はなかったため，単にチェックリストのような役割である。ここで伝えたいことは，窓口の審査ではこのような確認表に基づいて書類を確認しており，その内容は手引ですべて説明されているということである。したがって，補正を受けるということは，気付かなかった点やうっかりミス，認識違いがあったということだ。

また，許可業者自身が本人申請した際の補正指示書（埼玉県）も掲載する。細かく指摘されているが，形式的な指示も多く，事務連絡に近い内容といえる。

【参考】補正指示書（神奈川県）

収受日	収受番号	申請者
令和元年　　月　　日	資循第　　　　号	

産業廃棄物・特別管理産業廃棄物収集運搬業（積替・保管を除く。）
許可申請受付審査票　兼　補正指示書【新規許可申請（法人）】

	申　請　書　類	有・不備	補正日	備考
	許可申請書（施行規則様式第六号） （特別管理産業廃棄物の場合は、施行規則様式第十二号）	☑・□		
	法人の登記事項証明書〔履歴事項証明書〕	☑・□		
役員	住民票（本籍地記載）又は外国人登録証明書の写し	☑・□		
	成年被後見人・被保佐人の登記をされていないことの証明書	☑・□		
株主等	住民票（本籍地記載）又は外国人登録証明書の写し	☑・□		
	成年被後見人・被保佐人の登記をされていないことの証明書	☑・□		
	法人の登記事項証明書〔履歴事項証明書〕	~~□・□~~		
政令使用人	住民票（本籍地記載）又は外国人登録証明書の写し	~~□・□~~		
	成年被後見人・被保佐人の登記をされていないことの証明書	~~□・□~~		
	産業廃棄物処理委託契約の締結権限を有していることが確認できる書類（参考様式）	~~□・□~~		
	役職がわかる組織図（任意様式）	~~□・□~~		
	講習会修了証の写し	☑・□		
	定款又は寄附行為	☑・□		
	直近３年間の貸借対照表	☑・□		
	直近３年間の損益計算書	☑・□		
	直近３年間の株主資本等変動計算書	☑・□		
	直近３年間の個別注記表	☑・□		
	直近３年間の法人税納税証明書〔その１〕	☑・□		
	経理的基礎に関する追加資料（　　　　　　　　　　）	~~□・□~~		
事業計画の概要（施行規則様式第六号の二）	第１面（事業計画の概要、取り扱う産業廃棄物の種類及び運搬量等）	☑・□		
	第２面（運搬施設の概要）	☑・□		
	車庫の案内図（参考様式）	☑・□		
	駐車場等に係る土地の登記事項証明書又は賃貸借契約書の写し	☑・□		
	第３面（積替施設又は保管施設の概要）	☑・□		
	第４面（収集運搬業務の具体的な計画）	☑・□		
	第５面（環境保全措置の概要）	☑・□		
	第６面（運搬車両の写真）	☑・□		
	自動車検査証の写し	☑・□		
	第７面（運搬容器等の写真）	☑・□		
	第８面（事業の開始資金及びその資金の調達方法）	☑・□		
	第10面（誓約書）	☑・□		
	事務所の案内図、付近の見取図（参考様式）	☑・□		
	許可証の写し〔他都道府県・政令市許可分〕	~~□・□~~		申請中
	県内政令市における積替・保管の有無	有・(無)		
	その他（　　　　　　　　　　）	~~□・□~~		

□　上記書類の不備について、速やかに補正書類を提出してください。　☑ 水銀　有・(無)　**窓口補正なし**

神奈川県　環境農政局　環境部　資源循環推進課　担当：○○　電話 045-210-11XX

〒231-8588　横浜市中区○○○○　FAX 045-210-88XX

※　この申請の標準処理期間は60日間（土・日・祝日及び年末年始の休日を除いた日数）です。
ただし、申請書類に不備がある場合は、補正の期間は標準処理期間から除算されます。

申請手数料：81,000円

許可証の受領方法：□　窓口
☑　郵送（レターパックプラス・A４封筒（　　　　円））

※令和元年10月１日に実施が予定されている消費税の引き上げによる郵送料の変更に伴い、追加のご負担をお願いする場合がございます。ご了承ください。

【参考】補正指示書（埼玉県）

申請に係る注意事項

整理番号	■■■

株式会社■■■様　（ご担当■■■）

郵送での産業廃棄物収集運搬業許可申請を受付しました。
審査を行うに当たっての注意事項は以下のとおりですのでご一読ください。

1　今回提出された申請書に係る補正事項は別添の「補正指示一覧」のとおりです。
補正書類は速やかに提出してください。
2　今後、申請内容の確認や追加の資料を依頼する場合は、担当者（または行政書士）宛に連絡しますのでご協力をお願いします。
3　この申請の標準処理期間は、４３日です。
なお、土曜日、日曜日、祝日及び年末年始の休日を除いた日数になります。通常では、２か月と１週間程度となります。
補正書類がある場合は、それらが整った日からの計算となります。
許可の早期取得を目指す場合は補正指示があったら速やかに提出してください。
4　当方からの補正要請にかかわらず、期間内に正当な理由なく補正が適切になされない場合は、不許可となることがあります。
5　申請書に関するお問い合わせは以下の担当へお願いします。その際には右上の整理番号をお知らせください。
なお、申請書の審査の進捗に対する問い合わせについては、標準処理期間内であれば対応していませんのでご承知おきください。
6　欠格事由に該当すると、申請書の事業内容等の適否にかかわらず許可ができません。
また、更新・変更の許可申請の場合は、現在有効な許可も取消しとなります。
その場合、他の都道府県等で取得されている許可に影響を及ぼすことがあります。
7　手数料は、申請書提出時に審査手数料としての納付になります。
この申請が許可とならない場合であっても審査手数料ですのでお返しできません。
ご承知おきください。

埼玉県産業廃棄物指導課　収集運搬業担当 ■■■
電話　０４８-８３０-３０２６
〒330-9301　埼玉県さいたま市浦和区高砂３－１５－１
メールアドレス　a3120-05@pref.saitama.lg.jp

補正指示一覧（■■■■■）

以下の事項について、ご確認、ご対応いただきますようお願いします。

○第３面

令第６条の１０に規定する使用人の欄に「該当なし」と追記ください。

○添付書類（第１面）

・１．事業の全体計画に、営業範囲が記載されておりませんので追記ください。
　※第２面とリンクします。ex 営業範囲：埼玉県、栃木県

・汚泥に限定をつける（添付書類第２面では脱水後のものに限る旨記載あり）場合、汚泥（脱水後のものに限る。）とご修正ください。

・燃え殻、ばいじん、鉱さいの予定排出事業場をご修正ください。※燃え殻、ばいじんは製造業（焼却施設あり）、鉱さいは鋳物工業から排出されるケースが多いです。

・石綿含有産業廃棄物の品目について、石綿含有産業廃棄物（汚泥）を扱われる予定でしょうか。扱われる場合、石綿含有産業廃棄物（汚泥）と石綿含有産業廃棄物（廃プラスチック類、ガラスくず・コンクリートくず及び陶磁器くず、がれき類）は分けて記載をお願いします。

・石綿含有産業廃棄物（汚泥）を扱う場合、予定運搬先に記載の（株）■■は許可を有しておりませんので、許可を有している他の業者をご記載ください。

○栃木県の収集運搬業許可証（申請中であれば受付印のある申請書第１面）の写し

栃木県に運搬する計画を立てられておりますので、栃木県に運搬できるか確認のため、栃木県の収集運搬業許可証（申請中であれば受付印があり、申請品目のわかる申請書第１面）の写しをご添付ください。

○添付書類（第２面）

・フレコンバッグの用途について、石綿含有産業廃棄物（固形）の品目を追記してください。ex 石綿含有産業廃棄物（廃プラスチック類、ガラスくず・コンクリートくず及び陶磁器くず、がれき類）

・鉱さいの容器がありませんので、追記をお願いいたします。

○添付書類（第４面）

・「事業計画の概要」第１面を「事業計画の概要」添付書類（第１面）にご修正ください。

・従業員数の内訳の合計を３人にご修正ください。

○添付書類（第５面）

・黒丸２つ目、「事業計画の概要」第２面を「事業計画の概要」添付書類（第２面）にご修正ください。

・黒丸３つ目、石綿含有産業廃棄物の後にカッコ書きで品目を追記してください。

・汚泥（脱水後のものに限る。）はフレコンバッグで運搬する旨を追記ください。

・燃え殻、ばいじんはドラム缶（オープンドラム）で運搬する旨を追記ください。

・鉱さいの運搬措置を追記ください。

・石綿含有産業廃棄物（汚泥）を取り扱う場合には、石綿含有産業廃棄物（汚泥）は排出時に耐水性のプラスチック袋等により排出者が二重こん包した荷姿のまま運搬する旨を追記ください。

○添付書類（第７面）

・用途欄の「事業計画の概要」の後に添付書類を追記ください。

・耐水性プラスチック袋をフレコンバッグに修正ください。

2 / 3

○添付書類（第８面）

事業の開始に要する資金が特にない場合は「0」とご記載ください。

○定款及び履歴事項全部証明書の目的

定款と履歴事項全部証明書で目的数が合致しません。目的数の変更が反映された履歴事項全部証明書をご送付ください。

※上記以外にも審査を進めていく段階で補正等が生じる場合もありますのであらかじめご了承ください。

※補正書類のご提出方法については、修正した書類についてはお手元の副本を差し替えるとともに、正本用として同じものをご提出お願いします。

原本提出が必要なもの（履歴事項全部証明書、納税証明書、住民票の写しなど）については必ず原本を提出してください。それ以外のものは、郵送・電子メールどちらでも大丈夫です。

ご提出の際に、**下の欄にサインをして「補正指示一覧」のみ一緒にご提出ください。**（注意事項は不要）

電子メールの件名は『申請者名　(上段の問い合わせ番号)＿収運申請書補正＿[黒塗り]宛』としてください。

郵送の場合は、宛先を『収運申請書補正書類在中＿[黒塗り]宛　申請者名　(上段の問い合わせ番号)＿』としてください。

上記の補正指示について対応しましたので、別添のとおり補正書類を提出します。

令和　　年　　月　　日

申請者（または行政書士）名及び担当者名

電話番号：

メールアドレス：

3 / 3

⑤　許可証の郵送について

審査期間はおおよそ2か月程度だが，許可された場合の許可証は郵送により交付される。申請時か許可時に，書留やレターパックプラス（対面式）を都道府県に預けて送ってもらうことになっている。

許可証の郵送は，直接申請者宛てでもよいが，行政書士事務所宛に郵送してもらうこともできる。業務上のパフォーマンスを考えると，依頼者には事務所から交付するのがよい。

依頼者に直送の場合でも，レターパックプラスの追跡番号を記録するなどして，都道府県から発送されるタイミングを先にキャッチするべきであろう。情報を依頼者より先につかんで，こちらから案内することでリードすることが大切だ。

ここが実務のポイント⑫　レターパックライトとレターパックプラス

レターパックは実務上とても使いやすい。厚紙でできており書類を入れるのにちょうどよい。何より追跡番号がついていることと，ポスト投函できる点が優れている。近県であれば翌日に着くはずだ。レターパックライト（青）とレターパックプラス（赤）があり，レターパックプラスは対面授受のため，重要物を送付する際にも安心して使える。

郵送による申請や，依頼者の返送用としてレターパックを入れるときは，追跡番号を控えておけば先方が投函したかどうかを事前に確認することができる。記録が残ることはトラブル防止にもなる。

2「許可後」の手続

許可を得たタイミングで，許可業者としての義務や必要な手続について依頼者に案内すべきである。メール等により文字で案内を残しておくと後々のトラブル防止にもなる。

許可証を渡すために訪問した際に書面で注意事項を案内する方法もある。許可証の交付は依頼者が最も喜ぶ場面であるため貴重な機会となる。

その他，「車両表示」「許可証の携帯」「委託契約書の締結」「マニフェスト」について案内する。

①　運搬車両への表示義務

収集運搬業車は以下の内容を車両に表示する必要がある。ステッカーやマグネットで表示されていることが多い。

①　収集運搬の用に供する運搬車である旨

②　許可業者の氏名又は名称

③　統一許可番号（下 6 けた）

【図表 4-4】業者票

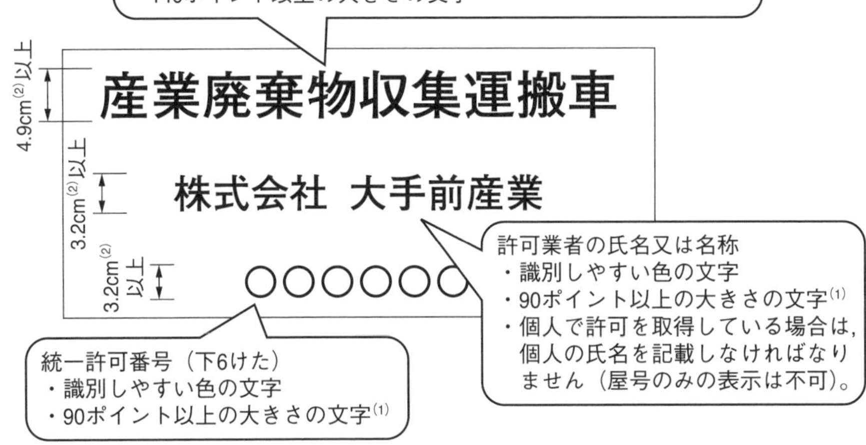

(1) JIS Z 8305で規定されている大きさ
　1ポイント＝0.3514mm
(2) JIS Z 8305で規定されている大きさを1mm単位で四捨五入した数値です。

出典：大阪府

②　書類の備え付け義務

許可業者は，以下の書類を運搬車両に備付ける必要がある。

▶　許可証の写し

▶　マニフェスト

【電子マニフェストの場合は以下のもの】

▶　電子マニフェスト加入証

▶　運搬する産業廃棄物の種類・量等を記載した書面又はこれらの電子情報とその情報を表示できる機器

③　帳簿の作成義務

許可業者は，産業廃棄物の運搬状況を記録するため，帳簿を作成しなければならない。

帳簿の記載事項は以下のとおりである。

▶　収集または運搬年月日

▶　マニフェストの交付者や交付日，交付番号

▶　受入先ごとの受入量

▶　運搬方法及び運搬先ごとの運搬量

▶　積替え又は保管を行う場合には，積替え又は保管の場所ごとの搬出量

④　変更届の提出

次の事項に変更があった際は，変更届を提出することになっている。よくあるケースとしては，役員変更や車両の増減である。

届出期限が短めに設定されているが，実は期限を過ぎても受理されている。そのため，逆にルーズになっている現状もある。許可業者からの依頼を受ける際，「提出すべき変更届はないか」という意識を持つことが大切である。

なお，変更届に手数料はない。

【図表 4-5】届出事項・届出期限等

項目番号	届出事項	届出方法		変更日等からの届出期限	許可証の書換
		来庁	郵送		
1	法人の名称の変更	○	○	30 日以内	有
	個人事業者の氏名の変更	○	○	10 日以内	有
2	法人の本店所在地の変更	○	○	30 日以内	有
	個人事業者の住所の変更	○	○	10 日以内	有
3	法人の代表者の変更	○	○	30 日以内	有
	法人の役員等の変更	○	○	30 日以内	
	政令使用人の変更，株主等の変更	○	○	10 日以内	
4	運搬車両の変更	○	○	10 日以内	
	運搬船舶の変更	○	○	10 日以内	
5	運搬車両用の駐車場所在地の変更	○	○	10 日以内	
6	取り扱う産業廃棄物の種類の減少	○	○	10 日以内	有
7	政令市（八王子市）における積替え保管許可の有無の変更	○	○	10 日以内	有
8	産業廃棄物処理業の廃止	○	×	10 日以内	
9	欠格要件該当の届出	○	×	2 週間以内	
10	積替え保管施設又は中間処理施設に関する変更	窓口にて，ご相談ください。			

※　水銀使用製品産業廃棄物及び水銀含有ばいじん等を取扱う事業者に係る経過措置は令和４年９月末で終了しました。

※　今後、水銀使用製品産業廃棄物及び水銀含有ばいじん等を「含む。」とする場合は、別途、変更許可の手続きが必要となります（変更許可申請手数料がかかります。）。

※　網掛けの内容に変更があった場合は，許可証を書き換える必要があります。

出典：「産業廃棄物・特別管理産業廃棄物処理業　変更届・業の廃止届の手引」東京都環境局（令和５年 11 月）

⑤　変更許可申請

変更許可申請とは，許可業者が，取り扱う産業廃棄物の種類（品目）を追加（限定の解除を含む）するときや，新たに積替え保管を行うときなど，事業の範囲を拡大する場合に必要となる。

変更届とは異なるので注意してほしい。また，許可申請のため申請手数料が発生する。新規許可申請を受任する際に事業計画のヒアリングがあまいと，後になって品目追加のため変更許可を得なければならず，依頼者に迷惑をかけてしまう可能性もある。新規許可の際には，変更申請のことも依頼者に案内しておくとよい。

なお，積替え保管の許可を受ける際には，事前計画書の提出が必要である。

⑥　義務違反に対する罰則

義務違反に対しては以下のような罰則が定められている。

【30 万円以下の罰金（廃棄物処理法 第 30 条）】

- ▶　帳簿の未記載や虚偽記載，保管等の義務違反
- ▶　変更届の未提出，虚偽記載

【行政処分（事業停止処分等）】

- ▶　運搬車両への表示及び書類備付け義務違反

⑦　他の都道府県の新規許可

新たに他の都道府県で産業廃棄物の搬出入をすることになれば，新規許可申請が必要になる。

⑧　更新申請（5 年後）

許可の有効期間 5 年である。そのため，許可取得から 5 年後には更新申請が必要になる。

⑨　実績報告（東京都の場合）

廃棄物処理の実態を把握するため，要綱等に基づき処理業実績報告が求め

られている。対象は処理業者全般であり，産業廃棄物収集運搬業者も含まれる。

この報告は許可制度に定めれた届出ではないため，必ずしも許可更新の前提となるものではない。その点で，例えば建設業許可の決算変更届等とは位置付けが異なる。この実績報告はマニフェストB1票の集計により作成するが，一般には行政書士がサポートするのは難しいと思われる。とはいえ，許可段階で依頼者に案内することは必要であろう。

【参考】　環境省パンプレット

平成17年4月1日から、
産業廃棄物を運搬する車両の表示及び書面の備え付け（携帯）が必要となります。

❶表示義務について

産業廃棄物を収集運搬する際には、その運搬車の両側面に、次の項目を表示しなければなりません。

（みほん）

排出事業者が自分で運搬する場合

1.産業廃棄物を収集運搬している旨の表示
2.排出事業者名

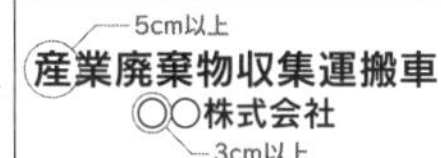

表示

注意点
・見やすいこと
・鮮明であること
・両側面に表示すること
・識別しやすい色の文字であること

産業廃棄物処理業者が、委託を受けて産業廃棄物を運搬する場合

1.産業廃棄物を収集運搬している旨の表示
2.業者名
3.許可番号（下6けた以上）

5cm以上
産業廃棄物収集運搬車
○○株式会社
000000号
3cm以上

●実際の表示の例

特別管理産業廃棄物を運搬する場合でも、産業廃棄物と表示して問題ありません。

マグネットシートなど、着脱可能な表示でも問題ありません。

左右で表示位置が違っても、また、荷台や被牽引車に表示しても問題ありません。

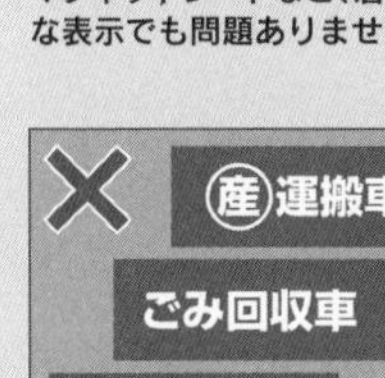

表示する字は原則として印刷された文字になります。

産業廃棄物を運んでいることや、正式な名称が一見して分からない略称や屋号を使うことはできません。

表示が隠れていたりすると、表示義務違反になります。

第5章 許認可業務を扱う心構え

許認可業務には，共通した考え方・やり方がある。産廃業務に取り組む際は，許認可業務という意識を持つと進めやすい。許認可業務では顧客の大半が法人である。そのため，例えば法人の登記や決算について基本的な知識を身に付けておく必要がある。

「許認可業務はヒト・モノ・カネである」と言われる。ロードマップ作成にあたり，この視点を持つことが有効である。

【本章のポイント】

- ▶ 顧客となる法人の基本情報は登記情報や定款によって確認する。
- ▶ 必要書類を準備する過程で，当初想定していなかった業務が新たに発生することがある。
- ▶ 許認可の多くは申請窓口において実質的な審査を行っている。申請が受理されると許可の可能性は高い。
- ▶ 顧客に対しては自信を持って対応する。不明点は「確認して回答します」と対応してよい。
- ▶ 見積書の作成方法には「分解見積」と「一括見積」がある。分解見積の方が，説得力がある。
- ▶ 業務上の責任を果たすための「適正価格」を意識する。

5-1　許認可業務の基本

1 申請者の基本情報を把握する

①　登記事項証明書（登記簿謄本）

顧客が法人であるときの最も基本的な資料となる。登記情報を即時に確認したいときは，法務省のウェブサイト「登記情報提供サービス（https://www1.touki.or.jp/）」により取得できる。ただし，実際の許認可申請で提出する際は，この登記情報では認められない。公印と認証文のある登記事項証明書を法務局で取得する必要がある。

取得方法は，法務局の窓口交付の他，郵送やオンライン申請がある。オンライン申請は「登記・供託オンライン申請システム（https://www.touki-kyoutaku-online.moj.go.jp/）」の「かんたん証明書請求」にて行うが，交付手数料が割安となっている（国への納付のため，ネットバンキングによる決済時に送金手数料は不要である）。

登記されている事項はいずれも重要だが，許認可との関係で特に以下の点を最初に確認すべきである。なお，登記された情報を把握していない顧客も見受けられるので注意を要する。

イ　事業目的

許認可にふさわしい事業目的が登記されているか。

産廃業であれば，一般に，「産業廃棄物処理業」という事業目的に「収集運搬業」と「処分業」が含まれる。

ロ　役員の登記

代表者は誰か。役員は何人いるか。

ハ　役員の重任登記

定款で定められている任期どおりに登記されているか。

◆記載例　履歴事項証明書

※吹き出し部分は筆者コメント

履歴事項全部証明書

東京都世田谷区
有限会社

会社法人等番号		
商　号	有限会社	
本　店	東京都世田谷区	

登記された「本店所在地」と登記されていない事務所（作業所）等の実態を把握する。

公告をする方法	官報に掲載してする	平成１７年法律第８７号第１３６条の規定により平成１８年　５月　１日登記
会社成立の年月日	平成１年　月　　日	

※参考情報‥会社設立前に同業種で個人事業主の経験があるかどうかも一つの会社情報。（いわゆる「法人なり」かどうか）

目　的	１　~~産業廃棄物収集、処理業~~ ２　産業廃棄物処理業 ３　建設工事用の足場の組立および解体作業 ４　前各号に附帯する一切の業務	

重要！

※事業目的に「産業廃棄物処理業」や「産業廃棄物収集運搬業」の登録があるかどうか。許認可取得に必要な事業目的が登記されているか確認する。
登記がない場合の対応について許認可庁に確認する。
（登記が必須か、株主総会議事録や念書の提出でも足りるか）

発行可能株式総数	４０００株	年　５月　１日登記
発行済株式の総数並びに種類及び数	発行済株式の総額 ４０００株	平成１７年法律第８７号第１３６条の規定により平成１８年　５月　１日登記
資本金の額	金４００万円	

規模の確認

株式の譲渡制限に関する規定	当会社の株式を譲渡により取得することについて当会社の承認を要する。当会社の株主が当会社の株式を譲渡により取得する場合においては当会社が承認したものとみなす。 平成１７年法律第８７号第１３６条の規定により平成１８年　５月　１日登記	

整理番号　　＊　下線のあるものは抹消事項であることを示す。　1／2

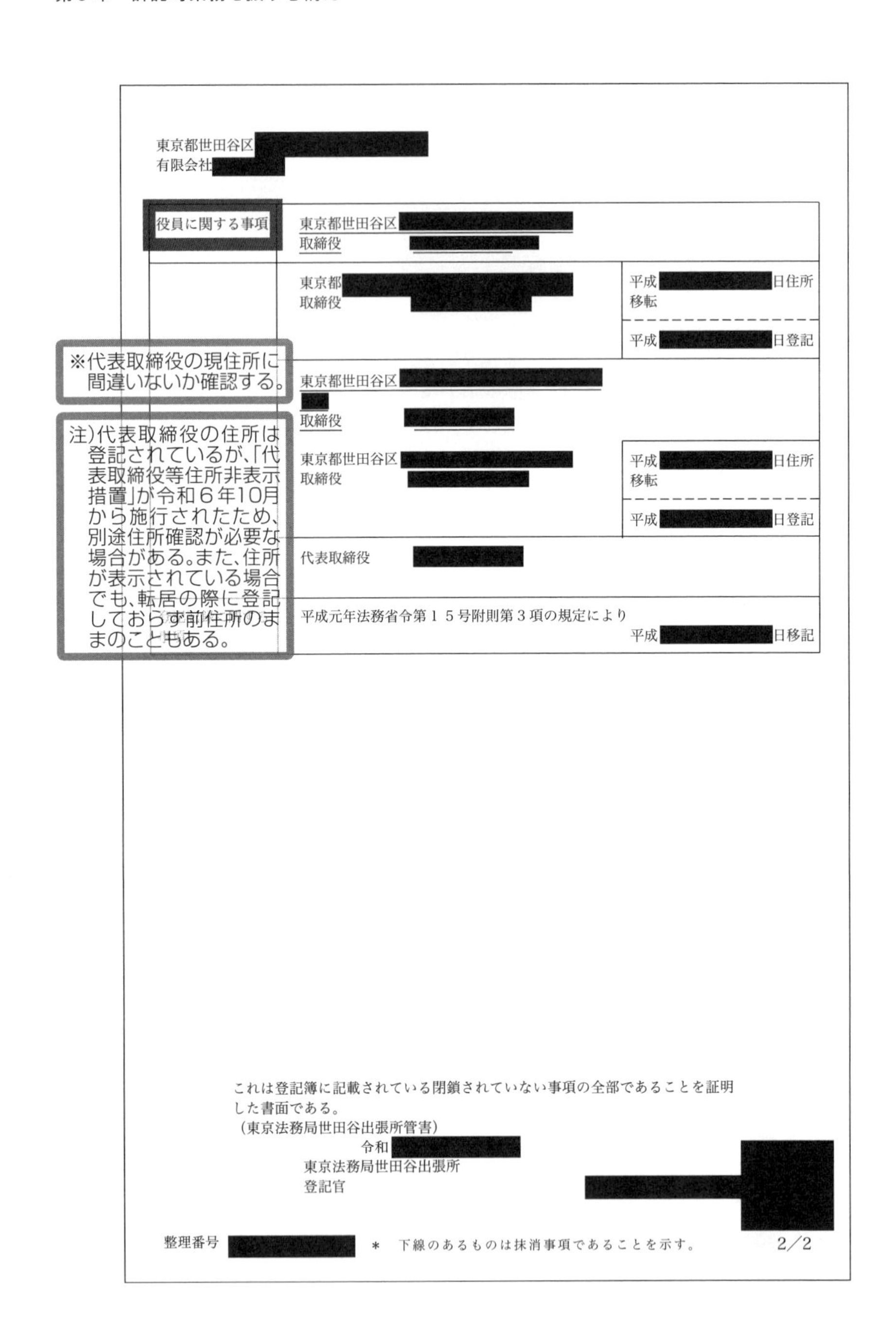

東京都世田谷区
有限会社

役員に関する事項	東京都世田谷区 取締役	
	東京都 取締役	平成　　日住所移転 平成　　日登記
	東京都世田谷区 取締役	
	東京都世田谷区 取締役	平成　　日住所移転 平成　　日登記
	代表取締役	
	平成元年法務省令第１５号附則第３項の規定により 平成　　日移記	

これは登記簿に記載されている閉鎖されていない事項の全部であることを証明した書面である。
（東京法務局世田谷出張所管轄）
令和
東京法務局世田谷出張所
登記官

整理番号　　＊　下線のあるものは抹消事項であることを示す。　2/2

ここが実務のポイント⑬　登記情報の確認

登記情報の確認のため，「登記情報提供サービス」（https://www1.touki.or.jp/）への登録をお勧めする。オンライン上で法人や不動産の登記情報が即時に確認できる。相続業務においても便利である。登記事項証明書（登記簿）を取得するよりは費用は安い。

登記事項証明書（謄本）は現在ではコンピューター化されているが，以前の名残りで登記簿ということもある。登記事項証明書には，履歴事項全部証明書と現在事項全部証明書があるが，収集運搬業許可申請を含む許認可申請一般では前者を提出する。また，公的書類一般について同様だが，申請日時点で３か月前に取得したものでなければならない。

なお，「登記・供託オンライン申請システム」（https://www.touki-kyoutaku-online.moj.go.jp/）は別の用途である。

②　定　　款

申請の観点では，定款のすべての規定を確認する必要はなく，以下の項目を登記情報と照合すればよい（もっとも，他の規定も確認して，顧客の実情に照らしてアドバイスすべきことがあれば，した方がよい）。

- 商号
- 事業目的
- 本店所在地（市区町村）
- 出資金

定款作成時から内容に変更がある場合，定款のほかに変更を決議した議事録が必要になる。

- 役員の人数
- 役員任期

重任登記の有無を確認する。最近は役員任期が10年の会社も多い。

従来どおり２年任期の会社の場合，特に登記懈怠（重任登記をしていない状態）に注意する。確認がもれると申請時に窓口で指摘されることになるので，初見で気付けるようにする。登記懈怠があることを依頼者に指摘することは，それ自体が受任業務でなくとも，専門家としての価値を提供していることになる。

次に，財務諸表の決算期と照合する。決算期は登記事項にはなっていない。

顧客が定款を管理しておらず，見つからない場合やそもそも定款の存在を認識していないこともある。また，変更前の定款はあるものの，現在の登記事項と内容が合わず，実際には議事録で定款の内容を変更していることもある。その場合は議事録も定款の一部となるが，それらの書類が完備されていない場合は，許認可申請と別業務として定款作成を受任することもあり得る。なお，定款は会社が管理すべきもので，法務局等の役所で管理されているものではない。

決算月によっては，申請時期や納税証明書の取得時期に注意する必要がある。申請には，「直近の財務諸表」が必要だが，財務諸表は決算月の2～3か月後に完成する。その時期をまたぐタイミングの場合は，「直近年度」が変わるため書類準備に影響することになる。

◆記載例　定款

第1章　総　則

（商号）

第1条　当会社は，株式会社■■■■■■■■と称する。

（目的）

第2条　当会社は，次の事業を営むことを目的とする。

1．産業廃棄物収集，処理業

2．産業廃棄物，一般廃棄物の再生処理業

3．産業廃棄物処理機器の製造，販売

4．建築工事業
5．土木工事業
6．解体工事業
7．■■■■■■■■
8．■■■■■■■■
9．■■■■■■■■
10．損害保険代理店業務及び生命保険の募集に関する業務
11．不動産の売買，仲介，賃貸及び管理
12．前各号に附帯関連する一切の業務

（本店の所在地）
第3条　当会社は，本店を東京都■■■■■■に置く。
（公告の方法）
第4条　当会社の公告は，官報に掲載する方法とする。

第2章　株　式

（発行可能株式総数）
第5条　当会社の発行可能株式総数は，10万株とする。
（株式の譲渡制限）
第6条　当会社の株式を譲渡により取得するには，代表取締役の承認を受けなければならない。
（相続人等に対する株式の売渡の請求）
第7条　当会社は，相続その他の一般承継により，当会社の株式を取得した者に対し，当該株式を当会社に売り渡すことを請求することができる。
（株券の不発行）
第8条　当会社の株式については，株券を発行しない。
（株主名簿記載事項の記載又は記録の請求）
第9条　当会社の株式取得者が株主名簿記載事項を株主名簿に記載又は記録することを請求するには，株式取得者とその取得した株式の株主とし

て株主名簿に記載され，若しくは記録された者又はその相続人その他の一般承継人が当会社所定の書式による請求書に署名又は記名押印し，共同して請求しなければならない。

2　前項の規定にかかわらず，利害関係人の利益を害するおそれがないものとして法務省令に定める場合には，株式取得者が単独で株主名簿記載事項を株主名簿に記載又は記録することを請求することができる。

（質権の登録及び信託財産の表示）

第10条　当会社の株式につき質権の登録又は信託財産の表示を請求するには，当会社所定の書式による請求書に当事者が署名又は記名押印して提出しなければならない。その登録又は表示の抹消についても，同様とする。

（手数料）

第11条　前2条に定める請求をする場合には，当会社所定の手数料を支払わなければならない。

（株主の住所等の届出）

第12条　当会社の株主及び登録株式質権者又はその法定代理人若しくは代表者は，当会社所定の書式により，その氏名又は名称，住所及び印鑑を当会社に届け出なければならない。届出事項に変更を生じたときも，その事項につき，同様とする。

（基準日）

第13条　当会社は，毎事業年度末日の最終の株主名簿に記載又は記録された議決権を有する株主をもってその事業年度に関する定時株主総会において権利を行使することができる株主とする。

2　前項のほか必要があるときは，取締役の過半数の決定によりあらかじめ公告して臨時に基準日を定めることができる。

第3章　株主総会

（株主総会決議事項）

第14条　株主総会は，会社法に規定する事項及び株式会社の組織，運営，管理その他株式会社に関する一切の事項について決議をすることができる。

（招集）

第15条　定時株主総会は，毎事業年度の終了後3か月以内に招集し，臨時株主総会は，必要がある場合には，いつでも招集することができる。

（招集手続）

第16条　株主総会を招集するには，株主総会の日の2週間前までに，議決権を行使することができる株主に対して招集通知を発するものとする。

2　前項の招集通知は，会社法第298条第1項第3号又は第4号に掲げる事項を定めた場合を除き，書面ですることを要しない。

3　第1項の規定にかかわらず，株主総会は，その総会において議決権を行使することができる株主の全員の同意があるときは，会社法第298条第1項第3号又は第4号に掲げる事項を定めた場合を除き，招集の手続を経ることなく開催することができる。

（招集権者及び議長）

第17条　株主総会は，法令に別段の定めがある場合を除くほか，代表取締役社長がこれを招集する。複数の取締役を置く場合は，取締役の過半数の決定により，代表取締役社長がこれを招集する。

2　株主総会の議長は，代表取締役社長がこれに当たる。代表取締役社長に事故又は支障があるときは，あらかじめ取締役の過半数の決定により定める順序により，他の取締役がこれに代わり，取締役全員に事故があるときは，株主総会において出席株主中から選出する。

（決議の方法）

第18条　株主総会の決議は，法令又は定款に別段の定めがある場合を除き，議決権を行使することができる株主の議決権の過半数を有する株主が出席し，出席した当該株主の議決権の過半数をもって行う。

2　会社法第309条第2項に定める決議は，議決権を行使することができる株主の議決権の過半数を有する株主が出席し，出席した当該株主の議決権の3分の2以上に当たる多数をもって行う。

（株主総会の決議等の省略）

第19条　取締役又は株主が株主総会の目的である事項について提案をした場合において，当該提案につき株主（当該事項について議決権を行使することができるものに限る。）の全員が書面又は電磁的記録により同意の意思表示をしたときは，当該提案を可決する旨の株主総会の決議があったものとみなす。

2　取締役が株主の全員に対して株主総会に報告すべき事項を通知した場合において，当該事項を株主総会に報告することを要しないことにつき株主の全員が書面又は電磁的記録により同意の意思表示をしたときは，当該事項の株主総会への報告があったものとみなす。

（議決権の代理行使）

第20条　株主が代理人をもって議決権を行使しようとするときは，その代理人は1名とし，当会社の議決権を有する株主であることを要する。

2　前項の場合には，株主又は代理人は，代理権を証する書面を株主総会ごとに提出しなければならない。

（株主総会議事録）

第21条　株主総会の議事については，法務省令に定めるところにより議事録を作成し，議事録の作成に係る職務を行った取締役又は議長，出席した取締役がこれに署名若しくは記名押印又は電子署名を行い，当会社本店において株主総会の日から10年間備え置くものとする。

第4章　取締役及び代表取締役

（員数）

第22条　当会社の取締役は，1名以上とする。

（取締役の選任及び解任の方法）

第23条　当会社の取締役の選任及び解任は，株主総会において，議決権を行使することができる株主の議決権の過半数を有する株主が出席し，出席した当該株主の議決権の過半数をもって行う。

2　取締役の選任決議については累積投票によらないものとする。

（任期）

第24条　取締役の任期は，選任後10年以内に終了する事業年度のうち最終のものに関する定時株主総会の終結の時までとする。

2　任期満了前に退任した取締役の補欠として選任された取締役の任期は，前任者の任期の残存期間と同一とし，増員により選任された取締役の任期は，他の在任取締役の任期の残存期間と同一とする。

（代表取締役及び社長）

第25条　当会社に複数の取締役を置く場合には，株主総会の決議によって，代表取締役を選定し，その者を社長とする。複数の代表取締役が選定された場合は，それらの者の中から，株主総会の決議によって，社長を1名選定する。取締役1名のみを置いた場合は，その者を代表取締役とし，社長とする。

第5章　計算

（事業年度）

第26条　当会社の事業年度は，毎年8月1日から翌年7月31日までの年1期とする。

（剰余金の配当）

第27条　当会社は，株主総会の決議によって，毎年7月31日現在の最終の株主名簿に記載又は記録された株主，質権者（以下「株主等」という。）に対して剰余金の配当を行う。

2　前項に定める場合のほか，当会社は，基準日を定め，その最終の株主名簿に記載又は記録された株主等に対して，剰余金の配当を行うことができる。

（剰余金の配当の除斥期間）

第28条　剰余金の配当がその支払提供の日から満3年を経過してもなお

受領されないときは，当会社は，その支払義務を免れる。

第6章　附則

（設立時取締役）

第29条　当会社の設立時取締役は，次のとおりとする。

設立時取締役　■■■■■■

（設立時代表取締役）

第30条　当会仕の設立時代表取締役は，次のとおりとする。

■■■■■■■■■■■■

（設立に際して出資される財産の価額等）

第31条　当会社の設立に際して出資される財産の価額は，金100万円とする。

2　当会社の設立に際して発行する株式の数は100株，それと引換えに払い込む金銭の額は1株につき金1万円とする。

（成立後の資本金及び資本準備金の額）

第32条　当会社の成立後の資本金の額は，設立に際して株主となる者が払込みをした財産の額とし，資本準備金には組み入れない。

（発起人の氏名ほか）

第33条　発起人の氏名，住所及び設立に際して割当てを受ける株式数並びに株式と引換えに払い込む金銭の額は，次のとおりである。

■■■■■■■■■■■■

■■■■■■■■■■■■

（最初の事業年度）

第34条　当会社の最初の事業年度は，会社成立の日から平成30年7月31日までとする。

（定款に定めのない事項）

第35条　本定款に定めのない事項は，すべて会社法その他の法令の定めるところによる。

以上，株式会社■■■■■■■■■設立のため，発起人■■■■■■の定款作成代理人である■■■■■■は，電磁的記録である本定款を作成し，これに電子署名をする。

平成■■■■■■日

東京都■■■■■■■■■■■■■

発起人　■■■■■■

申請によっては「現行定款に相違ない」旨の記載が求められることがある。なお，最近では一般に押印は不要とされている。

現行の定款の写しに相違ありません。
令和■年■月■日
株式会社■■■■■■■■
代表取締役　■■■■■■

ここが実務のポイント⑭　公的な書面による事実確認

行政書士が業務を遂行する上で，依頼者に関する情報は公的な書面により確かめるべきである。法人の情報であれば登記事項であり，個人の身分関係であれば戸籍である。業務上でしばしば経験するのは，依頼者の認識が公的書面の記載事項と異なっていることである。

例えば，法人の役員とされる者が登記上で取締役に就任していないことや，相続において親名義とされる不動産が実は祖父名義のままであることがある。先輩行政書士が「依頼者の言うことを信じるな（鵜呑みにするな）」というのは，こうしたことをよく経験しているからである。とはいえ，面談の場では書面が手元にない状況も多い。「口頭での話を前提にすれば」というように，限定的に話を展開することが大切である。

なお、履歴事項全部証明書（登記簿）には代表取締役の住所も登記されているため、その点も確認箇所であったが、令和6年10月から施行される「代表取締役等住所非表示措置」により、別途確認が必要な場合がある。表示されている場合でも、住所変更の登記を行っておらず古い住所のままの場合もあるので、いずれにしろ注意すべき箇所である。

【参考】

決　算　報　告　書

第○期

法人の事業年度は「第○期」とカウントするので、頭に入れる。（顧客と話す際に役立つ）

自　令和○年○月○日

至　令和○年○月○日

決算月は必ず確認する。決算月により、提出する財務諸表や納税証明書が変わる。

株式会社　○○○○○

東京都世田谷区○○○○○

貸借対照表

令和○年○月○日

株式会社 ○○○○○　　　　(当期会計期間末)

(単位：円)

資産の部		負債の部	
科目	金額	科目	金額
【流動資産】	【55,740,893】	【流動負債】	【46,607,371】
現金及び預金	37,463,154	買掛金	5,150,043
売掛金	18,244,739	短期借入金	25,783,526
未収入金	33,000	未払金	7,308,802
【固定資産】	【53,108,746】	預り金	136,900
(有形固定資産)	(49,795,762)	未払消費税	7,560,800
建物	14,351,317	未払法人税等	667,300
車両運搬具	857,422	【固定負債】	【37,200,000】
工具器具備品	437,355	長期借入金	37,200,000
土地	34,149,668	負債の部合計	83,807,371
(無形固定資産)	(74,984)		
電話加入権	74,984		
(投資その他の資産)	(3,238,000)	純資産の部	
出資金	3,020,000	科目	金額
保証金	140,000	【株主資本】	【25,042,268】
敷金	78,000	【資本金】	【4,000,000】
		【剰余金】	【21,042,268】
		(その他利益剰余金)	(21,042,268)
		繰越利益剰余金	21,042,268
		純資産の部合計	25,042,268
資産の部合計	108,849,639	負債・純資産の部合計	108,849,639

債務超過の場合は借入金内訳を確認する。決算書の「借入金及び支払い利子内訳書」を見るとよい。

収集運搬業の許可では最も重要な箇所である。債務超過でないか確認する。

損　益　計　算　書

自 令和○年○月○日　至 令和○年○月○日

株式会社　○○○○○　　　　（当期会計期間末）

（単位：円）

科　　目	金　　額	
【売　　上　　高】		
売　　上　　高	193,371,199	193,371,199
【売　上　原　価】		
期首未成工事棚卸高	13,000,000	
仕　　入　　高	8,313,442	
外　　注　　費	35,181,200	
廃 棄 物 処 理 料	786,245	
建 機 賃 借 料	914,760	58,195,647
売　上　総　利　益		135,175,552
【販売費及び一般管理費】		123,725,993
営　業　利　益		11,449,559
【営　業　外　収　益】		
受　取　利　息	344	
受　取　配　当　金	70,620	
雑　　収　　入	1,276,747	1,347,711
【営　業　外　費　用】		
支　払　利　息	1,290,708	1,290,708
経　常　利　益		11,506,562
【特　別　損　失】		
固 定 資 産 除 却 損	604,800	604,800
税引前当期純利益		10,901,762
法人税及び住民税額		667,300
当　期　純　利　益		10,234,462

利益が出ているか
（赤字でないか）
確認する。

販売費及び一般管理費明細書

自 令和○年○月○日　至 令和○年○月○日

株式会社　○○○○○　（当期会計期間末）

（単位：円）

科　目	金　額	
給与手当	79,651,987	
退職金	80,400	
法定福利費	6,024,115	
福利厚生費	247,088	
現場経費	343,833	
消耗品費	1,134,765	
事務用品費	55,174	
地代家賃	4,762,280	
賃借料	212,760	
保険料	1,023,390	
修繕費	20,940	
租税公課	9,237,270	
減価償却費	6,716,845	
旅費交通費	533,490	
通信費	1,721,314	
水道光熱費	710,144	
支払手数料	140,840	
車両燃料費	7,054,384	
接待交際費	2,195,289	
会議費	572,457	
管理諸費	842,828	
諸会費	105,500	
電気管理費	259,200	
雑費	79,700	
販売費及び一般管理費合計		123,725,993

株主資本等変動計算書

自 令和○年○月○日　至 令和○年○月○日

株式会社　○○○○○　　（当期会計期間末）

（単位：円）

	株主資本				純資産合計
	資本金	利益剰余金		株主資本合計	
		その他利益剰余金	利益剰余金合計		
		繰越利益剰余金			
当期首残高	4,000,000	10,807,806	10,807,806	14,807,806	14,807,806
当期変動額					
当期純利益		10,234,462	10,234,462	10,234,462	10,234,462
当期変動額合計	0	10,234,462	10,234,462	10,234,462	10,234,462
当期末残高	4,000,000	21,042,268	21,042,268	25,042,268	25,042,268

個　別　注　記　表

自 令和○年○月○日　至 令和○年○月○日

株式会社　○○○○○　　　　　　　　　　　　　(当期会計期間末)

この計算書類は、中小企業の会計に関する指針によって作成しています。

重要な会計方針に係る事項に関する注記

資産の評価基準及び評価方法

棚卸資産の評価基準及び評価方法　未成工事支出金　最終仕入原価法

固定資産の減価償却の方法

有形固定資産　　建物は定額法　その他の固定資産は定率法

収益及び費用の計上基準

収益は実現主義　費用は発生主義

その他計算書類の作成のための基本となる重要な事項

消費税等の会計処理　　税込方式

貸借対照表に関する注記

有形固定資産　　有形固定資産の減価償却累計額　　22,514 千円

株主資本等変動計算書に関する注記

当該事業年度の末日における発行済株式の数

普通株式　80 株

※決算報告書に個別注記表がない場合もある。
会社法上作成が義務付けられているが，まれに税理士が作成していないこともあるようだ。
税理士に作成を依頼する場合は，許可申請上必要な旨を説明することになるが，頼み方には慎重を要する。

③ 財務諸表

一般的に，「決算報告書」というファイルに確定申告者や財務諸表が綴じられている。ほとんどの許認可申請では提出が必要である。

財務諸表は，「表紙」「貸借対照表（B／S）」「損益計算書（P／S）」「販管費の内訳」「株主資本等変動計算書」「注記表」などから成り立っており，大体10枚足らずであるが，顧客にとって重要書類であり，その情報は貴重である。

④ 株主名簿

すべての株式会社は，株主名簿を作成し，備え付けなければならない（会社法121条）。なお，株主名簿の作成に株主の人数は関係ない。

一般に行政書士の顧客となる中小規模の会社は株式譲渡制限会社が多く，株主の変動が少ない。また，株主と役員が同一で，親族や友人であることも少なくない。そのため，株主名簿を管理する必要性に乏しく，株主の情報を顧客にヒアリングした際に，正確に記憶していなかったり，持株数がうろ覚えであったりする。

したがって，財務諸表を確認する際に，「法人税確定申告書　別表（二）同族会社等の判定に関する明細書」を確認するとよい。それぞれ決算報告書ファイルに綴じられている。別表（二）が必要ない会社である可能性もあるが，ほとんどの顧客の確定申告書には添付されている。

⑤ 申請者の役員個人・個人事業主の書類

イ （本籍地）身分証明書

一般には聞きなれない証明書になるが，破産者名簿に記載がないことと後見の登記の通知を受けていないことが証明されている書面である。本籍地で発行されるもので，社会一般で広く使われている身分証明書（マイナンバーや運転免許証等）とは別物である。顧客に伝える際，筆者は「本籍地身分証明書」と呼んで区別している。

顧客から委任を受けて取得する際には，「本籍地」「筆頭者」「本人の生

◆記載例　法人税確定申告書　別表（二）同族会社等の判定に関する明細書

別表二　令六・四・一以後終了事業年度又は連結事業年度分

同族会社等の判定に関する明細書	事業年度又は連結事業年度	・　・ ・　・	法人名	株式会社藤原

区分	項目	番号	金額	区分	項目	番号	金額
同族会社の判定	期末現在の発行済株式の総数又は出資の総額	1	内 20,000	特定同族会社の判定	(21)の上位1順位の株式数又は出資の金額	11	
	(19)と(21)の上位3順位の株式数又は出資の金額	2	20,000		株式数等による判定 (11)/(1)	12	%
	株式数等による判定 (2)/(1)	3	% 100		(22)の上位1順位の議決権の数	13	
	期末現在の議決権の総数	4	内		議決権の数による判定 (13)/(4)	14	%
	(20)と(22)の上位3順位の議決権の数	5			(21)の社員の1人及びその同族関係者の合計人数のうち最も多い数	15	
	議決権の数による判定 (5)/(4)	6	%		社員の数による判定 (15)/(7)	16	%
	期末現在の社員の総数	7			特定同族会社の判定割合 ((12)、(14)又は(16)のうち最も高い割合)	17	
	社員の3人以下及びこれらの同族関係者の合計人数のうち最も多い数	8		判定結果		18	特定同族会社 (同族会社) 非同族会社
	社員の数による判定 (8)/(7)	9	%				
	同族会社の判定割合 ((3)、(6)又は(9)のうち最も高い割合)	10	100				

判定基準となる株主等の株式数等の明細

順位 株式数等	順位 議決権数	判定基準となる株主（社員）及び同族関係者 住所又は所在地	氏名又は法人名	判定基準となる株主等との続柄	被支配会社でない法人株主等 株式数又は出資の金額 19	被支配会社でない法人株主等 議決権の数 20	その他の株主等 株式数又は出資の金額 21	その他の株主等 議決権の数 22
		神奈川県○○○○○○	藤原　道長	本　人			8,000	
		神奈川県○○○○○○	大津　まひろ	配偶者			12,000	

年月日」の情報が必要なのでヒアリングもれに注意する。

なお，本証明は，一般には，後述の「登記されていないことの証明書」とセットであるが，産業廃棄物収集運搬業許可申請においては提出不要である。

ロ　登記されていないことの証明書（成年被後見人等に該当しない旨の登記事項証明書）

認知症等により判断能力が低下し，成年被後見人や被保佐人になると，法務局に登記されることになっている。その登記がない，つまり役員等に係る判断能力に問題がないことの証明である。

法務局で取得できるが，本局での取得になり，出張所で取得することができないので注意が必要である。郵送申請が可能だが，ときに２週間程度かかってしまうこともある。早めの手配が必要である。

また，この証明書の注意点として，申請書に記載する「証明事項」欄の内容がそのまま証明書に反映されるため，住所の誤記があっても証明書が発行されてしまうということがある。気付かずに申請しようとすると，窓口で指摘され，改めて取得することになる。

なお，廃棄物処理法改正により，令和元年 12 月 14 日から欠格事由が一部緩和された。従前は「成年被後見人又は被保佐人」とされていたところ，「精神の機能の障害により，廃棄物の処理の業務を適切に行うに当たって必要な認知，判断及び意思疎通を適切に行うことができない者」となった。

産業廃棄物収集運搬業許可申請において、以前まで役員等について提出が必須であったが、現在は不要な自治体もあり、混在している状態である。第７章で解説する「複数同時申請」でもポイントになるので今後の動向を含め留意しておきたい。

Column 11

「登記されていないことの証明書」と「身分証明書」の関係

「登記されていないことの証明書」とは聞き慣れない証明書であるが，行政書士にとっては馴染み深い。許認可業務で，役員に関する書類として提出する機会が多いからだ。「ないこと証明」と略されることもある。「登記がない」とは，成年被後見人や保佐人等の登記がされていないという意味で，その証明により判断能力に問題がないことが示される。2000年4月1日以降に出生した者はこの証明だけでよいのだが，それ以前に出生したものは，本籍地自治体で取得する「身分証明書」が必要になる。なお，身分証明書では破産宣告を受けていないことも証明される。

建設業許可や宅建業免許では，法人の役員等についてこれら2種類の証明がセットで必要だが，産業廃棄物収集運搬業では身分証明書は不要である。産廃の審査担当は，身分証明書の証明事項を直接自治体に照会するからである。

【参考】

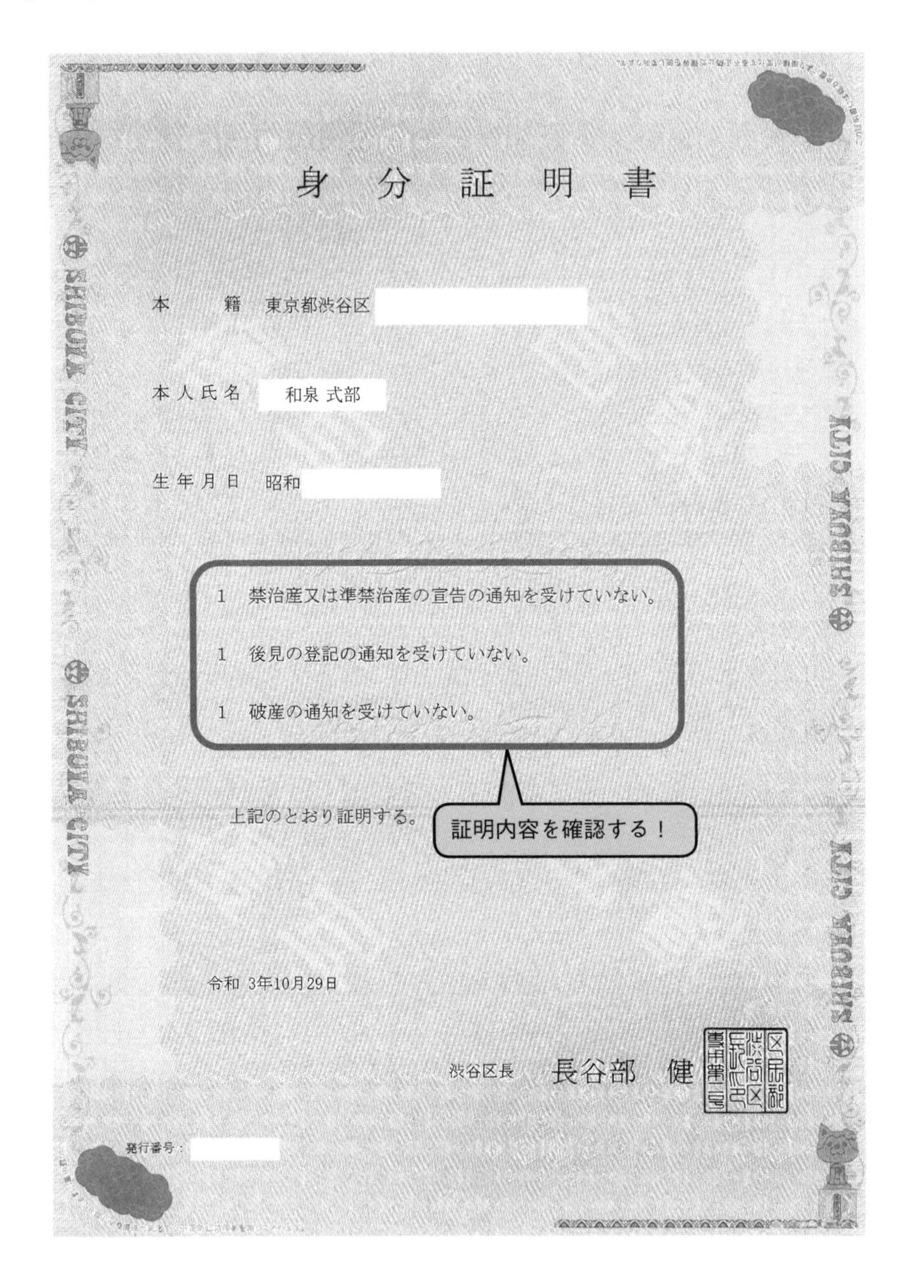

身　分　証　明　書

本　　籍　東京都渋谷区

本人氏名　和泉 式部

生年月日　昭和

1　禁治産又は準禁治産の宣告の通知を受けていない。

1　後見の登記の通知を受けていない。

1　破産の通知を受けていない。

上記のとおり証明する。

令和 3年10月29日

渋谷区長　長谷部　健

発行番号：

【参考】

登記されていないことの証明書

①氏　　名	赤染　御門
②生年月日	明治 □　大正 □　昭和 □　平成 □　または　西暦 □　　年　　月　　日
③住　　所	都道府県名：東京都　市区郡町村名：渋谷区 丁目　大字　地番
④本　　籍 □　国籍	都道府県名：東京都　市区郡町村名：渋谷区 丁目　大字　地番（外国人は国籍を記入）

証明部分は申請書の記載箇所がそのまま反映されるため，印字をした方が見栄えがする。
記載に間違いがあっても証明書として発行されてしまうので，注意を要する。

証明内容を確認する！

上記の者について、後見登記等ファイルに成年被後見人、被保佐人とする記録がないことを証明する。

令和○年○月○日
東京法務局　登記官　　○○　○○　印

Column 12

従来，成年被後見人や成年被保佐人は欠格条項により一部の職業や資格を制限されていたが，整備法(※)の成立を受けて，一律的な欠格条項を削除し，個別的に判断する仕組みへと改められた。

改正対象は187の法律であるが，その中には，行政書士が業務として扱いの多い建設業法・廃棄物処理法・古物営業法等が含まれている。

この改正により，許可申請の提出資料として，「登記されていないことの証明書」の他に医師の診断書でも認められる場合がある。許可行政庁の手引で確認してほしい。

※「成年被後見人等の権利の制限に係る措置の適正化等を図るための関係法律の整備に関する法律」（公布年月日：令和元年6月14日）

ここが実務のポイント⑮　「原本と写し」「提示と提出」

許認可申請において，提出すべき書面が「原本」なのか「写し」なのかを意識してほしい。手引には必ずいずれかの案内がある。一般的には，原本か写しかを厳密には考えないことも多いが，申請上重要なため，行政書士は常に意識すべきである。業務遂行上の観点では，写しでいいものはメールにより準備することもできるが，原本の場合はそうはいかない。また，顧客の手元に見当たらないときは手配に時間を要し，スケジュールに影響することもあり得る。なお，写しとはコピーのことであるが，文字にするときは原本と対比させて「写し」という方が正確である。

原本証明という考え方があることも知っておくとよい。これは，写しに申請者等が「原本に相違ない」旨の付記をして記名押印するものである（押印不要の場合もある）。

「原本」「写し」に関連するものとして，申請時に窓口に「提示」すれば足りるのか，「提出」が必要なのかという「提示」「提出」違いもある。例えば，産業廃棄物収集運搬業許可において講習受講証は「写し」の「提出」でよい。一方，建設業許可における専任技術者の資格証明書は「原本提示」をした上で「写しを提出」しなければならない。

ここが実務のポイント⑯　住民票の写し

住民票の原本とは住民基本台帳のことである。よって，証明書の名称は正式には「住民票の写し」となる。ここでいう「写し」はコピーのことではない。もっとも，役所でも「住民票」と案内されていることがある。

住民票には，世帯全員が記載されている謄本と，該当者だけが記載されている抄本がある。多くの許認可申請では抄本で足りるので，その他家族の記載がないものを取得する。個人情報保護の観点から，抄本でないと役所が受け取らないこともある。

また，住民票を取得する際の記載事項として，本籍地や続柄の記載の有無について指定されることもある。この点は，顧客に案内する際注意したい。産廃業の申請では本籍地の記載が求められている。■

⑥　事業概要・会社規模（従業員数）・社歴・理念

面談の前には必ず顧客のウェブサイトを確認する。マナーというだけでなく，面談時のネタにもなる。顧客の情報を少しでも多く正確に把握することで，業務を早めることができる。面談時，話題を展開させるのは顧客ではなく自分自身（行政書士）であることを忘れてはならない。なお，ウェブサイトの情報は古かったり不正確だったりするため注意を要する。

⑦　顧客の許認可情報

顧客の事業に必要な許認可を取得しているか確認する。取得している場合は，ウェブサイトに記載していることが多い。想定される許認可の許可行政庁のウェブサイトで該当許認可業者の名簿や検索システムを用いて事前確認するという方法もある。建設業・宅建業は国交省の検索システムが便利である（国土交通省「建設業者・宅建業者等企業情報検索システム」http://etsuran.mlit.go.jp/TAKKEN/）。

なお，産業廃棄物業者は，すべての都道府県市が名簿を公開しているわけではないが，電話による問い合わせで回答を得られることがある。

Column 13

許可番号

許可業者には許可番号があるが，許可番号から読み取れる情報がある。

「建設業許可　（般—30）第 00123 号」

「般」とは一般という意味である。他に特定の「特」がある。「般」の次の番号は許可年の和暦である。建設業の許可番号からは新規・更新の別（営業年数）は読み取れない。

「宅建業免許　（10）第 12345 号」

宅建免許については特に免許番号が重要である。なぜなら（　）内の数字が免許更新の回数を表すからである。つまり，この数字が大きいほど更新回数が多く，営業年数が長いことがわかる。数字が 10 に近ければ，「すごいですね」となる。逆に不動産業者のチラシを見ると，（1）や（2）が意外と多いことに気付くはずだ。

「産廃収集運搬業　13—第 123456 号」

「第～号」の 6 桁の数字は固有番号といい，複数自治体で許可を得ている業者でも統一された番号である。固有番号の前は都道府県番号で，東京であれば 13 である。この都道府県番号は都道府県コードともいい，許認可以外でも使われている。慣れてくると馴染みのある都道府県コードは自然と覚えられる。

【参考】産廃業許可番号　取扱規則

2．許可番号の内容

（1）業の許可

業の許可に際し，許可証に付す番号（以下「許可番号」という。）の内容は，以下のとおりとする。

① 許可番号は，11 桁の数字で構成するものとする。

② 許可番号の構成は次のとおりとする。

・1～3 桁目

別紙１に掲げる都道府県及び法第24条の２第１項で規定する政令で定める市（以下「都道府県市」という。）の固有番号（以下「都道府県市番号」という。)。

・4桁目

③で示す行の種類を示す番号

・5桁目

都道府県市において，許可業者の分類等に自由に使える番号

・6～11桁目

許可業者に付与する全国統一の番号（以下「固有番号」という。)

（許可番号の例）

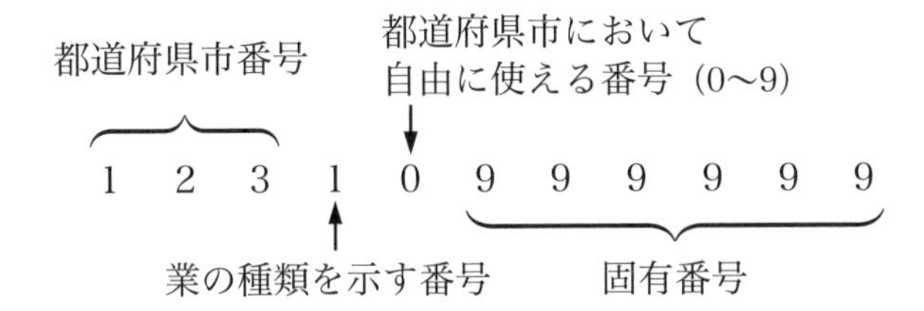

③ 業の種類を示す番号は，次表のとおりとする。

産業廃棄物収集運搬業	積替を含まないもの	0
	積替を含むもの	1
産業廃棄物処分業	中間処分のみ	2
	最終処分のみ	3
	中間処分，最終処分	4
特別管理産業廃棄物収集運搬業	積替を含まないもの	5
	積替を含むもの	6
特別管理産業廃棄物処分業	中間処分のみ	7
	最終処分のみ	8
	中間処分，最終処分	9

(2) 二以上の事業者による産業廃棄物の処理に係る特例の認定

二以上の事業者による産業廃棄物の処理に係る特例の認定の際に，認定証に付す番号（以下「認定番号」という。）の内容は，以下のとおりとする。

① 認定番号は，8桁の英数字で構成するものとする。

② 認定番号の構成は次のとおりとする。

・1～3桁目

別紙1に掲げる都道府県市番号

・4桁目

法第12条の7第1項の規定に基づく認定であることを示す文字として「S」

・5～8桁目

都道府県市において，認定業者の分類等に自由に使える番号（許可番号の6～11桁目と異なり，固有番号ではない。）

（認定番号の例）

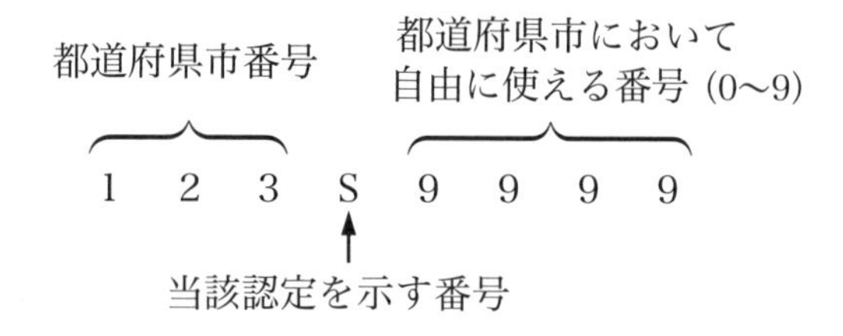

3. 固有番号の取扱い

固有番号は，以下のとおり取り扱うものとする。

① いずれかの都道府県市において，最初に業の許可を行った時点で，固有番号を付与するものとし，既に固有番号を付与している許可業者に対して，新たな固有番号を付与しないこと。

② 一度付与した固有番号は，変更許可若しくは更新許可を行った場合

又は変更届があった場合であっても，変更しないものとする。
③　業の全部廃止若しくは許可の失効又は許可取消処分により，全ての都道府県市において業が行われなくなった場合，当該固有番号は失効するものとして，その後は欠番として扱うものとする。

（下線筆者）

出典：「産業廃棄物処理業者及び特別管理産業廃棄物処理業者に係る許可番号等取扱要領について（通知）」環循規発第1803308号（平成30年3月30日）

2 申請すべき許認可を把握する

①　根拠法令と許可行政庁（申請先の役所）

業法上の概念と一般感覚の違いを意識する。

同じ単語であっても法令上の定義付けと日常用語がずれている場合は，許認可の必要性や申請区分について特に慎重に判断する。

②　主要な要件「ヒト・モノ・カネ」

「ヒト・モノ・カネ」という考え方は，許認可業務に取り組む際に最も重要である。なぜなら，許認可の条件（許可要件）を把握するための基本的な枠組みとなるからである。この視点で法令や手引（審査基準）にあたれば，理解が容易になる。

許認可とは事業活動に対する規制である。とすれば，基本的な経営資源である「ヒト・モノ・カネ」が重要だというのも当然のことである。

③　許認可の規制対象と顧客の取得理由

営業の自由は憲法によって保障されている。業法が営業の自由を規制するには合理的な目的がある。行政書士は，業法の立法趣旨を踏まえつつ，顧客のビジネスを考えるべきである。

④　許可の必要性と業法の適用対象

イ　顧客が許可不要と認識している場合

業法の規制から逃げるために，自己に都合のいい理屈を考える者がいる。収集運搬業においては，例えば，ゴミを引き取る際に対価を支払うことで「有価物なので許可は不要である」という理屈がある。現実にはグレーゾーンも存在し，明確な回答が難しいこともある。所管の役所に問い合わせても，踏み込んだ回答までは得られないことも少なくない。こうした微妙な事柄について顧客から質問を受けたとき，行政書士は，立法趣旨や規制目的を踏まえて見解を伝えるべきである。

ロ　顧客が許可の必要性を検討している場合

上記イの観点に加えて，顧客の中長期的な成長やビジネス環境を考慮して，許可取得のタイミングをアドバイスする必要がある。

Column 14

「業」として

「業として行う」とは，「廃棄物の収集又は運搬を特定又は不特定の人を対象に社会性を持って反復継続して行うことを意味する」（日本環境衛生センター発行「廃棄物処理法の解説」廃棄物法制研究会編著）。

ポイントは「不特定多数」と「反復継続」の２つである。これらに「営利性」を加えると，「営業」となり，厳密には「業」と区別される。

ある行為が「業」にあたるか否かを明確に回答することは困難である。現実社会ではグレーゾーンがあり，問題が顕在化すると当局が「業」と認定し，規制対象となる。

この種の判断は，法令解釈によるのではなく，（いいか悪いかは別として）「当局の判断に従ってください」と回答するのが現実的である。

3「要件を満たせば」許可は取得できる

①　行政処分としての許可

行政書士試験の合格間もない読者であれば，行政法の重要テーマである通達の存在は記憶に新しいと思う。業法を解釈するにあたり，行政が内部的に出している通達の中で法令解釈が示されることがある。通達は，当然のことを確認的に注意喚起している場合があり，法令を解釈するにあたり有益である。その意味で，産廃処理業に関する通達「平成30年3月30日付循環規発第18033029号」は一読に値する。

本通達の「許可の性質」という項には次のような記述がある。

許可の性質

廃棄物の処理及び清掃に関する法律（昭和45年法律第137号。以下「法」という。）第14条第5項及び第10項並びに第14条の4第5項及び第10項は，申請者が基準に適合する施設及び能力を有し，かつ，欠格要件に該当しない場合には，必ず許可をしなければならないものと解されており，法の定める要件に適合する場合においても，なお都道府県知事に対して，許可を与えるか否かについての裁量権を与えるものではないこと。

産業廃棄物処理業の許可とは，社会公共の安全及び秩序を維持するという消極的観点から行われる許可（いわゆる「警察許可」）であり，許可申請者が，適正な処理を行い得る客観的能力等を有する者であることを確保する観点から定められた一定の要件に合致すれば，都道府県知事は，許可を付与しなければならないこととされている。

したがって，産業廃棄物処理業の許可制度は，実際に許可を受けた者が適正に処理を行うことまで保証するものではなく，許可業者に対する処理委託が排出事業者の責任を免ずるものではないことに十分に留意されたいこと。また，日頃から機会を捉えて，排出事業者に対して，信頼に値する処理業者であるか否かについては最終的には排出事業者自身の

> 責任において見極める必要があることを周知徹底するよう努められたいこと。

（下線筆者）

本通達は，環境省から各許認可庁（各都道府県・政令市）宛てに出されている。行政法上の許可には裁量がないことは受験勉強で学習したとおりである。

②　窓口実務

①は現実には観念的な話である。というのは，「許可要件に該当している」ことの認定と裁量の有無について，実務上微妙な場合があるからだ。産業廃棄物業の例では，「申請者の能力に係る基準」という許可要件の中で，財産要件について「産業廃棄物の処理を的確に，かつ，継続して行うに足りる経理的基礎を有すること」と抽象的に定められている。その条件を判断・審査するための具体的な提出資料は，各都道府県が独自に指定しており，一律ではない（財務諸表はいずれの都道府県でも要求しているが，申請者が債務超過の場合の資料には，求めている内容に違いがある）。また，別の点で，都道府県によって車両の駐車場権限を証する資料を求める場合とそうでない場合がある。

つまり，業務遂行や顧客対応の観点で一番重要なのは，「どんな書面のどの記載を審査（確認）しているか」という点である。

産廃収集等の許可主要業務においては，審査をするにあたり，提出すべき書類が明確である。どの書類にどのような記載内容を求めているかが手引に詳細に説明されているので，案内のとおりに申請書類を整えれば通常は許可が見込める。

主要許認可業務の手引がこのように詳細だからといって，分量のある手引を未経験者が事前に熟読することは難しい。よって，大体は経験不足による見落としがある。実は窓口ではご丁寧にも書類をすべて確認してくれ，修正が必要な箇所はその場で「補正」を指示してくれる。私たち行政書士は委任を受けることによって申請者の代わりに補正対応（書面の修正や追加資料の提出）ができるのである。多少の書類不備であれば，「今日は受け付けるので後日不足分を郵送してください」という対応をしてくれる。

このように，主要許認可業務においては，申請時の窓口確認が実質審査となっている。別の言い方をすると，窓口で受け付けてもらいさえすれば通常は許可され，逆に不許可になることはほぼないと考えてよい。新人行政書士は，窓口でいくつか指摘を受けて恥をかくことがあるだろうが，素直に勉強不足・経験不足を反省して次につなげればよい。その代わり，審査担当者に対する礼儀として，なるべく手引は事前によく確認して，申請当日に持参しつつ「どこにその記載があるか教えて頂けますか」という誠意を見せることが大切だろう。手引の案内に沿って書類を整えることが担当者や行政書士業界へのマナーである。

なお，窓口受付が実質審査ではあるが，欠格要件だけは事前に把握することが困難である。これは行政書士も都道府県市も，申請時には誓約書や顧客の自己申告でしか確認することができない。産廃収集の審査においては，実は本審査の前に必ず役員の本籍地自治体や警察に照会をかけて欠格要件に該当しないか確認している。それをクリアしない限り本審査に移行しないのである（同時に審査する都道府県もある）。そして，申請後に欠格要件に該当することが判明した場合は不許可（不利益処分）となる。この点，失敗例でも述べているが，窓口で受け付ける（申請する）ということは法定の申請手数料を納付するということなので，不許可の場合は手数料が戻らないということには注意が必要だ。

もし申請時に不備が多かったり公的書類がうっかりそろっていなかったりした場合は申請を受け付けてもらえないということがあるかもしれない。その場合，依頼者に与える損害としては次の申請時点までの時間になる。もっとも，万一申請の不備により受け付けなかったとしても，次の申請予約日には指摘を踏まえて申請できるはずである。ここは依頼者との関係をどのように良好に保つか，コミュニケーションが大切になる。

Column 15

法務大臣の裁量が広い「入管業務」

許可に対し，特許的な処分には一定の裁量が認められている。入管業務が代表例である。在留資格の変更や更新は「法務大臣（が）……適当と認めるに足りる相当の理由があるときに限り，これを許可することができる」（入管法第20条3項・第21条3項）とされている。この点，在留資格認定証明書交付申請においては裁量がないと解されているが，実務上の印象では裁量があるようにも感じられる。

入管業務においては，いわゆる手引は存在せず，提出書類として公式に案内されていない資料を検討・起案して疎明資料として提出するのが通例である。また，この審査要領すら一般には公開されておらず，行政書士会が公開請求を行って入手しているに過ぎない。窓口では申請内容について踏み込んだ確認はしない。許可要件を満たすレベルまで窓口で丁寧に確認する主要許認可業務とは，だいぶ違う。

このように提出資料を検討・起案しなければ許可を得られないからこそ，難易度が高く，付加価値を生みやすい業務といえる。

③　自信を持って依頼者に対応する

前項で述べたとおり，申請書類に不備があれば窓口で指摘される。経験者でも多少の間違いやうっかりもある。慣れたら慣れたで，住民票記載の住所を少し間違える等のケアレスミスをすることもある。開き直るわけではないが，事務量は膨大であり，一定の間違いは起こるのが自然ともいえる。新人のうちのミスは，経験不足によるものが多い。一方，経験を積んだ者のミスは，慣れという油断の他に，他業務との兼ね合いや案件内容の思い込みによる原因が加わる。

これらの実際の申請にまつわる諸々は，良くも悪くも依頼者の目に触れない。これは報酬の算出根拠にも関係することだが，顧客の最大の関心事は許可取得の一点のみであることが多く，そうした事務作業や窓口でのあたふたとしたやりとりは伝わりにくいのである。この点を逆手にとれば，新人のうちは役所や先輩に対して恥をかけばよく，依頼者の前では自信を持って対応するよう心掛けてほしい。経験がない中で自信を持って対応するのは難しいことではあるが，そのための最低限の事柄は本書を含むシリーズの中で示している。本書と手引をある程度頭に入れておけば，十分対応できる。現実の依頼者対応の中で未知の話が出てきたら，自信を持って「それはこの場で確実な回答ができないので，すぐに確認して回答します。」と対応してよい。依頼者からすると，専門家に不明点があることよりも，段取りが悪いことの方がマイナスイメージになる。イメージだけで済めばいいが，段取りの悪さが重なると不信感につながるので，その点は知識以上に意識した方がよい。なお，筆者は，不明点が些細な内容であれば，パフォーマンスも兼ねて面談時にその場で担当課に電話して確認してしまう。その方が話が早く進み，依頼者に安心感を与えることができる。新人のうちは「知らない」ことを気にしてしまうが，依頼者にとっては，それ以上に「早く」「確実に」話を進めてくれた方がいいのである。

Column 16

顧客に安心感を与えるための回答術

業務遂行に関する専門知識を有しているのは，行政書士として当然である。顧客からもそう見られている。とはいえ，現実には知らないことは膨大にあり，あらゆることに明確に即答することは不可能である。新人の頃は，経験不足を見せまいとして曖昧な知識でとりつくろってしまうことがある。

しかし，顧客に不安を与えるのは，「知らないこと」ではなく曖昧な雰囲気である。不明なことがあっても，要領を得ない話をするよりは「確認して回答します」と明言した方が顧客に安心感を与えることができる。

5-2　業務遂行時間を知る

1 業務事例を見る

「①顧客が許可の概要を知っていて既に講習が修了している場合」と「②具体的な事業計画が定まっておらず，創業に近い状態」では，当然に遂行時間に違いがある。

2 事業計画（許可取得の動機）で差が出る

依頼者に収集運搬の契約見込みがあれば，事業計画の記載は容易である。しかし，契約の具体性が乏しい段階で許可申請を依頼されることもある。そうした場合でも，搬入先の中間処理場を調べたり，品目について顧客とともに考えたりする計画を具体化する作業が求められる。その分だけ業務時間を多く見込む必要性がある。

3 業務遂行時間の積算

以下の場合は工数が多くなる可能性がある。

①　役員・車両が多く資料や確認作業が倍増する場合

役員であれば5名以内，車両であれば5台以下程度が一つの目安だろう。見積段階で，加算の可能性を明示しておいた方が無難である。加算の可能性を伝えておいて，実際に加算しないことは可能だが，告知なく後から加算は通常難しい。実際問題，この数の違いによる業務時間の違いはばかにならない。

②　車両・容器の撮影有無により訪問回数が変わる場合

写真撮影は事務所側ですることが多いが，顧客が自らやるということもある。その場合は工数が減る。ただ，この点は実際の見積項目にはなりづらいだろう。

③　事業計画の具体化やマイナス決算により許可条件を満たすために準備が必要な場合

マイナス決算でなければ問題なく，その方が多いと思うが，仮に改善計画の作成や税理士等の確認が必要になる場合，ヒアリングや手配で2〜3時間は見込む必要があるだろう。

5-3　見積額の算出

1 報酬設定の難しさ

商品仕入のような，明確で説明しやすい仕入コストがない。そのため，行政書士と顧客で，コスト意識に差が出やすく，行政書士の事情も顧客には伝えにくい。また，提供されるサービスの品質に幅があり，顧客がその情報を入手しにくいという性質がある。

行政書士の業務は，売買契約ではなく委任契約である。委任契約は信頼を基礎としており，原則的には無償とされるため，提供されるべきサービスの内容や質に幅があることと相まって，契約の性質上，値段設定が難しい。

2 相場を参考にして報酬額のイメージをつくる

他事務所でも扱うことの多い業務であれば相場を知っておく必要がある。相場に無理に合わせる必要はないが，相場と異なるのであれば，なぜ異なるのか根拠を持って説明できることが大切である。実際，顧客にとっては相場が基準であり，士業事務所の報酬に幅があることを疑問に感じ質問されることも多い。

相場に対して，設定する報酬が高くなるようであれば，まさに分解見積により積算根拠が求められる。また，報酬額に関して交渉の余地がある場合の最低額をあらかじめ設定しておく必要がある。「これ以上安く受任するとコスト面とリスク面で損失になる」という損益分岐は常に意識すべきである。特に，業務によってはリスクが見積もれず，想像を超える損失につながる可能性もある。

【図表5-1】報酬額統計（日本行政書士会連合会　令和2年度）「産業廃棄物収集運搬業許可申請（積替保管を除く）」

回答者	5万円未満	5万円～ 10万円未満	10万円～ 15万円未満	15万円～ 20万円未満	20万円以上
268 100.00 %	3 1.1 %	89 33.2 %	127 47.4 %	43 16.0 %	6 2.2 %
平均	最小値	最大値	最頻値		
111.643	25,000	260,000	110,000 44件		

3 月間売上目標から報酬設定額を検討する

シンプルに，ある特定の業務を想定して「どの程度動いて(※)神経を使うのか，その対価でいくらほしいのか」を考えてみる。その額には根拠が必要である。根拠に説得力があれば，より希望に近い額で受任する可能性が高まる。

※「動く」とは，文字どおり実際に「動く」ことの他，「調べる・連絡する・進捗管理する・作業する・考える・悩む・人に相談する等，業務遂行のために使う時間のすべて」である。

次に，1件あたりの業務遂行にかかる時間と，それにより得られる収入をベースに，月間売上目標に到達するために何件を受任して完結させなければいけないのかを計算する。

このような計算をすると小規模事務所で低価格戦略をとることは相当難しいことがわかるはずだ。低価格戦略をとるには，それを実現させるための仕組みづくりをしなければならず，投資はもちろん，創意工夫が必要になる。目先の受任にとらわれ，戦略なく低価格路線をとることは，事務所経営を危うくする。

なお，ここで記述した内容は報酬設定額を検討するための材料の一部であり，現実には，営業活動に費やす時間をはじめ，事務所経費を含めた諸々のコストを考慮に入れて設定する必要がある。

4 報酬の根拠となるべき要素の検討

報酬の根拠とは説得力のことである。目に見えないサービスの対価には説得力がいる。それには分解見積が適している。業務を細分化し，項目ごとに報酬を明示するのである。本書で想定している解体工事の業界においても，個人客に対し一式見積を提示することは不親切であるとされる。建物を解体する場合，現場の条件等の様々な事情がある。詳細な条件とともに，項目ごとの見積額が提示されていれば「丁寧で良心的だ」という好印象にもつながる。

申請業務を受任した場合のサービス提供要素として次の点が考えられる。

・業界相場
・経験に基づく事務作業量
・業務時間（進捗管理）
・事案の不確実性
・法的リスク
・電話やメールを含めたお客様へのすべての対応（サービス料）

また，報酬設定の観点から申請業務を分解してみると，大まかに「ヒアリング及び　相談業務」「移動・出張」「書類手配」「申請書類作成」「役所での申請行為（日当）」に分けられる。

ここが実務のポイント⑰　ストレス

「ストレス」は報酬化しづらい。

仕事にはストレスがつきものだが，行政書士業務は，顧客の利益や損失に直結するため責任が重い。個人事務所であれば個人ですべての責任を引き受けなければならず，組織の中でのストレスとは別物である。難易度にかかわらず，業務を受任すること自体で相当なプレッシャーを受けることを考慮して報酬を設定すべきである。経験を積むほど「低報酬で高リスクは負いたくない」と考えるようになるのである。

5 分解見積を提示するための報酬体系

分解見積を根拠付けるため，事務所の報酬基準を体系化する。体系化された報酬規程に基づいて個別業務の分解見積を作成すれば，説得力も増す。報酬体系のベースとして，1時間あたりの単価を設定しておくとよい。

Column 17

タイムチャージ

タイムチャージとは，作業時間や拘束時間等，基本的に業務遂行のために使われるすべての時間を含めて設定された報酬である。一般に，時給と混同されることがあるので注意を要する。時給とは組織の中でコストが細分化され，人件費としてのみ算出されている金額である。つまり，時給には人件費以外の経費は含まれていない。

行政書士のタイムチャージを考える際，時給の感覚を持っていてはいけない。

士業は労働集約型の業務であり，有限の時間に対して報酬を設定することになる。会社員であれば，例えば就業中の移動時間について厳格なコスト意識を持たない者もいるかもしれないが，士業となれば，移動時間はタダで発生するものではない。交通費とは別に日当という考え方を持つべきである。

5-4　顧客に提示する見積書を作成する

報酬額や報酬体系を設定する際，産業廃棄物業者に関する次の通知に示された考え方が参考になる。

【参考】「排出事業者責任に基づく措置に係る指導について（通知）」（環廃産発第1706201号　平成29年6月20日）

【「適正な対価（料金）」について】

・　適正な対価を負担していない場合には，処理業者が適正な処理をできないため，不法投棄や不適正処理が行われる可能性が高くなりますので，処理状況について十分な注意が必要です。

・　適正な対価を負担していない場合とは，一般的に行われている方法で処理するために必要とされる処理料金からみて著しく低廉な料金で委託する場合をいいます。

・　地域における産業廃棄物の一般的な処理料金の半値程度又はそれを下回るような料金で処理委託を行っている排出事業者については，当該料金に合理性があることを示すことができない場合，適正な対価を負担していないことになります。

・　適正な料金については，廃棄物の種類や量，処理方法，地域等によって異なりますが，食品リサイクル法の登録再生利用事業者は料金を公示していること，優良産業廃棄物処理業者は料金の提示方法を公表していることが，参考になります。

・　委託先の選定に当たって，合理的な理由なく，適正な処理料金か否かを把握するための措置（例えば，複数の処理業者の見積もりをとること，委託する産業廃棄物と同種の事業系一般廃棄物の市町村での処理料金の確認）等を講じていない場合にも，措置命令の対象（法第19条の6）になる可能性があります。

※　詳細は，「行政処分の指針について（通知）」（平成25年3月29日付け環廃産発第1303299号環境省大臣官房廃棄物・リサイクル対策部産業廃棄物課長通知）を参照してください。

（下線筆者）

裏を返すと，「とにかく安い」「根拠が不明」という見積内容の場合，業務の質を疑ってしかるべきだということである。

【基準例　１時間につき１万円（税別）】

・公的書類手配（手配のためのヒアリング含む）	１時間
・業務全般にわたる顧客対応（訪問以外）	１時間
・訪問２回（移動時間含む）	４時間
・申請当日及び補正対応	３時間
・写真撮影及び指導	１時間
・申請書作成	２時間
合計	12時間（12万円）
・事業計画書作成（品目調査含む）	２時間
・債務超過による改善計画作成	３時間　※別途税理士報酬
・駐車場等の契約書作成	１時間
・定款作成（議事録整理含む）	２時間

Column 18

業務を低報酬で受けた顧客の「その後」

開業間もない頃は，「ボランティアでもいいから勉強のために業務を経験したい」と考える者もいる。現に筆者もそうだった。このような考えでいると，どうしても低報酬で受任しがちである。特に知人の紹介案件だったりすると，その知人の面子も考えてしまう（安く受けたからといって知人の面子が立つわけではないのだが，経験が浅いと安易にそう考えがちである）。実際に低報酬で受任して，悪戦苦闘しながらでも業務を無事に完了させれば，確かに実績にもなり満足も得られるかもしれない。

このことが中長期の事務所経営を危うくするのはもちろんのこと，許認可業務特有の問題もはらんでいることを考えてみてほしい。

許認可業務は「スポット業務」であるといわれるが，許可業者には，５年に１度の「更新申請」や変更があった場合の「変更届」が発生する。一度接点を持った顧客から，時間をおいて（ときには忘れた頃に）依頼があるのである。これは大変ありがたいことで，誰しも望むことである。しかし，例えば最初の顧客との接点が「更新申請」だったとしよう。そのとき安価で受けてしまい，その後，行政書士として多少実績を積んだ頃にその顧客から「また更新をやってほしい」と頼まれるのである。そうすると前回の報酬より高い額を頂くことは難しくなる。そして，10年後の更新申請の依頼……。

ありがたいはずの顧客の依頼が，受けたくない業務に変わってしまうのである。恥ずかしながら筆者の実体験でもある。

5-5　見積書をもとに請求書・領収証を作成する

1 請求書

書類取得費用の実費等，立て替えがある場合，請求書の経費欄に記載するとともに，レシートの写しを交付すると丁寧である。量がある場合は，経費精算書のような形式で別紙にまとめる方法もある。細かい話だが，中には振込手数料を引いた額で入金する顧客もいる。振込手数料を負担頂く旨，請求書に添えるとよい。

2 領収証交付義務（行政書士法）

銀行振込みによる報酬受領の場合，一般の取引では払込票や通帳記帳で済ませていることがある。しかし，行政書士には領収証の交付義務があるので注意してほしい。実際，行政書士に対する処分において，領収証や事件簿がきっかけになることが少なくない。別の観点から考えると，領収証の発行を顧客サービスの一環としてとらえることもできる。依頼に対する感謝の言葉を添えて領収証を交付するとよいだろう。

【行政書士法施行規則】

（領収証）
第10条　行政書士は，依頼人から報酬を受けたときは，日本行政書士会連合会の定める様式により正副２通の領収証を作成し，正本は，これに記名し職印を押して当該依頼人に交付し，副本は，作成の日から５年間保存しなければならない。

Column 19

事務所経営上のコスト

事務所を賃貸している場合は明確に固定費が発生するが，それ以外にも経営上は総務や経理等の一般事務が発生する。業務を複数受任するようになると，一般事務に意外と時間がとられることに気付く。特に見積りや請求は業務時間としてしっかり見込んだ方がよい。見積りはロードマップにも関係し，未知の業務では見積書を作成すること自体がボリュームのある作業である。

また，請求業務は，これなくして売上はないので注意を要する。立替分の精算等で，経費の整理することは思いのほか手間がかかる作業である。複数案件が同時進行し，その業務内容が別物の場合，管理方法を確立しないと整理が難しくなる。

こうした一般事務に要するコストも見込んで報酬設定しなければ事務所の継続はできない。

5-6　まとめ

見積書を交付すると，顧客は許可取得が可能と認識する可能性がある。後々のトラブル回避のため，不確定要素や条件は見積書に明示する。また，条件は許可取得見込みに関わるものと加算事由となるもので区別する。加算事由の明示がない場合，後から加算を申し出ても，了承が得られない可能性がある。

◆記載例　見積書

見積書番号：
発行日：

御 見 積 書

安倍　晴明様

〒 -
東京都
行政書士北条事務所
北条宗時

TEL 03
FAX 03-
登録番号：T00--

貴社益々ご清栄のこととお慶び申し上げます。
下記のとおりお見積申し上げます。

御見積金額　221,600　円

区　分	月　日	件　名	金　額	摘　要
書類作成提出代行報酬業務		【産業廃棄物収集運搬業許可申請】		
		お打ち合わせ２回（ご訪問・オンライン）	40,000	日当を含む
		写真撮影（車両・容器）	5,000	
		相談料（許可申請に関するアドバイス）	10,000	
		公的書類の代行取得　手数料	10,000	
		許可申請書作成及び製本作業	20,000	
		役所への申請業務（●●県庁）	30,000	
	計		120,000	
消費税			12,000	
小計			132,000	
立替金その他		申請手数料	81,000	
		履歴事項全部証明書　１通	600	
		納税証明書（法人税その１）　３期分	1,200	
		住民票抄本　３通（役員様）	900	
		登記されていないことの証明書　３通（役員様）	900	
		交通費	5,000	
	計		89,600	

御見積合計	221,600

第6章 顧客とのコミュニケーション術

顧客とのコミュニケーションは，業務上の知識をそのままアウトプットするだけではいけない。顧客の立場に立ってコミュニケーションを図ることが，受任の可能性を高め，速やかな業務を実現させることになる。

顧客の立場に立つためには，「顧客に関する情報」と「顧客が属する業界の動向」を知ることが重要である。

【図表 6-1】顧客とのコミュニケーション

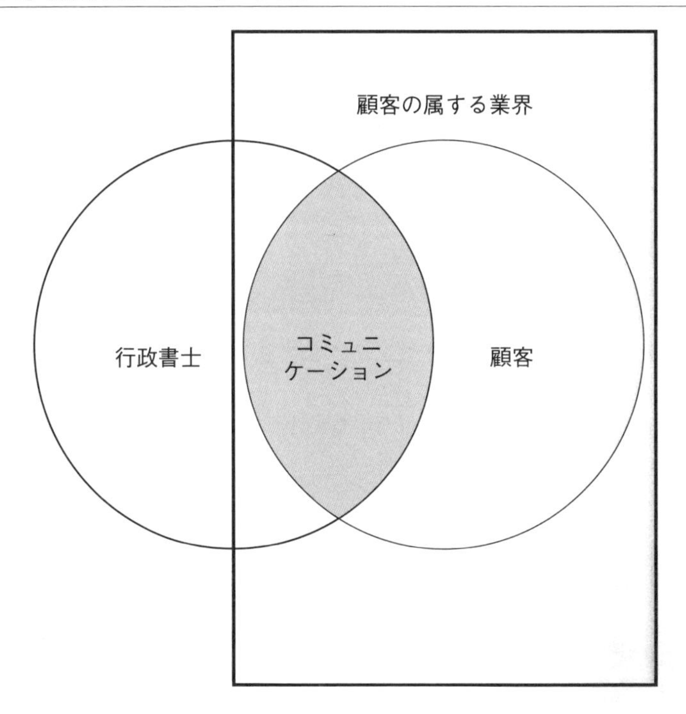

【本章のポイント】

- ▶　申請実務では，法令解釈よりも運用の方が重要である。
- ▶　顧客の使う言葉に合わせ，法令用語の使用はなるべく避ける。
- ▶　顧客とは業務以外の話もするよう心掛ける。
- ▶　顧客にとって許可取得はゴールではなく，プロセスの一つである。
- ▶　見込み客を探すだけでなく，見込み客につながりそうな紹介者の存在も意識する。
- ▶　他士業と良好な関係を築くことで案件の紹介につながることがある。自分から案件を紹介する努力も大切である。
- ▶　初めての顧客から許可更新の依頼を受けたときには，未提出の変更届がないか確認が必要である。
- ▶　「許可申請」を顧客から依頼された場合でも，別業務が含まれている可能性があるので見積は慎重に行う。

6-1　業務知識を向上させる

1 申請実務の研鑽を積む（法令運用を理解する）

許認可申請の実務は，法令解釈というより，運用の理解といえる。微妙な案件では法令の体系的理解が役立つが，多くの場面では「○○県では産廃の品目について，このように判断している」，「このような書面を求めるという運用をしている」といった現実問題の方が重要である。

依頼者に対しては，なるべく具体的な話をするのが効果的である。また，不明なことがあっても，「その点は確認が必要ですので後程ご回答します」というように明確な対応をした方がよい。依頼者に対して曖昧な回答をすることは逆効果になる。

2 現場感覚を養う（顧客と共通言語で話せるようにする）

①　法令用語にこだわらない

行政書士は専門家として法令用語にこだわるべきである。法令上の定義は，それにより結論が変わるため重要である。産業廃棄物業務の場合，例えば廃棄物の種類に関する定義をよく理解する必要がある。

一方，大半の依頼者は，それらを感覚のレベルで理解している。行政書士はそのギャップを意識しつつ，なるべく顧客の感覚に合わせる努力が必要である。

②　業界用語に敏感になる

顧客は業界用語を使うことがある。産業廃棄物収集運搬業関係では，「土砂禁ダンプ」や「トンバック（フレコンバック）」という用語を聞くことがある。こうした言葉を顧客が自然に使うことがあるので，インターネット等で調べてみるとよい。用語に興味を持つと，顧客の属する業界への関心を高めることができる。

3 コンサルティング能力を養う（顧客と事業について話せるようにする）

①　ビジネス一般の会話

顧客のビジネスや業界に関心を持ち，許認可以外の話もした方がよい。顧客にとっては，許認可取得はビジネスの一部にしか過ぎず，プロセスの一つでしかない。顧客の関心事を知ることで，行政書士のビジネスチャンスも広がる。今後の業務につなげる可能性を広げることになる。すぐに仕事につながる必要はなく，ちょっとした情報提供や，全く許認可と関係ない事柄で自身と付き合いのある業者を紹介するということも有益である。

②　顧客情報の深堀り

許認可業務に関わると，行政書士は顧客の重要情報を知る貴重な機会を得る。初めて接する顧客の決算書も見ることができるのである。この利点を活かして，顧客の財務改善をアドバイスができるようになればさらに顧客価値を高めることができる。ビジネスチャンスも広がる。

他にも，定款，車検証の情報や駐車場の契約内容等，許認可以外でも会社法務や契約関係について，アドバイスをすることや別業務を受任することも可能である。株主情報との関係で，会社役員個人の相続も射程に入る。

許認可業務において顧客から収集した情報は，多方面の行政書士業務につながる要素が含まれている。

③　顧客にとって許可取得はゴールではない

行政書士の許認可業務としては，許可取得が一つのゴールである。

しかし，顧客にとって許可はプロセスの一つであり，スタートでもある。顧客は，自社の売上アップにつながることであれば，どんなサポートでも受けたいはずである。許可取得はその一つしかなく，他の課題もサポートできれば顧客価値をさらに高めることができる。

6-2　顧客や紹介者と知り合う機会をつくる

1 各種交流会へ参加する

①　交流会の形態

様々な形態の交流会がある。スポット型や会員型のもの，参加費が飲食代程度のものから高額なものまで多種多様である。どのような会が有益かは一概には言えない。各々が試行錯誤するしかない。

②　交流会に参加する目的

開業当初はとにかく仕事がほしいものである。しかし，交流会ですぐに仕事をとろうと考えるのは現実的ではない。仕事をとるという目的で参加していても期待外れに終わることが多いはずだ。

イ　幅広い事業者と知り合う機会を増やす

交流会には見込み客が参加していることが望ましいが，それをあらかじめ想定するのは難しい。まずは多方面に知り合いを増やすという目的でラフな気持ちで参加するとよい。

ロ　参加者のビジネスモデルを知る

参加者がどのような業界でビジネスをしているのかを意識する。そのビジネスに行政書士としてどうアプローチできるかを考えるのである。目先の業務を考えるのではなく，顧客とどのような関係性が築けるのかをイメージした方がコミュニケーションを図りやすい。

ハ　顧客に紹介できそうな参加者と知り合う

顧客へのサービスとして，顧客が求める他事業者を紹介することも有益である。顔が広い人間は重宝される。行政書士にも様々な分野があるように，他の業種においても，それぞれ得意分野があるはずである。営業エリアも異なる。交流会で多くの事業者と接点を持つことは有益である。

2 各種団体に所属する

各種団体への所属は，深い関係性を築くことができる点で有益である。ただ，団体は目的のために活動する場であるので，営業行為をすることはできない。信頼関係を築きやすい点はメリットになるが，反面，「知り合いだから」という感覚で業務内容や報酬にけじめがつかないこともあり得る。

3 他士業との関係を構築する

行政書士としてしばらく経験を積むと，他士業からの顧客を紹介される機会が増える。特に税理士から紹介される機会が多い。顧客にとって税理士は接点が多く，それだけ相談される機会も多くなるのである。その他の士業とも，互いに紹介し合う良好な関係を構築することが可能である。

行政書士は業務範囲が広いこともあり，それぞれの得意分野に応じて行政書士同士で紹介し合う関係もつくりやすい。この点は他士業と比較して特徴的である。

6-3　典型事例ワーク（その１）

1 法人（解体工事業者：役員３名・従業員８名）

交流会で知り合った事業者からの紹介された法人で，車両を３台所持しており，許可条件はほぼそろっている。

ファーストコンタクトは，電話での問い合わせで，その際に「どの程度準備できているか」について簡単に様子を伺う。

講習は既に受講済みとわかった。この時点で受任できるかは不明だが，許可申請への要望は具体的なため，見積額が合意できれば受任は見込める。面談のセッティングをする。

できたら，その電話で車両の準備や運搬する品目について軽く聞いておく。そして，「修了証」と「車検証（自動車検査証記録事項（以下「記録事項」））」をメールして頂けませんか？」と接触のきっかけをつくる。

※　この時点では具体的な費用の話は出てこないことが多く，まずは案件に少し関わることで受任の可能性を高める効果がある。

2 業務手順例

①　初回電話（第一報）

顧客：お世話になります。○○さんの紹介で電話しました。収集運搬の許可がほしいのですが。

行政書士：お電話ありがとうございます。収集運搬の許可については，ある程度ご存じでしょうか？　例えば，講習会を既に受講されていらっしゃるとか……。

顧客：講習は私が受講しました。他にどんな書類が必要ですか？

行政書士：ではよろしければ，まずはご挨拶かねてお伺いいたします。その際，許可の可能性を判断させてください。準備すべき書類はいくつかありますが，メールでよろしければ，後程概要をご案内いたします。詳細は面談という段取りでよろしいですか。

顧客：そうですね，とりあえず○日に来てもらえますか。そのときに書類や費用の案内をお願いいたします。
行政書士：かしこまりました。では，恐縮ですが，先に修了証と車検証（記録事項）をFAXかメールで拝見できますか？　先に確認した方が確実ですので。

・修了証と車検証（記録事項）をメール等で送ってもらう

行政書士：お忙しいところすみませんが，もう少々お時間よろしいでしょうか。今回はどのような現場からの廃棄物を運搬予定ですか？
顧客：うちは解体工事業だから，現場から出た廃材などを運びます。
行政書士：承知しました。申請で事業計画を提出しますので，詳細は面談時にお伺いいたします。今回は積替え保管や特管（特別管理産業廃棄物）の扱いはなしでよろしいですね。あと，許可取得は急いでいらっしゃいますか？　申請には予約が必要になるため，実際に許可証がお手元に届くまでには3か月は見込んで頂くことになります。」
顧客：まぁなるべく早い方がいいですが，別に急いではいません。
行政書士：かしこまりました。では改めてメールさせていただきます。

②　面談の事前準備

イ　講習受講の確認

登記情報との照合により役員による受講と確認できた。期限と受講区分も問題ない。結果，政令使用人の証明書は不要になった。

ロ　車検証例（記録事項）の確認

車検証の所有者・使用者は3台ともすべて申請者（依頼者）名義であり，イレギュラーはなかった。

ハ　会社ホームページ

受任が見込めるので，登記簿謄本も取得した。事業目的や役員の人数を会社のホームページで確認する。

二　情報整理

手引きから必要書類リストと記載例を出力。既に把握した情報を入れ込むとともに面談でヒアリングすべき事項を整理する。

③　メールによる事前連絡（メール文例）

お世話になっております。
行政書士の○○でございます。
この度はお問い合わせくださり誠にありがとうございます。

修了証と車検証を拝見したところ，内容に問題ございません。
正式なお見積は面談後に交付いたしますが，現時点では費用の目安は以下のとおりです。

・12万円（税別）　弊所基準報酬額
・8万1千円　　　申請手数料（神奈川県証紙代）

その他，必要に応じて，住民票・登記されていないことの証明書・納税証明書取得費用及び郵送費等実費が発生いたします。

なお，恐縮ですが御社の登記簿謄本は既に取得いたしました。
（ご依頼くださる場合は，実費を後日精算して頂ければ幸いです。）

ご訪問の際には，御社の直近３年分の決算書を拝見したく存じます。
万一債務超過等ある場合は，申請について詳細な検討が必要になります。
当日は，車両や運搬容器の撮影をさせて頂ければ幸いです。

では当日はどうぞよろしくお願い申し上げます。

④　面談（打ち合わせ）

イ　事業計画

許可取得を考えたきっかけ，解体工事の状況をヒアリングしながら顧客と品目を確認したところ，石綿含有産業廃棄物を扱うことがわかった。

次に，積込み場所と荷降し場所（申請先都道府県）を確認したところ，積込み予定の場所はわかったが，持ち込む中間処理場の情報があやふやだったため，予定の場所を確認するよう依頼した。

容器はフレコンバッグを使い，既に所有しているが，車両は現在現場に出ていて近くにないため次回訪問時に撮影することになった。なお，車両は会社所有の敷地に駐車しているので，土地の使用権原に問題はないことを確認した（自治体によっては契約書等の使用権原を示す書面が必要書類になっている）。

ロ　財務諸表

債務超過ではなく，利益も出ている。また，納税証明書も問題なく取得できることがわかった。

ハ　申請情報

準備した下書き用申請書を使いながらヒアリングしてもよい。

営業時間，従業員数，運搬予定の廃棄物の分量，車両等について，既に聞いた内容も再確認しながらメモを残す。

ニ　許可見込みの判断と申請予約

問題なく許可がとれそうなため，その旨を伝え，用意した基準報酬額の見積書を交付し，「ご依頼いただければ，今申請予約をとって，今日から着手します」と伝える。

その場で申請予約の電話をかけ，申請日が1か月後に決まった。

ホ　受任

公的書類の手配については，「全部やってほしい」とのことであったため，準備した委任状を確認（捺印）していただく。今回は預かるものがないので預り証は発行せず，財務諸表と定款のコピーはもらった。

この場で業務委任契約書の締結（見積書交付・業務委任状の確認）をする。

顧客が今後やるべきことは，廃棄物を持ち込む予定の中間処理場を確認することだけである。それ以外は，公的書類手配を含めてすべて依頼されたので，ロードマップはシンプルである。

【業務遂行　主要チェック項目（簡易版）】

事例１

■　「新規」「更新」「変更届」のいずれの手続か
　➡新規
■　申請先の都道府県はどこか（申請先自治体数）
　➡１県のみ
■　役員の講習会受講は済んでいるか
　➡修了証あり　　受講内容に問題なし
■　車検証（記録事項）の「所有者」「使用者」「有効期限」に問題ないか
　➡使用権原あり　　問題なし
■　直近決算に「債務超過」はないか
　➡債務超過なし

【参考】許可取得へのロードマップ

株式会社様　許可取得へのロードマップ

○○行政書士事務所

【面談】

８月１日（本日）

・許可取得可能と判断いたしましたので，書類作成に着手します。
・着手金（お見積額の半額）のご入金をお願いいたします。

8月10日頃（目安）

・役員様の公的書類及び納税証明書の手配が完了する予定です。

・解体工事現場から排出された廃棄物を持ち込む中間処理場（予定）をご確認ください。

8月12日頃（目安）

・作成した申請書類一式をメールにてお送りいたしますので，改めて内容をご確認ください。

9月1日（11時）

○○県にて申請いたします。

窓口対応中に申請内容の確認のためお電話させて頂く場合がございます。

・報酬残金のご入金と立替金のご精算をお願いいたします。

11月中旬～12月上旬

許可証交付見込み

・　申請を受け付けて審査に入りますと，欠格要件に該当しない限りは許可される見込みです。

・　関係先に申請状況を示す必要がある場合は，申請受付後にお送りする「受付印のある申請書一面」をご提示なさるとよろしいかと思います。

Column 20

面談・打ち合わせ

士業の業務では「面談」という言葉が使われる。ビジネス一般では「打ち合わせ」ということが多いように思う。面談は1対1，打ち合わせは複数人というイメージがある。打ち合わせには事務的なニュアンスがある。士業が「面談」という言葉を使う理由は2つあると考える。①本人確認と②意思確認である。私たちの業務は権利義務に深くかかわっているため，この2点は一般のビジネス感覚よりも慎重であるべきだろう。確認の方法は時代とともに変化しても，確認することの意味は変わらないはずである。

⑤　書類作成・準備

ヒアリングした情報を整理して申請書に記載，公的書類を手配して申請書類をそろえる。

⑥　2度目の訪問（車両撮影と委任状確認）

予定どおり敷地内に車両3台が駐車してあったので，正面・真横・ナンバーのアップを撮影。少し多めに撮影する。

その後，準備した申請書を見せながら，依頼者に申請内容を説明する。

⑦　申請

予約日に申請する。

6-4　典型事例ワーク（その2）

1 建設業者（更新申請と車両登録変更（入替え））

[更新申請前に現状の届出状態を整理する場合]

- 申請の予約
- 講習受講の確認
- 5年間の登記情報の変更を確認（役員・本店）
- 過去の申請書副本を確認

数年前に車両の入れ替えがあった。届出をしたかどうかが定かでなく，副本も整理されていないため，登録車両が不明。

この場合，東京都の場合は登録車両がWeb上で確認できる。車両の変更届が必要であれば，先に変更届を提出した上で更新申請をする。実際は同時の手続が可能であるが，変更事項の事実関係を誤ると更新申請と内容とが一致せず，更新申請ができないこともあり得る。事前の整理が大切である。

事実関係の確認作業は労力がかかるため，ボリュームによっては調査費用等の名目で加算対象になり得る。

・車検証（記録事項）の「所有者」「使用者」「有効期間」を確認
・他の変更事項がないか
・車両は借りている（使用承諾書の準備）
・車両のうち1台は，型式が「KK」から始まっていた。

役所の担当に確認したところ，ディーゼル規制に対応する指定装置が装着されている車両という情報を得た。依頼者に車検証と一緒に証明書が入ってないか確認する（都道府県のディーゼル車規制担当窓口に型式を伝えて確認することができる）。

2 業務手順例

①　初回電話（第一報）

・事務所に直接問い合わせ

顧客：収集運搬の更新なんですが，おたくはいくらでやってますか？

行政書士：更新の基準報酬は1自治体で8万円（税別）です。他に法定の更新手数料と書類取得等の実費が発生します。複数自治体の同時期申請でしたら割引いたします。よろしければ一度御社にご訪問いたします。更新申請の前提として，必要な変更届が提出されていない場合，整理が必要になります。その点を確認した上で正式にお見積りさせて頂きます。

顧客：そうですか。うちの許可は○県と○都です。実は昨年車両を一部入れ替えたんだけど，その届をしていません。こちらから事務所に伺ってもいいですが……

行政書士：諸々の書類を確認するため，差し支えなければ，御社にご訪問させて頂ければと思います。ところで，更新の講習会はもう受講されましたでしょうか？

御社が許可をお持ちの自治体を伺えますでしょうか？

顧客：実は講習はまだです。申し込もうと思ってやっていませんでした。ただ，更新期限は３か月後ですよね？

行政書士：希望の日時で受講できるか定かではありませんが，ひとまず申込書によって申請可能ですので，受講申し込みを急いでお願いできますでしょうか。後程メールアドレスに講習会のウェブサイトをお送りしますので，手配をお願いいたします。それと，ひとまず役所に申請予約をした方がよろしいかと思います。差し支えなければ予約しておきます。では，○日にご訪問させて頂きますが，詳細はメールでご案内いたします。

イ　更新期限に注意する

顧客と接点があった時点で期限を確認すべきである。もし期限の確認が遅れたことで，更新申請に悪影響を及ぼした場合，トラブルに発展するおそれがある。

ロ　前回申請書副本の確認

更新の場合は，前回の申請書副本を確認する必要がある。前回の更新許可後に変更届を提出している場合は，普通は一緒に保管してあるので，経緯はつかめる。ただし，顧客は正確に記憶していないこともあるので，副本をともに確認しながら自治体への届の状況を把握する。

ハ　事業計画について

更新の場合は，変更届の整理がある代わりに事業計画のヒアリングは軽くなる。

もっともスムーズなパターンは，副本と同内容を転記すれば済むという状態である。その場合でも，当然ヒアリングは必要である。主要な申請内容に変更がなくとも，役員の住所変更等の細かい変更点があることは少なくない。

ニ　前回依頼先

前回の依頼先である行政書士事務所に今回依頼しない理由について尋ねるのも一つである。「対応がよくなかった」とか「連絡がつかなくなった」

等，営業上のヒントになる回答を得られる場合がある。

ホ　許可番号・許可期限

都道府県のウェブサイトや担当課で，顧客の許可番号・許可期限を確認する。業者名簿がウェブサイト上で公開されていることが多い。

また，講習会受講スケジュールを確認し，顧客が受講する日時を把握する。

ヘ　登録車両

顧客は東京都であったため，ウェブサイトで登録車両の情報が公開されていた。確認したところ５台の登録があった。この内容に変更があるはずなので，面談時に確定させて，必要な変更届について案内をする必要がある。なお，変更届が提出されていないと変更した内容での更新申請は受け付けられない。また，変更届と更新申請は同時（一回の窓口対応）で提出できる。

ト　会社ホームページ

受任が見込めるので，登記簿謄本を取得する。事業目的や役員の人数を会社のホームページで確認する。

チ　情報整理

手引きから必要書類リストと記載例を出力し，把握した情報を確認する不明箇所がヒアリング事項である。

変更届の報酬加算が必要になる。ただし，価格交渉に応じられるのであれば，最低報酬を決めておくべきである。面談で情報整理とロードマップの提示ができれば受任可能性は極めて高い。事前に基準報酬も伝えてあるので，費用感も大きくずれていない。しかし，加算の結果や，以前の他事務所の費用との比較によって減額要求される可能性もある。減額要求には一切応じないというスタンスをとることもできるが，現実的には一定の値引きに応じて合意を図ることもあり得る。実際問題として，例えば変更届と更新申請を同時に手続する場合，別々に手続するよりも手間が省けるのは事実である。とはいえ，報酬体系の根拠を否定するような，額面を調整するだけの根拠なき値引きはすべきではない。

②　メールによる事前連絡

電話でのやりとりを受けて適宜メールをする。メールの趣旨は，面談をより効果的にするための最低限の情報収集である。

③　面談（打ち合わせ）

イ　変更事項について

登記事項や株主情報に変更がないかと，車両の増減を確認する。

事前に用意していた東京都の車両登録情報と，顧客の副本とを照らし合わせ，車両の変更について確認するとともに車検証を確認し，変更届提出の有無と併せて整理する。

ロ　事業計画

変更がないかどうか，法改正により水銀の取扱いが変わったが，対応はどうか。

ハ　財務諸表

債務超過ではなく，利益も出ている。また，納税証明書も問題なく取得できることがわかった。

ニ　申請情報

前回の申請副本を確認しながら，変更事項がないか確認していく。顧客も５年前のことは忘れていることが多いので，一緒に見ながら確認するとよい。

ホ　見積の提示（場合により価格交渉）

更新許可の見込みが確認できたため，その旨を伝え，変更届の加算や２自治体の割引を想定した見積書を交付する。その際，「前の事務所はもっと安くやってくれた」と値引き要求をされたが，「弊所はこの基準で承っております。このように情報整理して段取りをするのにコストをかけているため，安価にお受けするのは困難です。ただ，複数自治体の申請で内容が重複する部分があるため，その点を考慮して割引きはさせて頂きます。」と切り返した。

ここが実務のポイント⑱　価格交渉（業務内容と報酬の調整）

事務所の定めた基準報酬どおりに受任することが理想だが，現実には価格交渉が必要な場面もある。肝に銘じてほしいのは，単に金額だけで交渉しないということである。それは事務所の報酬体系の根拠を否定することになる。第5章で時間単価をベースにした体系を説明したが，業務に費やす時間を削減するには限界がある。値引きが可能だとすれば，業務を分解し，その部分を依頼者に任せるということになる。例えば，書類の手配や写真撮影である。業務の効率性を考えると，事務所でできることはすべて遂行したいが，長期的には報酬体系を堅持することの方が大切である。もちろん，そもそも安易に値引きに応じるべきではないし，値引き額（＝分解可能な業務）の基準が必要なことは言うまでもない。

へ　受任

公的書類の手配　→　役員の住所・本籍地に変更がないか。

預り証　→　副本を預かる。

この場で業務委任契約書を締結（見積書交付・業務委任状捺印）する。顧客が今後やるべきことは，講習を受講し，事務所あてに修了証を送る（メールする）ことだけである。

④　書類作成・準備

副本を参考にしながら更新申請書に記載，公的書類を手配し，申請書類をそろえる（つづる）。

⑤　2度目の訪問（車両撮影と委任状確認）

写真撮影をするつもりで訪問したが，社長の話では，4台中2台は急遽現場に出ているということで駐車していなかった。そこで，2台だけ撮影し，残り2台は社長に撮影してもらうことになったので，撮影要領を伝えた。

その後，準備した申請書を簡単に説明し，委任状を確認する。また，車両の増減について再確認する。

講習会受講がまだ先だったので，修了し次第，修了証をメールするようお願いした。

【図表 6-2】見積書

見積書番号:

発行日:

御　見　積　書

藤原　隆家　御中

〒　－
東京都

行政書士北条事務所

北条　宗時

TEL 03-
FAX 03-
登録番号：T00--

貴社益々ご清栄のこととお慶び申し上げます。
下記のとおりお見積申し上げます。

御見積金額　351,100　円

区　分	月　日	件　名	金　額	摘　要
書類作成提出代行報酬業務		産業廃棄物収集運搬業許可　更新申請（積替・保管なし）	80,000	東京都
		産業廃棄物収集運搬業許可　更新申請（積替・保管なし）	64,000	××県　同時申請のため2割引き
		調査費用（登録車両等許可状況の確認作業2時間）	20,000	
		変更届（増車・減車）	30,000	東京都
		変更届（増車・減車）	15,000	××県　同時申請のため5割引き
	計		209,000	
消費税			20,900	
小計			229,900	
立替金その他		申請手数料（更新許可申請　積み替え保管を除く）	42,000	東京都
		申請手数料（更新許可申請　積み替え保管を除く）	73,000	××県　証紙
		住民票抄本　2通　（役員様）	600	
		登記されていないことの証明書　2通　（役員様）	600	
		交通費	3,000	
		郵便通信費	2,000	
	計		121,200	

御見積合計	351,100

ここが実務のポイント⑲　整理された依頼案件はない

業務を依頼されるとき，いわゆる「きれいな状態」であれば取り組みやすい。例えば，法人設立間もない状態で新規の許可を得る場合等である。しかし，現実にはそれは少なく，初めての受任案件がクセのある案件だったという話はよく聞く。

乱暴な言い方になるが，筆者は依頼案件を「時限爆弾」のようだと感じている。そして，業務遂行はその爆弾の信管を抜いていく作業である（このことが「ここが実務のポイント⑰」の「ストレス」の意味でもある）。依頼者は，渡そうとしている爆弾の特質を教えてくれるわけでもなく，認識すらしていないことがある。したがって，「○○を依頼したい」と言われたとき，素直に「○○」とだけ受け止めて業務遂行しようとすると，不意に爆発させてしまう可能性がある。典型的なのは，「許可の更新を頼みたい」と言われたものの，実際には更新の前に必要な変更届が提出されていないことである。また，「役員が辞めたので退任の手続をしてほしい」と退任から時間が経過された時点で頼まれ，実はその役員が許可上の条件となる地位に就任していて，単に役員退任の話ではなく，許可失効につながる話ということもある。

業務を依頼されるとき，その内容は新人であったとしても容赦はない。大げさな言い方になるが，業務を全うするためには，爆弾処理をするくらいの緊張感で取り組む必要がある。その姿勢がトラブル防止にもつながるのである。■

【図表 6-3】依頼されたときの業務確定

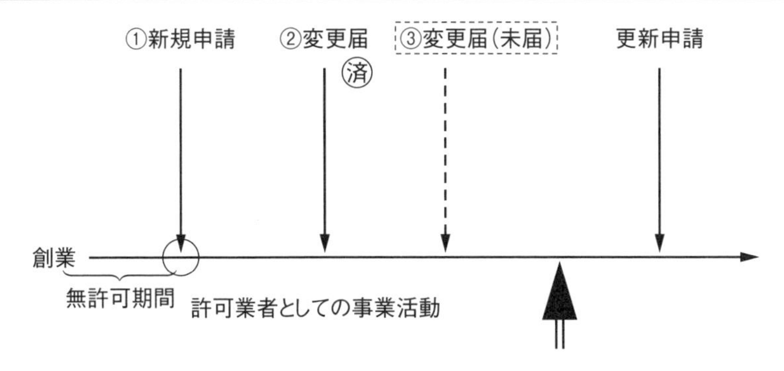

このタイミングで顧客から
更新申請の依頼があったとき，
①②を把握するのは当然として，
③に気付かなければならない。

現実には，初めての受任が①ではなく
②や③であることが一般的である。

なお，通常①②については副本で確認
することになるが，まれに紛失等があ
り，確認作業が必要になる。

6-5　典型事例ワーク（その 3）

1 個人事業主の場合

Ｃさんは自分ひとりで廃棄物を収集運搬する事業を思いついた。軽トラックを一台購入して収集運搬業を開始するつもりである。そこで相談に来た。

問い合わせ内容は収集運搬業の許可についてであったが，電話で話を聞いていると，これから創業ということや，一般廃棄物と産業廃棄物の違いを理解していない点があり，相談対応自体にコンサルティング要素があると判断された。

そのため，許可取得の必要性や申請区分，創業計画に関するコンサルティングのため，相談料を頂くことにした。

2 業務手順例

①　法人と個人の違いを説明する

個人での許可は申請者自身に対する許可であり，許可（番号）を他社に引き継ぐことはできない。法人（会社）の場合は，代表者が変更しても法人として許可は存続する。そのため，法人化の計画についても確認する。売上高や事業計画にもよるが，事業の拡大により法人化する可能性は十分にある。そのタイミングはいつなのかを検討してもらう。税理士にアドバイスを受けることを勧めることもある。

個人事業主の場合，財務諸表の提出の代わりに，「資産に関する調書」を作成する。

依頼者が青色申告をしている場合は，確定申告書に添付されている貸借対照表を参考にして作成できる。白色申告の場合はヒアリングが必要だが，いずれの場合も依頼者への確認は必要である。

【参考】

（第９面）

資 産 に 関 す る 調 書（個人用）

令和４年４月１日現在

資産の種別	内　　容	数　　量	価格、金額（千円）
現金預金	□□銀行定期預金		３，０００
有価証券	㈱△△の株式	５００株	２，５００
未収入金			
売 掛 金			
受取手形			
土　　地	自宅、駐車場	１１０㎡	２０，０００
建　　物	自宅	１棟	６，５００
備　　品			
車　　両	キャブオーバ	１台	１，０００
そ の 他			
資　　産　　計			３３，０００

負債の種別	内　　容	数　　量	価格、金額（千円）
長期借入金	□□銀行		１９，０００
短期借入金	××銀行		５００
未 払 金			
預 り 金			
前 受 金			
買 掛 金			
支払手形			
そ の 他			
負　　債　　計			１９，５００

出典：「産業廃棄物収集運搬業許可申請の手引」東京都環境局（令和５年11月）

【参考】

整理番号　　FA3075

貸借対照表（資産負債調）

（令和 5 年 12月 31日現在）

●65万円又は55万円の青色申告特別控除を受ける人は必ず記入してください。それ以外の人でも分かる箇所はできるだけ記入してください。
（令和二年分以降用）

資産の部 科目	1月1日（期首）	12月31日（期末）	負債・資本の部 科目	1月1日（期首）	12月31日（期末）
現金	292,000円	373,000円	支払手形	円	円
当座預金	576,000	1,183,000	買掛金	1,672,000	2,034,000
定期預金	1,463,400	1,868,000	借入金	2,283,000	2,290,000
その他の預金	98,000	133,000	未払金	238,000	246,000
受取手形			前受金		
売掛金	1,172,000	1,348,000	預り金	3,000	25,000
有価証券					
棚卸資産	3,705,000	3,814,000			
前払金					
貸付金					
建物	1,404,600	1,747,000			
建物附属設備	24,000	16,000			
機械装置					
車両運搬具			貸倒引当金	64,460	74,140
工具 器具 備品	−	432,000			
土地					
繰延資産	150,000	100,000			
			事業主借		584,600
			元入金	4,624,540	4,624,540
事業主貸		2,986,000	青色申告特別控除前の所得金額		4,121,720
合計	8,885,000	14,000,000	合計	8,885,000	14,000,000

（注）「元入金」は、「期首の資産の総額」から「期首の負債の総額」を差し引いて計算します。

製造原価の計算

（原価計算を行っていない人は、記入する必要はありません。）

区分	科目		金額
原材料費	期首原材料棚卸高	①	円
	原材料仕入高	②	
	小計（①＋②）	③	
	期末原材料棚卸高	④	
	差引原材料費（③−④）	⑤	
労務費		⑥	
その他の製造経費	外注工賃	⑦	
	電力費	⑧	
	水道光熱費	⑨	
	修繕費	⑩	
	減価償却費	⑪	
		⑫	
		⑬	
		⑭	
		⑮	
		⑯	
		⑰	
		⑱	
		⑲	
	雑費	⑳	
	計	㉑	
総製造費（⑤＋⑥＋㉑）		㉒	
期首半製品・仕掛品棚卸高		㉓	
小計（㉒＋㉓）		㉔	
期末半製品・仕掛品棚卸高		㉕	
製品製造原価（㉔−㉕）		㉖	

（注）㉖欄の金額は、1ページの「損益計算書」の③欄に移記してください。

−4−

②　要件を満たす車両をアドバイスする

中古車を購入する前に車両情報をもらう（ディーゼル規制に対応していない場合，指定装置が装着されているかどうか）。

③　取引予定先を確保するようアドバイスする

申請書上の事業計画の点だけでなく，現実的に事業が軌道にのるべく売上を確保しなければならない。

④　駐車場の使用権原を確認する

契約書の確認。収集運搬業車両の駐車場として使用することを承諾する文言が記載されるのがベスト。契約前であれば，そのような文言の記載は可能か貸主に確認するようアドバイス。

⑤　古物商許可について説明する

事業により排出された中古品を買い取り，他者に販売することも考えているという。

その場合は，古物商許可の取得が必要であることを説明する。

Column 21

古物商許可

不用品（中古品・古物）を買い取るためには古物営業法による許可が必要である。古物商許可の趣旨は盗品の流通を防ぐことであり，廃棄物処理法とは規制目的が異なる。許可権者は，廃棄物関係が自治体であるのに対し，古物商許可は都道府県公安委員会（警察）となる。受任の機会が多い業務であり，産業廃棄物収集運搬業とも関係が深いため，関連業務として意識しておくとよい。

関連業務を意識する場合，登記上の事業目的にも注意するべきである。古物商であれば，例えば「古物営業法に基づく古物商」と入っているかどうか。事業目的が登記されていなくても，念書の提出等により許可の取得ができることもあるが，顧客には事業目的を変更（追加）するようアナウンスすべきだろう。行政書士は登記申請の受任はできないが，定款変更のための議事録作成は可能である。また，自身で受任せずとも，司法書士の紹介をするチャンスである。他士業者への顧客紹介は，営業活動の一環として効果的である。

Column 22

船による産業廃棄物の運搬

船舶でも産業廃棄物の収集運搬は可能である。考え方は車両と同様だが，船舶の接岸地点により「積替え保管を含む」か否か，許可権者の判断は異なるだろう。申請にあたり事前相談が必要である。手引に記載されている必要書類は一般的に車両を前提としていることが多い。船舶についても説明があるが，記載されていない内容も多い。筆者が経験した例では，収集運搬する船舶に定まった繋留先がなかった。申請者は浚渫（しゅんせつ）工事を行う建設業者であったが，船舶は現場ごとに係留されているか，スポットで港湾事務所が管理する公共の係留施設に入るのである。よって，係留場所（車両における駐車場）の存在を示す資料として，港湾事務所からの請求書等を提出した。この件では，登録する船舶が遠方で工事に従事していたため，写真撮影に時間を要したというエピソードもある。

第7章 複数同時申請の円滑な進め方（ローカルルールを意識したスケジューリング）

産業廃棄物収集運搬業の申請では、複数自治体に同時申請するケースが少なくない。

産業廃棄物の積込み場所と荷降し場所のいずれの自治体でも許可を受ける必要があるため、営業範囲が複数自治体にわたる場合は、その分だけ申請件数が増えることになる。この点は、建設業許可や宅建業免許と違って特徴的である。建設業や宅建業の申請では主たる営業所のある都道府県で許可を受ければ国内どこでも営業が可能である（複数の都道府県に営業所を置く場合は大臣許可（免許）となるが、申請はあくまで1件である）。

複数同時申請は、重複する書類が多いため、業務の省力化が図れる。ただ、実際にはいわゆる「ローカルルール」により必要書類や申請書の記載方法が異なったり、申請方法やスケジュールの管理が発生したりする。つまり、業務が煩雑になり、思いのほかスムーズに進まない面があることに留意したい。

本章では、ローカルルールを念頭に、スケジュール管理に着目して、業務の進め方を解説する。

【本章のポイント】

- 申請先ごとに「申請予約」「申請方法」「独自の申請書類」を確認する。
- 申請予約日を基準にして業務全体のスケジュールを作成する。
- 審査期間や補正のタイミングが申請先により異なる点に留意する。
- 許可証の交付時期を想定し、スケジュールについて依頼者と共通認識を持つ。
- 取扱品目が申請先ごとに異なる場合に留意する。
- 車検証（記録事項）の所有者欄が申請者でない場合、申請先ごとに使用者欄の対応に留意する。

- ▶　債務超過の際の要件判断が自治体によって異なる。
- ▶　見積提示（まとめ値引きの有無を含む）の考慮要素を検討する。

【図表 7-1】申請管理表（手元用メモ）の作成例

【埼玉県の法人が１都６県に申請する場合】（令和６年２月時点）

申請日（予定日）	申請先	申請手数料	納付方法	納付時期	申請方法	副本郵送	許可証	許可証返送先
２月 20 日	千葉	81000	証紙	申請書貼付（申請前購入）	郵送	一式	レターパック指示後	事務所可
２月 15 日	栃木	81000	証紙	申請書貼付（申請前購入）	郵送	一式	レターパック申請時	事務所可
３月 15 日	群馬	81000	納付書	申請後指示	郵送（※）	表紙のみ	レターパック申請時	事務所可
２月 19 日	茨城	81000	ペイジー	申請後指示	郵送	表紙のみ	役所負担にて発送	事務所可
２月 22 日	神奈川	81000	証紙	申請書貼付（事前購入）	郵送	一式	レターパック申請時	事務所可
２月 21 日	埼玉	81000	ペイジー	申請前（ウェブサイト）	郵送	表紙のみ	レターパック指示後	事務所可
４月３日	東京	81000	納付書	申請当日（都庁）	窓口（郵送可）	一式	レターパック申請時	申請者直送

（※）複数の環境事務所のうち、任意の事務所に申請

7-1　申請先自治体の確定

1　事業計画の初期確認

①　積込み場所（排出場所）と荷降し場所（搬入場所）の確定

事業計画作成にあたり、産業廃棄物の積込み場所（排出場所）と荷降し場所（搬入場所）を明確にし、申請先を確定させることが最も大切である。これが決まらないと申請先自治体への予約がとれず、営業開始（許可取得）のス

ケジュールに影響する。

もちろん、依頼者が明確に計画していればこの点はスムーズである。実際には、計画が曖昧なケースも少なくなく、どの自治体に申請するかを依頼者ともに検討し、確定させなければならない。現実問題としては、依頼者は費用との兼ね合いで決めるケースもあるため、計画ありきで進むわけではない。申請手数料だけでも安くはないので、費用がかさむ場合は、経済的な理由で申請先が減る場合もある。

最初の段階では事業計画の詳細な検討まではできなくても仕方ない。あくまで「自治体と申請予約日の確定」が目的である。申請先の自治体数が確定しないと見積提示もできないため、実務上、受任に際しては、このステップは混然一体となって進んでいる面がある。**2「手引の確認」**と同時進行となる。なお、申請の予約が必要なく、準備でき次第申請可能な自治体もある。その場合は、他の件と進め方にばらつきが生じる点に留意し、通常どおりの業務手順で進めればよい。

②　初期確認事項（申請先以外）

事業計画の概要を把握するために、以下の点も初期段階で確認する

イ　講習会修了証

複数同時申請でも変わることがなく、書類としても複数自治体で重複する。依頼者からデータで提供されれば、必要な申請件数分を印刷するだけである。

ロ　車両準備状況（車検証（自動車検査証記録事項、以下「記録事項」））

第４章『業務手順』とさほど変わらないが、車両の準備状況は早い段階で確認すべきである。状況によって、業務スケジュールへの影響が大きいからである。

本書では車検証（記録事項）をすぐに確認するよう解説しているが、車両自体購入していないケースもある。

車両については、所有者（使用者）名義について、自治体によって考え方

が異なる点に注意を要する。

2「**手引の確認**」のとおり、個別に確認を進める。初期段階で依頼者から車検証（記録事項）の提供を受け、まずは「所有者」を確認する。所有者が申請者（会社であれば法人名）になっていれば安心である。自治体によって異なる対応は不要である。例えば所有者がリース会社等で、使用者が申請者である場合は、自治体によって考え方が異なる。車検証（記録事項）の他に所有者の使用承諾書が必要な場合がある。

依頼者の車検証（記録事項）を確認した際に所有者が別である場合、「申請先によって書類がかわるため、確認します」と案内しておくとよい。初期段階ですべてを確定的に案内する必要はなく、方向性やポイントだけ案内をしておけば、依頼者に余計な手間をかけさせたり、悪い印象を与えたりすることはない。

なお、産業廃棄物収集運搬業許可申請において、「用語解説（vii頁）」のとおり、現在の車検証は実質的に「記録事項」のことである。依頼者には補足で説明するとよい。従前は依頼者から車検証写しの提供を受けていたところ、現在は車検証の代わりに「記録事項」を準備し、提出することになる。記録事項は暫定的に陸運局窓口で交付されているが、アプリからダウンロードも可能である。

電子車検証の券面に記載されなくなった必要情報のうち、許可申請上で重要な情報は次のとおりである。

- ▶　自動車検査証（車検証）の有効期間
- ▶　使用者の住所
- ▶　所有者の氏名・住所
- ▶　使用の本拠の位置

これらは記録事項に記載されているが、上述のとおり、記録事項の記載内容は従前の車検証同様である。電子車検証により「車検証閲覧アプリ」で情報確認できる仕組みであるが、現在の実務では別の書面に入れ替わっただけの状況である。

ハ　運搬容器準備状況（申請品目との対応）

複数同時申請でも、大きく変わることはない。品目に対応する容器の考え方や申請書の記載方法は自治体ごとに少々異なる点があるため、手引の説明や記載例を参照する（言うまでもなく、まずは一般論としてどんな運搬容器がふさわしいかを考えるべきである）

2 手引の確認（ローカルルール）

①　申請方法の確認（予約・郵送等）

申請方法は自治体によって異なるため、実際の申請においては、これらの情報を整理することがスタートとなる。

イ　予約状況による申請日の確定

申請を予約制にしている自治体があるので、まずは想定外に先の申請日にならないよう最短日を確認するとよい。ウェブ予約を導入している場合もある。場合により1か月以上先になる可能性もある。

ロ　申請方法（窓口または郵送）

複数自治体に申請する場合、事務所より遠方の自治体に申請する可能性が高まる。窓口申請をする場合は日当や自身のスケジュールとの調整が発生するため、早い段階で確認が必要だ。

ハ　すぐに申請可能な場合（申請予約不要）

予約不要で申請可能な場合もある。心理的には、予約不要な方がむしろスケジューリングがしづらい面がある。**7-2 2** ②（p296）にて後述するが、自身の申請準備によって左右されるからだ（早く準備できればその分早く申請できることになるが、自身で時間管理するのは意外と難しい）。

②　申請先自治体が独自に求める公的書類等

自治体によって対応が異なる書面の例は以下のとおりである。ごく一部の自治体で求められる書面も含まれている。

- ▶ 登記されていないことの証明書
- ▶ 車両の使用承諾書
- ▶ 駐車場
- ▶ 株主名簿
- ▶ 確約書（他自治体にも申請予定である旨）
- ▶ 運搬フロー図

もちろん、これがすべてではない。大切なことは「自治体独自に必要な書面」がある可能性を意識しておくことだ。なお、独自書面について**７−３ 1**でも後述する。

【参考】複数同時申請において千葉県に提出が必要な契約書【委任様式】（申請時点で他県の許可書が提出できない場合）

確約書

◯◯県への産業廃棄物収集運搬業許可申請につき、
以下のとおり確約します。

①申請予定時期　令和◯年◯月◯日
②速やかに許可申請書（第1面）の写しを提出すること。
③申請書の写しを提出できない場合、事業計画の変更または千葉県への申請を取り下げること。
④千葉県はの申請を取り下げた場合、申請手数料の返還は求めないこと。

令和　　年　　月　　日

千 葉 県 知 事　◯◯　◯◯様

申請者
住所
氏名
（法人にあっては名称及び代表者の氏名）

【図表 7-2　積替・保管を経由するフロー図】（千葉県独自）

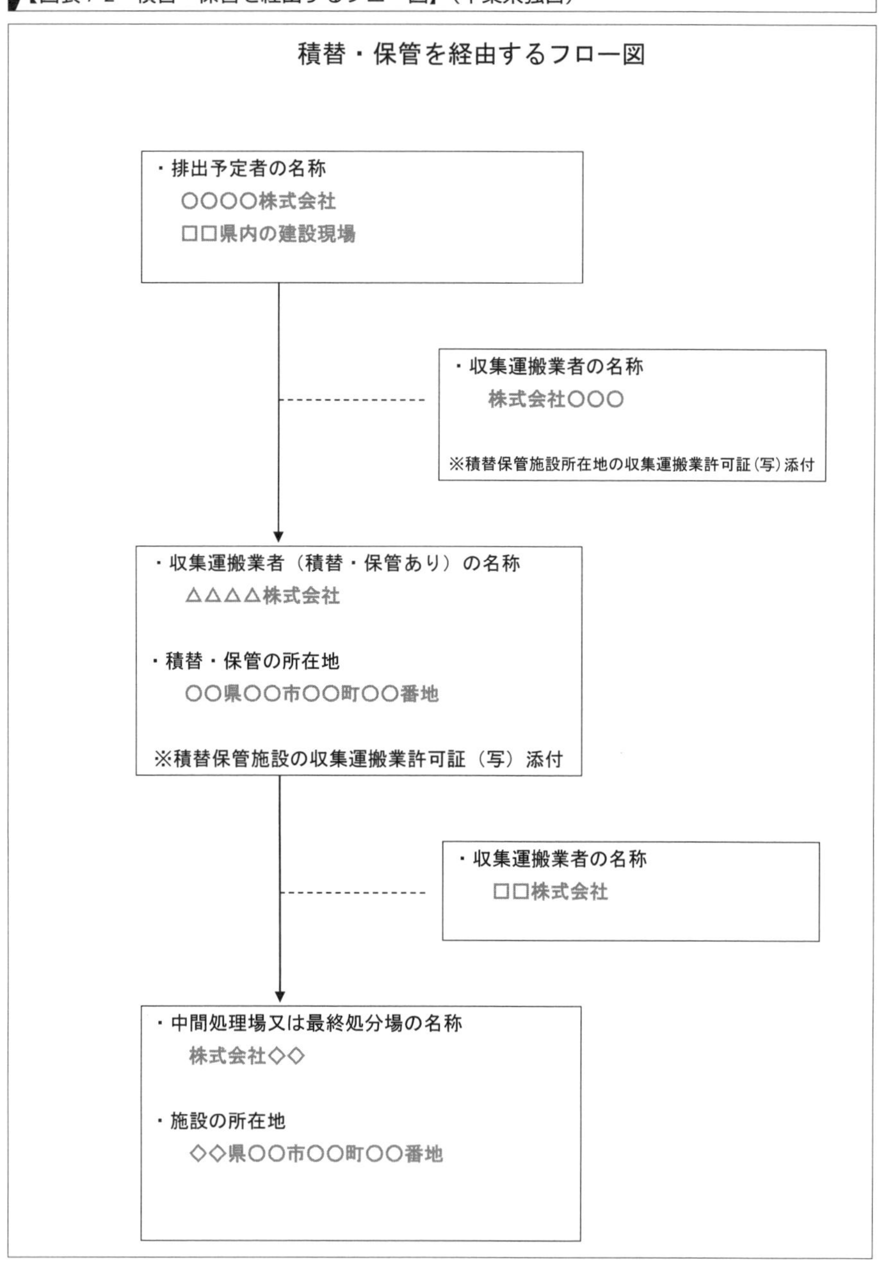

③　事業計画（前項**1**）記載要領の確認（具体性の程度）

搬入場所の指定について、自治体によって扱いが異なる。

具体的に処理施設名と許可番号まで計画（申請に記載）する必要がある場合と「排出事業者が指定する搬入場所」と記載すれば足りる場合がある。

また、容器の使い方や運搬上の注意点（飛散防止措置）について記載方法に違いがある。

ここが実務のポイント⑳　**「記載例」の重要性**

手引等で役所が公開している許認可申請の記載例は大変重要である。それをどれだけ汲み取れるかが円滑な申請実務にとってポイントとなる。行政書士として経験を積むと、初めての申請でも、まず記載例にざっと目を通せば概要はつかめるようになる。

記載例というと当たり前のように感じるかもしれないが、申請を許可するための役所の考え方がそこに表れているのである。「役所（法令）としてはこう考えているので、この主旨に沿った記載をしてほしい」ということだ。誤解を恐れずに言えば、そのとおりに記載すればつまずくことなく円滑に進むということである（ヒアリングせずに記載例どおりに書けばいいと言っているのではない）。記載例から考え方やポイントをつかみ、それを依頼者にヒアリングすればいいのである。面談前の予習としても使うこともできる。

もっとも、記載例はあくまで「例」であり、必ずしもそのとおりに書かなければいけないわけではない。昔と比べれば杓子定規なやり方はだいぶ減ったように思われるが、まだまだ審査において些細と感じるような指摘を受けることがある。笑い話と感じるか、専門家として当然と感じるかは人それぞれであるが、例えば、住所の記載をする際、漢数字と算数字（〇丁目）が自治体によって異なるため、住民票と申請書が（うっかり）一致せず指摘を受けることもある。そのようなとき、電話やＦＡＸで修正依頼があり、タイムロスや手間が発生することも少なくない。

また、産業廃棄物収集運搬業において、事業計画として「どのように飛散防止措置をとるか」を記載することになっている。その記載例は概ねどこも同じであるが、やはり役所ごとにある程度違いがある。例えば悪臭対策の記載を求めている役所とそうでない役所がある。ある自治体で強いて求めている記載内容が漏れていると、やはり指摘の連絡がある。

要は、記載例は審査担当とのコミュニケーションのポイントであり、役所からのリクエスト・メッセージであると言える（注：記載例は法令そのものではないため、仮に例に沿わない記載であったとしても、それが申請の趣旨に合致すれば問題ないはずである。いずれにしても、記載例の趣旨を踏まえることが重要である）。

ここが実務のポイント㉑　役所の考え方の違い「ローカルルール」

自治体によって、微妙に判断が異なることは少なくない。許認可権者が知事の場合、法令で許容された裁量の範囲であればそれ自体は問題ない。地域ごとに異なる実情があるのも当然で、その地域特有の行政があるだろう。産業廃棄物収集運搬業で言えば、不法投棄が発生しやすい地域は当然許可に慎重になることが予想される。逆に、都市部であれば、排出側の立場であることが多く、許可申請における事業計画にさほど緻密さが求められていないようにも感じる。したがって、許可申請に限らず、地域特性の存在は当然のことであって、「ローカルルール」は必然ということになる。

行政書士業務においては、例えば警察が所管する風営法関連の業務は、ローカル色が強いと言える。ローカルルールに接したとき、それがあまりに不合理だったり理不尽に感じたりする場合、思わず「他県では○○ですよ」と切り返してしまうことがある。筆者も何度か経験がある。やはり知らなかったルールに対するおどろきだけでなく、そのルールの無意味さを感じてしまい、つい言いたくなってしまうのである。しかし、他県の話は禁句である。現実的に意味がないというだけでなく、担当者の心象を悪くし、事態はいい方に運ばないだろう。役所のスタンスとしては「他県の話はうちには関係ありません」という考え方で運用されているため、申請者にとって都合のいい解釈では通りづらいのである。

④　書類作成時における複数自治体重複部分の確認（独自部分の抽出）

申請書のうち、各自治体ともに共通する情報を記載する部分がある。特定の自治体固有の書面でない部分である。

手引を確認する際、共通部分と異なる部分を両方意識しながら目を通すとよい。この事前確認は要領よくやることがポイントである。それ自体が経験値であるが、手引を比較する際、すべてを緻密に確認するに越したことはないが、ボリュームがあるので、何回かに分けて少しずつ目を通すイメージである。何度か目を通すうちに、自然と違いに気付くものである。申請書作成に着手しないと気付かない箇所はあるが、最初から完璧に理解するのは難しい。

所定の申請書様式が各自治体でわずかに異なっていることがある。記載内容が同一である場合、他自治体の様式による申請可否については申請先に問い合わせてほしい。原則的には各自治体で用意している様式で申請すべきであるが、一部、他自治体の様式で受け付けているようである（ただし、知事名の記載等、明らかに自治体独自の記載がある点に注意すべきである）。

なお、産廃業に関わりが深い建設業団体が次の【参考】のような要望を出している。

本書で扱っている書類の話ではないが、行政書士として、合理化できる部分とできない部分を見極めながら動向を注視する必要があるだろう。

【参考】「業界団体による提出書類合理化の要望」

【臨時メール】東京都行政書士会建設宅建環境部よりお知らせ<2024/5/28配信>
産廃の計画書・報告書の統一を環境省に要望（建通新聞電子版　2024/5/24）
本文4
東京建設業協会（東建、今井雅則会長）と大阪建設業協会（大建協、錢高久善会長）は5月24日、産業廃棄物の多量排出事業者に義務付けられる処理計画書と実施状況報告書を合理化するよう、環境省に要望書を提出した。地方自治体ごとに異なる提出書類の様式の統一と、電子マニフェスト（ＪＷＮＥＴ）データを利用した資料作成時間の短縮が必要だとした。

前年度の産業廃棄物の発生量が１０００トン以上の事業者は、処理報告書と実施状況報告書を各都道府県に提出することが義務付けられている。２０１７年には環境省から自治体に様式を統一するよう通知したが、独自項目を含む様式のままの自治体は依然として多いという。記載する項目や産業廃棄物の種類、種類ごとの比重換算値などの他、提出ファイル形式や提出方法も自治体ごとに異なっている。これにより、書類作成に多くの時間と労力がかかっていることから、様式の統一化のさらなる周知、徹底を求めた。

また、提出書類の作成の効率化と生産性の向上を図るため、電子マニフェスト（ＪＷＮＥＴ）データを利用した新たなシステム構築も求めた。ＪＷＮＥＴに含まれるデータに、「処理委託先が再生利用業者か」「熱回収認定業者か」「優良認定業者か」の三つの情報データを加え、計画書と報告書を自動的に作成する新システムを提案した。

（下線筆者）

7-2　スケジュール表の作成

1 申請日（予約日）を基準にして許可の時期を想定する

申請概要を把握した後、申請日（予約日）を確定させたら、おおよその許可の時期を見込むことができる。特に新規申請の場合は、許可された後（許可証発行後）に営業を開始できるので、許可見込みの時期は重要である。

ただ、審査期間はコントロールできない。申請内容に不測の事態が生じ、補正指示を受けるかもしれないし、役所内部で予期せず遅れる可能性も否定できない。標準処理期間はあるものの、絶対ではない。筆者の経験でも、審査期間中に年度が変わったために担当者が変更になったことがあった。当該申請では補正指示について口頭で段取りを確認していたが、新たな担当者が経緯をすべて把握しておらず、円滑でない面があった。

依頼者には、申請日からの標準処理期期間を伝えつつ、「状況によるためあくまで目安の時期」である旨案内するとよい。申請後の審査期間は概ね２～３か月である。

【図表 7-3】実際の進行スケジュール

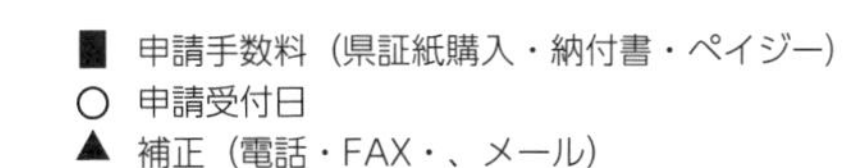

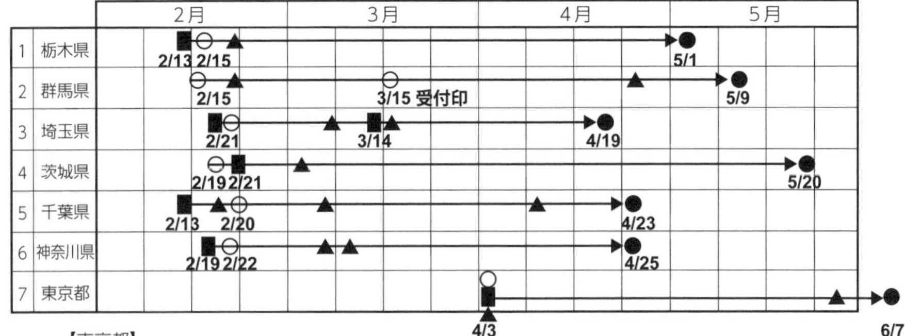

【東京都】
※最短予約日が先だったため、他県に比べ申請が遅くなった。
※窓口申請のため、簡易な補正と申請受付、申請手数料納付はその場で行った。

【補足】
・手数料納付のタイミングは、納付方法や指定時期により前後する。
・補正指示や補正対応に対する更なる対応のタイミングはまちまちである。
・補正対応に時間がかかる場合、審査期間はその分延長する。

2 コントロールできない時間（期間）を先に見込む

①　他者が関与する時間（依頼者や役所等）

調整できる時間とできない時間を整理してスケジュールを組み立てる。

コントロールできない時間として、申請までの期間や審査期間がわかりやすい。また、依頼者に手配を頼む書類についても、想定どおりに進まないことがあるのでタイムラグに注意を要する。郵送に費やす時間も見込む必要がある。計画どおりに進まなくてもその都度、臨機応変に段取りを組み直すことが大切だ。スケジュール管理の目的には、単に日時の管理という側面だけでなく、依頼者に対する印象という面がある。計画を示しつつコミュニケーションを図ることで、依頼者は安心する。逆に、全体の進捗が不明瞭だったり、後手後手の印象を与えたりすると、事務所に対する不満を生んでしまう可能性もある。

②　事務所で調整可能な時間（書類作成等コントロールすべき時間）

①の期間が定まると全体の時間軸が見えてくるので、業務遂行のスケジューリングがしやすい。

書類の整理や作成等、行政書士が業務遂行する部分は、スケジュール管理が事務所の稼働次第（自身の労働可能時間）となる。業務遅滞を引き起こさないように、別業務の遂行状況も踏まえて、効率的なスケジュールを想定する。自身のキャパシティーや、予期せぬトラブルを見込んで期日を設定する。「○日までに申請書を完成させなければならない」という期日があれば、力づくでもやらなければならない場面もあるし、逆にそのような状況であれば不思議とできるものである。

ここが実務のポイント㉒　申請書作成

申請書作成にかかる時間は、正味でいうと数時間程度である。作成そのものにはさほど時間を要さない。むしろ書類作成に必要な情報集約の時間の方がメインである。最初に大まかに情報集約をしていたとしても、いざ申請書作成にとりかかると新たに必要な情報やヒアリングがもれていることに気付く。手引の情報もしかりである。料理を始めてから買い忘れた食材に気が付くのに似ている。

いわゆる「代書」といっても、既存資料を単に清書しているのと違い、申請書作成の前提となる高度な情報集約が必要なのである。特に依頼者（申請者）に関する情報で不明点がある場合は、質問しなければならず、自身の業務時間だけでは解決できないことも多い。忙しくなってくると、休日や深夜でも書類作成をしなければならないことがあるが、落ち着いた時間で捗ると思いきや意外とそうでもないことがある。書類作成も段取りの一部である。

7-3　自治体ごとに特有の運用（ローカルルール）

1 独自書面や申請書作成要領

特に以下の点につき、自治体ごとの運用の違いに注意したい。

① 車両名義（所有者・使用者）
② 駐車場（権原・図面）
③ 容器
④ 事業計画の記載方法
⑤ 撮影要領
⑥ 債務超過の考え方
⑦ 「登記されていないことの証明書」の提出有無

2 申請業務に付随する業務遂行（運用）

①　申請方法

申請方法は窓口（対面）又は郵送である。一部、オンライン申請も可能である。いずれの方法で申請するかは、業務遂行上、重要である。遂行時間や見積額（経費を含む）に影響するからだ。行政書士業務そのものである許可申請の点から見ると、周辺事情であるように思えるが、実はこのような運用面（事務処理）の方がむしろ業務の中心とさえ言える。運用面での段取りミスは業務遅滞や失敗を生みやすいため、綿密にスケジュールをたてることがポイントだ。

ここが実務のポイント㉓ | オンライン申請

産廃業にかかわらず、申請一般においてオンライン申請が当たり前になりつつある。行政書士業務に限って言えば、役所が相手ということもあり、まだまだ書面申請が主流といった感もある。行政書士は書面作成の専門家であるが、その点はいったん置いて、申請方法の観点で言えばオンラインの方がはるかに合理的である。もちろん、様々な事情により「結局は書面の方が確実だ」という面もある。それでも、時間的拘束の軽減や、資料を印刷せずデータのみで完結できるメリットは大きい。また、簡易な入力ミスをチェックするシステムが実装されているのが通常で、正確な申請という点でも優れている。ちょっと昔であれば、人為的な誤記を修正するのも容易ではなく、訂正印をもらったり、書面自体を再作成したりと、またひと手間かかってしまうことも少なくなかった。ただ、ある意味ではそうした煩わしさも含めて広い意味で行政書士業務ということができた。

今後、是非はともかくオンライン申請は普及するだろうが、オンライン申請は慣れるまで大変な面がある。特に、苦手意識を持っているとちょっとした操作にもとまどい、かえってスムーズにいかないこともある。とはいえ、慣れれば解消できる点ばかりである。システムの提供側に起因する不具合もあるが、運用とともに改善されていくのが通常だ。

重要なことは、今まで書面にまつわる煩わしさを引き受けていた行政書士が、今後はオンライン申請にまつわる煩わしさを引き受けることになるということだ。不慣れな中での操作や意味不明なエラー、アカウント取得やコールセンターへのいら立ち……。顧客は、そうした煩わしさ避けて誰かに任せたいと考えている。

誤解を恐れずに言えば、行政書士は世間一般に「面倒」と考えられていることを仕事としており、それらは形は変われどなくなることはないのである。

②　申請書類提出方法と副本の取扱い

申請書類は、必要書類をそろえるだけではなく、自治体により体裁が指示されていることがある。ある県では、インデックスを付けることやファイリングすることを求めている。また、申請書副本については、正本をすべてコピーして作成する場合や、申請書の一面だけを送ればいい場合がある。

自治体によって一律ではないという点に留意する必要がある。複数同時申請では、こうしたちょっとした違いが煩雑さを生む。

③　申請手数料の納付管理

申請手数料の納付には以下の方法がある。

- 証紙
- ペイジー
- 納付書

窓口申請の場合は、現金を持参すれば申請受付後に証紙や納付書で納付ができる。

複数同時申請では納付のタイミングも異なるので、経費管理とともに注意が必要だ。

申請書への証紙貼付のように、申請前に準備が必要なものは早めの手配を要する。逆に、申請後に、簡易審査を経て受け付けするタイミングで納付の指示がなされることもある。

ここが実務のポイント㉔　**申請手数料の納付方法**

郵送申請の場合、申請手数料の納付は案外悩ましい。ペイジーを導入している自治体は一部であり、金融機関への納付書や従来の県証紙による納付が混在している状況だ。県証紙と納付書はともに郵送事務が増えることになる。納付済証を送ったり、事前に現金書留で県証紙を購入したりする手間がある。県証紙は今後廃止の方向だが、一般に自治体区域内でしか購入できないため不便である（窓口申請では当日の申請受付後に庁舎で購入すればよい）。

証紙による郵送申請でネックになるのは、申請前の事前購入（納付）という点だ。申請書に貼付した状態で郵送するため、許可を前提として申請する格好になる。慣れてくれば特段の問題にならないかもしれないが、それでも心理的には気が進まない。その点、窓口申請の場合は、書類確認後や補正後に購入の案内をされるため、安心感がある。

申請手数料の納付方法はいずれ全面的に簡便になるだろう。今は過渡期であり、その分、業務管理にとって無視できない点である。

④　許可証の受領方法

受領時のポイントは**７－４ 2** ①（p305）で後述するが、申請前に受領方法について想定しておく必要がある。許可証郵送用のレターパックを申請時点で預ける場合は、郵送先を事務所にするか依頼者にするか決めておくとよい。

3 事業計画の詳細検討

ヒアリングにより情報が集約されてくると、当初のイメージが具体化され、計画がより鮮明になってくる。ある程度計画が固まれば、あとは、各申請先の手引きにより、どの程度の情報まで記載すべきかを確認し、不足している情報をフォローしていくことで、申請書を仕上げることができる。

事業計画のポイントは「何を」「どこから」「どこまで」「どのように」運搬するかであるが、計画の作成にあたり、「どこまで」の部分、つまり搬入する処理施設の情報が特に重要である。なぜなら、この情報（計画）を申請書に記載する際、運搬する産業廃棄物について、品目ごとに処分の許可を持っているかどうか裏付けが必要なことが多いからである。搬入予定の処理施設について、許可番号を記載するよう指示されていることが多く、審査においては実際に品目の取扱いの有無を確認している。仮に取扱いのない処理施設に搬入する計画で申請した場合、修正するよう補正の指示を受けることになる。場合により、搬入する予定だった自治体には、該当の品目を処理できる施設がない場合もある。例えば、石綿や水銀製品使用産業廃棄物はもともと処理可能な施設が限られているため、初期段階で慎重な確認が必要だ。

申請中にこの点の不備が発覚した場合、役所との関係では、通常大きなトラブルにならない。指摘された点を修正して差し替えたり、搬入が難しい品目については申請内容を変更したりして対応は可能である。ただ、当初の話が変わってしまうと、依頼者との関係ではトラブルに発展したり信用を損ねたりする危険性はあるので注意すべきである。

なかには、搬入先の具体的な情報まで記載する必要のない自治体もある。その場合、例えば、「排出事業者が指定する搬入場所」や「〇〇県内の処理施設」のように未定のままでも許可を得ることができる。事業計画の性質として、もともと、「必ず申請した計画どおり営業しないといけない」というものではない。あくまで予定でよく、申請時点で処理委託契約締結が約束されているべきものではない。アバウトな記載でいい場合は、その分、申請時点での手間は省けるという面もあるが、依頼者が実際に営業を開始する際には、現実問題として許可された範囲でしか運搬できない。そのため、計画にあたっては申請段階だけでなく、営業段階まで想定しつつ確認すべきである。3以上の自治体に同時申請する場合は、より細かく計画を立てる必要があるだろう。

申請先自治体に収集運搬予定の品目を扱う処理場がない場合もある。そのときは計画を再検討しなければならない。自治体で公開されている処分業者を確認するとよいだろう。まれに名簿の情報が古いこともあるので、処分業者のウェブサイトを確認するのも有効である。許可証が公開されていることもある。また、処分業者が少ない場合は自治体担当者が情報提供してくれる場合もある。

4 債務超過

４－５ 2 ② (p175) に記載のとおり、債務超過による許可要件の判断や必要書類は自治体によって異なるため、複数同時申請の場合、申請によって対応が変わる可能性がある。

各自治体の判断基準は手引で確認する必要があるが、より厳格に判断する自治体の基準に沿って考えるとよい。

そもそも、債務超過の状態で新たに許可申請をする（＝事業を拡大する）こと自体に慎重になるべきである。もちろん、許可後に具体的に売上が見込める等、確たる見通しが立っている状態であれば前向きな判断と言えるが、許可を得ることが依頼者にとってどのようなメリットになるのかをよく検討しなければならない。

ここが実務のポイント㉕ ｜ 役所とのコミュニケーションによる実務の習得

コロナ禍の経験もあり、郵送による新規申請は定着しつつある。言うまでもなく、郵送申請は業務効率化の点でメリットが大きい。また、遠方での申請の場合、窓口申請であれば日当を頂くこともあり得るため、依頼者にとって経済的負担も軽減できる。実際、筆者は郵送申請（オンラインが可能な手続についてはオンライン申請）を原則としている。

一方で、新人行政書士が実務を身に付けるという観点では、窓口申請によって得られる情報量や経験値、体感も無視はできない。審査担当者が目の前で赤ペンや付せんを使ってチェックする様子を見ると審査項目をよりリアルに感じることができる。また、軽微な補正（書類上の記載修正や記載内容の質問）はその場で行われるので、そのやりとりや温度感によって審査内容の理解は自ずと深まる。手引を詳細に確認していたとしても、気付かない点はあるものだ。また、実際に役所に足を運ぶことで年季の入った庁舎や注意喚起のポスターから読み取れる雰囲気がある。何より、となりの窓口で申請している一般の業者さんや行政書士の話が漏れ聞こえてくるのも貴重な情報である。さらには、おまけのような話として、仮に役所の行くのが大変だったとしても、その大変なエピソードを依頼者とのちょっとした会話に織り交ぜることでトークとしても役に立つ。

筆者は、他の事務所で業務を習得した経験がないので、こうした窓口申請の経験によって得たものは大きかった。もちろん、申請自体はより便利に、オンライン化すべきと考えてはいるが、役所が法令に基づいて事務を進めているという点に変わりがなく、すべてがスムーズになることは考えにくい。申請について何らかのポイントがあるからこその行政書士業務でもある。

これから業務を身に付けようとする読者の方は、円滑な申請のため、役所窓口を体感するのも一つの方法だし、それが縮小するとしても、役所とのコミュニケーションの習得は意識しておくといいだろう。

7-4　申請後の対応

1 補正対応と進捗報告

①　申請受付や補正（連絡）のタイミング

複数同時申請の場合は、申請先の役所が遠方な場合もあり、郵送申請が想定される。窓口で直接申請する場合は、その場で簡易的な補正（修正）があり、副本（申請書コピー）に受付印が押されるが、郵送申請の場合は、受付や補正のタイミングはまちまちである。

一般には、補正の前にひとまず受付印が押印された申請書が返送される。この時点では本格的な申請内容の確認はなされていない。ここでいう申請内容の確認とは、審査担当における一次的な確認である。審査においては複数の担当者が段階的に確認している。役所内部で最終的な決裁に進む前に、直接の担当者と申請内容の確認や補正指示についてコミュニケーションがなされる。

複数件を同時進行すると、これらの進捗状況に差が生じる。事務所としても他の業務を並行して進めているため、徐々に管理が行き届かなくなる危険性がある。そのため、手元のメモ程度でも管理表を作成し、進捗状況を意識的に管理すべきである。少なくとも、役所から確認や指示を受けている状態のまま、事務所の対応待ちで審査が中断するという事態にならないように注意する。

②　業務遂行中の進捗報告

申請が完了したタイミングは依頼者に報告がしやすい。依頼者も行政書士も一安心といったところである。ただ、ここで気を抜いてはいけない。むしろ、受付後の依頼者への進捗報告の方が大切なくらいである。産業廃棄物収集運搬業の許可申請は、審査期間が２～３か月あるため、申請を終えてからも期間が長い。特段の進捗がなければ、待つしかない時間となり、依頼者へ連絡する用件がないこともある。そうであっても、コミュニケーションを図る意味で何らかの連絡をするといいだろう。

筆者の場合は、連絡や報告の漏れを防ぐ意味でも、１週間に一度は状況の報告をするようにしている（本当に待つだけの状態が継続しているときは無暗な連絡はしない）。

特段の報告がない場合のメール文は、例えば次のような内容である。

> 現在、担当者から特段の連絡はなく、審査は順調に進んでいる模様です。結果は○頃の見込みですので、もう少々お時間頂ければと存じます。

何の連絡もなければ、依頼者は進捗を全く把握できない状態となる。

経過報告をしていると、依頼者から関連質問を受けることもある。例えば、「車両に表示するステッカー（許可番号等）はいつ準備したらいいか」のような内容である。こうしたコミュニケーションを円滑にするためにも通常時の「報・連・相」が重要である。積み重ねが信頼関係を生み、次の依頼へつなげることにもなる。

2 許可証の確認

①　許可証受領方法

申請が無事に許可になると許可証が発送される。許可証は業務完了の証として最も重要であると言えるし、サービスの成果物としても明快である。この受領についても段取りがある。申請時点で郵送用のレターパックを預かる場合と、審査終了の連絡を受けた後に許可証郵送用のレターパックを送る場合がある。数日間でもロスをなくすために、申請する方としては申請時点で預けたいところだが、審査期間が長いこともあってか、役所も無暗には預からない。許可証を書面交付ではなく、データでの交付を希望できる場合もある。実質はデータ受領で十分であるが、依頼者への成果物と考えると悩ましい面もある。この点は考え方次第である。

また、許可証は事務所が代わりに受け取れることが多いが、申請者に直接送ることを原則としている場合もある。重要物である点にくわえ、営業所確認の意味もある。

依頼者に許可証を渡す場面は業務のハイライトであるので、段取りを含め円滑に行いたい。

②　許可内容の確認（品目・限定の有無）

許可証が発行されたら、許可された内容が申請内容と一致しているか確認すべきである。

申請品目どおりに記載があるかという点である。例えば建設業許可であれば、許可の内容に特段の確認項目はない。許可番号・許可日・許可期間は事務的な要素であり、そこに間違いは生じにくい。それに比べ産業廃棄物収集運搬業の場合は、許可品目や限定（石綿や水銀の「含む」「含まない」等）の要素がある。特に複数同時申請においては、申請先によって申請品目（許可品目）が異なる可能性もあり、補正対応によって事業計画を修正し、当初の申請から変更していることもある。

③　許可番号の確認（統一番号）

許可番号も確認すべきである。複数同時申請の場合でも、許可証（許可番号）は各自治体から別個に発行される。許可番号のうち下６桁は申請者の共通番号になっているので（p236Column13 参照）、念のため共通番号の一致を確認する必要がある。

3 変更届の案内

複数同時申請の場合、変更届は許可を有しているすべての自治体に届出が必要となる。役員集退任や車両の増車等、内容は些細なようで、複数になると報酬額もその分大きくなる。書類も多くなる分、管理がしにくくなる面もある。行政書士が継続的に関与できる可能性は高いので、変更届の忘れがないよう案内しておくとよい。

また、時間が経ってから、変更届の依頼があった際に、すぐに見積が算出できないこともあるので、あらかじめ想定や案内をしておくとスムーズである。

7-5　複数同時申請における報酬額（見積提示）

1 原則の報酬額（1自治体ごとの単価）

５−３（p247）見積額の設定について解説しているとおり、まずは１件を受任した場合の基準報酬を設定することが大切である。報酬の設定は、業務遂行時間やリスク管理等の複数要因が根拠となり、本来簡単に減額できるものではない。

複数自治体の受任であれば、１件あたりの基準報酬に件数分加算していくというのがシンプルの考え方である。とはいえ、複数同時申請がもともと特色である点や、業界の相場を加味して考えると、複数申請の場合に、件数に応じて減額するのがむしろ一般的かもしれない。この報酬提示にも一定の合理性はある。複数同時申請により書類準備やヒアリングが省力化できるからである。また、顧客としては「まとめて頼むからその分安くしてほしい。他もそうしている」と考えるのむ無理もない。顧客から見れば報酬の内訳にはさほど興味がなく、合計でいくらかかるのかに関心がある。行政書士は専門家であるとともにサービス業であるため、事務所経営のために一般的な商習慣や顧客心理に沿うこともやむを得ない面がある。ただし、複数件により省力化できるといっても、本省で解説しているとおり、複数件だからこその手間やリスクもあるため、安易な減額は避けるべきである。

2 値引きの考え方

複数件の受任では報酬の値引き（「○件目からは○割引」というようなまとめ割引）をせざるを得ないこともあり得る。ただ、値引きするためには根拠や条件をあらかじめ明確にし、その条件を提示しつつ依頼者と交渉する姿勢が大切である。実際に、競り売りのように額を言い合って交渉するわけではないが、「この業務が省略できるため割引きします」というように、あくまで減額根拠を伝えるということである。

以下のポイントを踏まえて、複数同時申請について見積提示を検討するとよい。

①　根拠のある値引き（減額事由の明確化）

根拠を示しつつ値引きすることにより、安易な値引き要求を防ぐことができ、値引き額も抑えやすい。何より、根拠なき値引きをしては、原則の基準報酬についても根拠薄弱と思われかねない。一般に、行政書士の報酬は同じ業務であっても、事務所によって報酬額に幅があり、顧客は「結果は同じなのになぜこんなに額が違うのか」と感じている。業務遂行の段取りや失敗のリスク、円滑なコミュニケーションのために私たちが提供するサービスはその中身が見えにくいため、言葉や文字で強調しなければ伝わらない。

②　省力化（業務効率化）による減額根拠

複数同時申請の値引き要素は大きく２つある。１つは省力化である。もう１つは受任のためのセールスポイントであり、いわゆる「まとめ値引き」である。

この２点について、自身で想定しやすいのは省力化である。もちろん未経験では設定が難しいが、研修や先輩行政書士の話、本書等で補ってほしい。想定をすることにより、大幅な減額をすると苦しくなることに気付くはずだ。そうやって、減額幅を見込んでおくことが大切である。もう１点の「まとめ値引き」については顧客心理や、見積総額の印象の問題なので、減額根拠というほど明確なものはない。受任のための駆け引きというイメージだろう。

③　ローカルルールとの兼ね合いを考慮する（省力化できない場合）

前項②について、どこまで省力化できるのかを事前に想定する必要がある。

確かに、１件だけの受任もある中で複数同時申請の受任となれば、それだけ受任業務としてのメリットは見込める。一方で、申請数が多くなるほど、トラブルにつながるリスクも増えることになる。そのため、省力化については慎重に判断すべきであろう。

省力化の判断について最も重要な点は本章**７－３**（p297）で解説したローカルルールである。申請先ごとに少しずつ異なる点を整理するだけで、１つの業務といえる。安易に「２件目の労力は半分」というわけにいかない点に注意したい。必要書類を案内するにしても、依頼者からすれば当然すべてまとめて案内がほしいところだ。そのため、一部の自治体だけで求められている書類も把握した上で案内に盛り込むことが必要である。

逆に、あきらかに重複する資料もある。法人や役員にまつわる公的書類や決算書類、講習会修了証や車両等である。これらは同じものを申請件数分準備すればよい。

3 預り金の受領と経費管理

①　預り金を受領するタイミング

複数申請の場合、申請手数料を含めた実費の額は大きくなる。新規の産業廃棄物収集運搬業の申請手数料が１件 81,000 円だとして、３自治体に申請するとすればそれだけで243,000円である。また、登記簿や住民票（役員）等、公的書類を行政書士が手配する場合、それらの実費もかさむことになる。預り金を受領するタイミングは事前に依頼者に案内すべきである。

②　経費管理

経費の整理は通常業務と変わることはないが、複数同時申請の場合は業務の進捗にばらつきがあるため、その分、管理の重要性は高まる。1件の受任の場合、業務終了時点で整理することで十分な場合もあるが、複数件同時進行であれば、都度、メモに記録していくのがよいだろう。実はこうした経費の記録は、業務を可視化し、自身の振り返りのみならず、依頼者に業務量を伝えることに役立つ。依頼者にしてみると、どうしても「頼んだらあとはやってくれる」という感覚があり、業務の進行につき逐一把握することはないが、業務の記録を見ることで「こんなに大変（面倒）なのか、やはり頼んでよかった」という実感を持ちやすくなるはずだ。

③　申請手数料の納付

申請手数料は高額である。また、昨今ではペイジーも一部導入され、今後も手数料納入の利便性は高まるだろう。そのため、手数料は直接申請者に納付してもらう方法をとることもできる。経費管理の点でもその方が確実な面がある。その場合、もちろんタイミングや段取りは案内が必要である。ただ、筆者の実務感覚では、そうした手数料納付や経費について、預り金や立替金により行政書士に頼んだ方がスムーズだと考えている依頼者が多い印象である。そうだとすれば、手数料を代わりに納付することはサービスの一環と考えることもできる。こうした対応は客層にもよると考えられ、ケースバイケースと言える。

第8章「骨法7か条」

8-1　許認可申請全般

許認可業務全般において「高い受任率」と「満足行く報酬」を実現するための骨法をまとめた。専門知識を獲得する前に，まずは許認可業務を失敗せずに遂行するための作法を意識してほしい。

■骨法その1　トラブルの大半は「報・連・相」により防げる

トラブルの大半はコミュニケーション不足により起こる。許可に向けて課題があるときも早期発見により対処ができる。万一トラブルになりかけた場合でも，速やかに対応できればリカバリー可能なことが多い。致命的なのは「業務遅滞」であり，それに起因する「トラブルの放置」である。トラブルに気付けるかどうかは，依頼者や役所とのコミュニケーションにかかっている。

■骨法その2　高い受任率のためには段取りとプレゼンが大切である

見込み客が許可要件を満たしている場合，引合いがあった時点で，ある程度受任が期待できる。「○○（アクション）をして，○○円支払えば許可がとれる」と見込み客が具体的に実感できるかどうかが受任の肝である。面談時に実感を与えることができないと受任は遠のく。委任状の持参も段取りのうちである。そうした行為の一つ一つで顧客は許可へのアプローチを実感できる。面談時に不明点や課題がある場合は，確認事項を速やかに確答し，併せて見積額の提示をすべきである。

■骨法その3　知識不足はロードマップの提示で補う

受任するためには，業務上の知識よりもむしろ顧客へのプレゼンが重要である。不確定要素は置いておき，ともかくロードマップを示すことが大切である。申請業務においては，顧客にも書類準備等の協力をしてもらう必要があるため，認識や意識を共有する必要がある。

ロードマップを示すために必要な業務上の知識は手引を参考にし，段取りは本書で身に付けることができる。顧客とのコミュニケーションを念頭に手引と本書を並行して読みながら段取りを想定すると効果的である。

■骨法その４ 許可要件と依頼者条件のすり合わせが申請の実務である

許可要件の理解には業法の解釈が必要である。実際には手引の記載に沿って顧客のヒアリングをすることで許可要件の確認をすることになる。許可要件と顧客情報を集約する過程が申請実務であり，申請書類の準備である。集約する過程で不明点や課題がでたときは，役所への問い合わせや先輩行政書士からの指導で解決する。そのサイクルを繰り返すことで許可を得るための申請書類が完成する。

■骨法その５ 業務遂行は時間と工数を意識する

初めての業務では，時間を意識し過ぎるよりは業務を全うすることに注力した方がいいかもしれない。しかし，利益を確保するためには常に業務の効率化が必要である。特に，報酬額に相場感がある許認可業務の場合は，相場を意識せざるを得ない。

業務時間の積算で見積額を提示する場合，一般的な行政書士がその業務に費やす時間を想定する必要がある。業務時間の短縮化は，作業時間を早めることよりも段取りを工夫することが近道である。例えば，本来１回で済ます予定だった顧客訪問が，段取りが悪いために２回になってしまえば，半日程度余計に時間を費やすことになる。この余分な時間について報酬を加算することはできない。

常に段取りを具体的に想定することを習慣付けることで，自然とロードマップや見積り提示ができるようになる。

■骨法その6　報酬設定は「適正価格」を考える

行政書士は，依頼者が求めるサービスを「的確に」提供しなければならない。安い報酬で受任して，結果的に依頼者の利益を損なっては意味がない。事務所経営とは継続的に利益を上げることであり，目先の報酬で一喜一憂するわけにはいかない。開業当初は，受任するだけでもありがたく，たとえ安い報酬でも，勉強や経験として業務をやりたいと考えるかもしれない。その気持ちはよくわかるが，少し経験すればすぐに，それでは続かないと気付く。

「的確かつ継続的に」事務所経営を行うための「適正価格」を追求し，依頼者から「高い」と言われても，根拠と自信をもって説明できるようにすべきである。

■骨法その7　依頼者にとって許可取得はプロセスの一つである

許可の取得は，行政書士業務としてはわかりやすいゴールである。しかし，依頼者にとって許可取得はプロセスの一つである。このことを次の２つの観点で意識するとよい。

１つは依頼者とのコミュニケーションである。依頼者は事業を発展させるために許可取得を望んでいる。顧客の売上増加という視点で考えると，例えば営業活動や経費削減，融資や助成金等，許可取得以外にも様々な課題がある。それを念頭にコミュニケーションをとることで，より強い信頼関係が構築できるだろう。

もう１つは，許可以外の他業務受任の可能性である。依頼者に行政書士業務をアピールするよりも，「依頼者にとって何が必要か」という発想でアプローチした方が業務を受任しやすいだろう。すぐに自身の業務につながらなくても，知っている業者を紹介したり，依頼者が求める情報を提供したりすることも有益である。依頼者と継続的な関係を築くことができれば，別業務や他の顧客を紹介される可能性も高くなる。

8-2　産業廃棄物収集運搬業許可申請

顧客から収集運搬許可について引き合いがあった際に，これから述べる骨法をまず思い出してほしい。失敗しないための最低限の心得である。

■骨法その１　講習会修了証と車検証（記録事項）は最初に確認する

最初に確認する理由は，条件を整えるのに時間がかかるからである。引き合いの時点で書面がそろっていなければ，すぐに準備するべくナビゲートすべきである。車検証（記録事項）の場合は，車検の有効期限が切れていたり，車両が自己所有ではなかったりした場合の対処である。講習会については，速やかに受講可能な講習会を確認しなければならない。特に大都市圏では修了試験会場が定員になってしまい、タイミングが合わないこともあり得る。

早期確認のもう１つの理由は，面談前の時点でも比較的容易に確認できるからである。突っ込んだ話は顧客にとって煩わしく，依頼前の段階では情報提供に慎重になることも考えられる。行政書士としては面談時はある程度ロードマップを描いた状態で臨みたい。そのためには事前情報があった方がよい。修了証や車検証は，書類としてシンプルなこともあり，事前確認しやすい。

■骨法その２　都道府県によっては申請の予約が1〜2か月先になることがある

ある程度許可要件の確認ができた時点で申請予約を早めにとってしまう。リミットを決めることで申請に向けて準備を進めやすくなる。行政書士にとっては業務が仕事のため早く動くことができるが，顧客が書類の準備をする場合，本業の片手間になるので見込みより遅くなることも少なくない。そのときに客観的な期限が設定されていると話を進めやすい。

顧客がロードマップを意識できるよう，許可証を受領できるタイミングを具体的に共有する。特に更新申請については期限があるため，「骨法その１」で述べた講習会受講と併せて申請日は重要である。許可期限日までに申請を受け付ければ，審査中は許可業者と見なされるため，「期限までに必ず申請受付を完了させる」ことが必要である。

新規申請の場合は，更新申請のように明確な期限はないが，許可証を受領しない限り営業ができないため，顧客のビジネスプランに合わせて進める必要がある。

■骨法その3　申請後に欠格要件に該当すると申請手数料は戻らない

申請したのに許可がとれないという事態は絶対に避けたい。申請内容について唯一裏付けをとるのが困難な条件が欠格要件への該当である。申請書類の中では，「誓約書」という形式で自己申告となっている。行政書士としても，要件の一部を除いて書面による裏付け確認ができない。よって，申請後に該当の事実が発覚するということがあり得る。このとき，前もって顧客に十分な説明がなされていないと，トラブルにつながりかねない。申請手数料（通常8万1千円）が返還されなければ，なおさらである。

■骨法その4　事業計画の中心となる「何を」「どこから」「どこまで」運搬するのかを依頼者と確認する

収集運搬業者の役割は，「排出事業者から委託された産業廃棄物を，法と委託契約に従い，性状を変えることなく，飛散，流失を伴わないよう留意して，処分業者まで迅速に運搬すること」である。つまり，排出事業者から引き取った状態を維持しつつ，積降し場所である処分施設まで運搬することである。

その趣旨に沿った事業計画が必要であり，それが具体的に決まってないのであれば，申請準備をする過程で，できる限り具体化しなければならない。特に「何を」の部分である品目については，許可を受けている品目しか収集運搬することができず，それ以外を収集運搬することは違法になる。また，申請時に計画していなかった品目を後から追加する場合は，「変更申請」が必要なので手間がかかる。だからといって，根拠なく「すべての品目について許可がほしい」という要望を言葉どおり受け取っていいかどうかはよく考えなければならない。積降し場所は中間処理場になることが多いと思われるが，顧客に予定している場所がなければ，調べて提案してもよい。依頼者とともに申請内容を完成させていく過程が業務である。

■骨法その5　水銀・アスベスト・PCBの収集運搬があるかどうか確認する

これらは収集運搬の中でも注意して扱うべきものである。申請書上でも扱う場合の記載内容は変わってくる。普通産業廃棄物として扱えるのは，アスベストであれば「石綿含有産業廃棄物」，水銀であれば「水銀使用製品産業廃棄物(蛍光管等)」である。これらに該当しない水銀・アスベスト・PCB廃棄物は特別管理産業廃棄物になるので注意を要する。石綿含有産業廃棄物は他の廃棄物と混ざらないように容器を分ける必要がある。水銀使用製品産業廃棄物について，例えば蛍光管であれば，専用の容器を用意した方がよい。

■骨法その6　直近の貸借貸借表で債務超過はないか 損益計算書で利益を計上しているか確認する

決算内容を面談前に確認することは難しいこともある。したがって，面談時にその場で確認せざるを得ない状況もあり得る。財務諸表に不慣れだとしても，顧客を前にしてどこを確認したらいいかわからないという事態は避けたい。本書や決算書関係の本を使って，確認すべき項目をあらかじめ頭に入れておいてほしい。財務諸表に慣れている者であれば，確認しながら経営状況について会話ができるいいチャンスとなる。もし，債務超過であったり，3期連続で利益が計上されていなかったりした場合は，「本当に許可申請する必要があるのか」について顧客とともに慎重に検討すべきである。そこで，許可の必要性やビジネスの展望について納得できた場合は，各許可権者が案内している基準にしたがって，経理的基礎に関する説明書が必要かどうか確認する。報酬が加算になる可能性もあるので，その点も踏まえ顧客にイレギュラーの案件になることを説明する。

■骨法その7　依頼者に対して許可業者としての責務を 確実にアナウンスする

許可業者には，業者票の掲示・帳簿の備え付け・変更届の提出や更新申請などの義務がある。許可をとったら業務終了というのでは不足である。依頼者が許可業者として義務を果たすよう，行政書士はそれらを説明する必要がある。その際，メール等で文字に残すようにして，依頼者が「知らなかった」という事態にならないようにしたい。

あとがきにかえて

本書は，「実務直結シリーズ」として，主要許認可申請である建設業に続いて出版されるものです。本シリーズが主な対象にしている新人行政書士を念頭に置いて，筆者の業務習得の過程を振り返りながら執筆しました。

本書の執筆に着手して間もなくコロナ渦となり，業務の進め方に大きな変化がありました。それに伴い，原稿も一部修正することになりました。例えば，押印廃止により押印行為や押印書類作成の段取りが不要になったり，申請や届出が一部郵送可能になったりしています。この変化は，業務の段取りや分解見積にも影響します。

行政書士業務は，今後も目まぐるしく変化していくはずです。しかし，行政手続の手段や運用がどうであれ，「適正な業務」と「円滑な手続」によって「国民の利便に資する」という趣旨は不変です。大切なことは，形式的に申請が簡素化されたとしても，「適正な申請業務」そのものが簡素化されるわけではないということです。申請のための要件確認や実体判断は容易なことではなく，そこにこそ行政書士の価値があるのです。

誤解を恐れずに言えば，行政手続は「煩雑」で「面倒」（ときに「不条理」！？）なものなのです。私たち行政書士は，その「煩雑」で「面倒」なことを，「適正な報酬」を得て「円滑に遂行」しているのであって，そのことは今後も変わりません。

本書では，顧客とのコミュニケーションについてもページを割いています。目先の売上を考えれば，コミュニケーションに費やす時間は少ない方がいいともいえるでしょう。しかし，顧客の実体を正確に判断したり，信頼関係を築いたりするためには，密なコミュニケーションも必要です。それによって，トラブルの回避や次の依頼につなげることもできます。

これから行政書士として成長していく皆さんには，顧客や役所，諸先輩方とのコミュニケーションを無駄と思わず，ぜひ糧にしてほしいと思います。トラブルを回避して円滑に業務を遂行するためには，様々な視点からヒントを得ることが欠かせません。筆者自身も日々そうして試行錯誤しながら業務を進めています。

本書は，本シリーズを企画した竹内豊氏と，先に建設業を執筆した菊池浩一氏の監修により完成したものです。執筆中，内容について両先生に相談し，助言を頂きました。それだけでなく，業務上の相談をさせて頂いたり，顧客の紹介を頂いたりと，継続的な交流がありました。また，税務経理協会の小林規明氏には，打ち合わせの度に業務遂行のヒントになる情報を数多く頂きました。こうした経験も本書執筆の糧になっています。

両先生と小林氏には，この場を借りて感謝を申し上げます。

【参考文献】

『かゆいところに手が届く　廃棄物処理法　虎の巻（2017年改訂版）』堀口昌澄（日経BP社）
『これは廃棄物？だれが事業者？お答えします！廃棄物処理』龍野浩一（第一法規株式会社）
『マニフェストシステムがよくわかる本』（公益社団法人　全国産業資源循環連合会）
『誰でもわかる！！日本の産業廃棄物』（公益財団法人　産業廃棄物処理事業振興財団）
『ぜーんぶわかる廃棄物処理実務』尾上雅典（株式会社クリエイト日報）
『図解　産業廃棄物処理がわかる本』株式会社ジェネス（日本実業出版社）
『図解超入門！　はじめての廃棄物管理ガイド【改訂版】これだけは押さえておきたい知識と実務』坂本裕尚（一般社団法人産業環境管理協会）
『八訂版　廃棄物処理法Q&A』英保次郎（東京法令）
『コンサルが教える廃棄物管理のルールと実務』イーバリュー株式会社環境コンサルティング事業部（一般社団法人産業環境管理協会）
『廃棄物処理法の重要通知と法令対応　難しい制度運用が丸分かり』長岡文明・尾上雅典（クリエイト日報出版部）
『廃棄物処理法の解説』廃棄物法制研究会編著（日本環境衛生センター）
『行政書士のための建設業　実務家養成講座』菊池浩一（税務経理協会）
『行政書士合格者のための開業準備　実践講座』竹内　豊（税務経理協会）

「産業廃棄物処理委託マニュアル」高崎市環境部産業廃棄物対策課
「産業廃棄物収集運搬業許可申請の手引」東京都環境局（令和5年11月）
「石綿含有産業廃棄物等処理マニュアル（第3版）」環境省環境再生・資源循環局（令和3年3月）
「産業廃棄物・特別管理産業廃棄物収集運搬業許可申請等の手引き（積替・保管を除く）」神奈川県（令和5年9月）
「経理的基礎に関する審査の考え方」愛知県
「収集運搬業（積替え又は保管を含まない）の許可の手引き」大阪府（令和6年4月）
「産業廃棄物適正処理ガイドブック」八王子市資源環境部廃棄物対策課（平成30年11月）
「建設系廃棄物マニフェストのしくみ」建設六団体副産物対策協議会
「アスベスト建材の解体・除去手順」長野県

影山凡子「産業廃棄物の許可制度」『月間日本行政（第572号）』日本行政書士連合会（令和２年６月）
「産業廃棄物処理業の許可に係る欠格要件について」青森県環境生活部環境保全課（令和２年１月23日）
「産業廃棄物収集運搬業（積替え保管を除く）（新規・更新許可申請用）手引き・様式・記入例」埼玉県（令和５年11月）
「産業廃棄物処理業の許可申請について」（令和３年４月１日）　茨城県県民生活環境部廃棄物規制課
「産廃申請ハンドブック（改訂第４版）」東京都行政書士会（令和６年３月）
「（特別管理）産業廃棄物収集運搬業（積替え又は保管を含まない）の許可申請について（手引）（令和６年１月改定）京都府総合政策環境部循環型社会推進課

索　引

著者紹介

北條　健（ほうじょう　たけし）
1980年　千葉生まれ
2005年　法政大学人間環境学部卒
2012年　行政書士登録
現在，行政書士北條健事務所　代表
東京都行政書士会市民相談センター相談員

【座右の銘】
天は自ら助くる者を助く

【事務所紹介】
産廃業・建設業・宅建業等の許認可業務を主に扱っている。外国人ビザの依頼も多い。
いかに顧客との信頼関係をつくるかを日々考え，迅速な対応と丁寧な「報・連・相」を心がけている。
現在は，顧客からだけでなく，行政書士や他士業からの紹介案件も多い。

監修者紹介

竹内　豊（たけうち　ゆたか）
1965年　東京生まれ
1989年　中央大学法学部卒
同　年　西武百貨店入社
1998年　行政書士試験合格
2001年　行政書士登録
2017年　LINEヤフー（株）から「Yahoo!ニュースエキスパート」に認定される。テーマは「家族法で人生を乗り切る」。
現　在　竹内行政書士事務所　代表
実践直結！　行政書士開業準備実践講座　主宰
http://t-yutaka.com/

【著書】
『行政書士合格者のための開業準備実践講座（第4版）』2024年，税務経理協会
『そうだったのか！　行政書士』2023年，税務経理協会
『新訂第３版行政書士のための「遺言・相続」実務家養成講座』2022年，税務経理協会
『行政書士のための「銀行の相続手続」実務家養成講座』2022年，税務経理協会
『行政書士のための「高い受任率」と「満足行く報酬」を実現する心得と技』2020年，税務経理協会
『質問に答えるだけで完成する［穴埋め式］遺言書かんたん作成術』2024年，日本実業出

版社
『親に気持ちよく遺言書を準備してもらう本』2012年，日本実業出版社

【監修】
『行政書士のための「産廃業」実務家養成講座（第２版）』2025年，税務経理協会
『行政書士のための「新しい家族法務」実務家養成講座（第2版）』2024年，税務経理協会
『行政書士のための「補助金申請」実務家養成講座』2024年，税務経理協会
『行政書士合格者のためのウェブマーケティング実践講座』2024年，税務経理協会
『行政書士のための「建設業」実務家養成講座（第３版）』2023年，税務経理協会
『99日で受かる！　行政書士試験最短合格術（増補改訂版）』2022年，税務経理協会

【取材】
ABCラジオ『おはようパーソナリティ道上洋三です』～『遺言書保管法のいろは』2020年７月22日
『週刊ポスト』～「人生最後の10年，絶対に後悔しない選択」2023年9月1日号
『女性自身』～「特集　妻の相続攻略ナビ」2019年３月26日号
文化放送『斎藤一美ニュースワイドSAKIDORI』～「相続法，どう変わったの？」2019年１月14日放送
『週刊朝日』～「すべての疑問に答えます！相続税対策Q&A」2015年１月９日号
『はじめての遺言・相続・お墓』2016年３月，週刊朝日MOOK
『週刊朝日』～「すべての疑問に答えます！相続税対策Q&A」2015年１月９日号
『ズバリ損しない相続』2014年３月，週刊朝日MOOK
『朝日新聞』～「冬休み相続の話しでも」2013年12月18日朝刊
『週刊朝日』～「不動産お得な相続10問10答」2013年10月８日号
『週刊朝日臨時増刊号・50歳からのお金と暮らし』2013年７月
『週刊朝日』～「妻のマル秘相続術」2013年３月８日号
『週刊朝日』～「相続を勝ち抜くケース別Q&A 25」2013年１月25日号
『週刊朝日』～「2013年版“争族”を防ぐ相続10のポイント」2013年１月18日号
『婦人公論』～「親にすんなりと遺言書を書いてもらうには」2012年11月22日号
『週刊SPA!』～「相続＆贈与の徹底活用術」2012年９月４日号　他

【講演】
東京都行政書士会，朝日新聞出版，日本生命，税理士法人レガシィ　他

[メディア]
Yahoo!ニュースエキスパート　（テーマ「家族法で人生を乗り切る」）
ヤフーニュース　竹内豊　検索

菊池　浩一（きくち　こういち）
1967年　東京生まれ
最終学歴は成城大学大学院法学研究科修士課程修了
2001年　行政書士登録
現在，菊池法務行政書士事務所所長
役職　現在，東京都行政書士会市民相談センター委員

（事務所紹介）
　私は，平成13年5月に開業以来
「法令を研鑽し紛争を未然に防止する」
を自身の使命として，主に
「遺言・相続」手続
「建設業許可」手続
「法的書面」作成（法的関係の確認及び契約書等）
の３つを軸に業務を行ってきました。

　これからも，研鑽を積み依頼者の方から「信頼される」法務サービス提供・品格ある事務所作りを目指していきたいと思います。

行政書士のための
産廃業実務家養成講座（第2版）

2022年4月15日　初版発行
2025年3月25日　第2版発行

著　者　北條　健
監　修　竹内　豊
　　　　菊池　浩一
発行者　大坪　克行
発行所　株式会社 税務経理協会
〒161-0033東京都新宿区下落合1丁目1番3号
http://www.zeikei.co.jp
03-6304-0505
印　刷　株式会社技秀堂
製　本　株式会社技秀堂
デザイン　株式会社グラフィックウェイヴ（カバー）
編　集　小林　規明

本書についての
ご意見・ご感想はコチラ

http://www.zeikei.co.jp/contact/

ISBN 978-4-419-06994-0　C3032